高等学校教材

线 性 代 数

（第4版）

西北工业大学应用数学系线性代数教学组　编

西北工業大學出版社

【内容简介】 本书共分六章，内容包括行列式、矩阵及其运算、矩阵的初等变换、向量组的线性相关性、矩阵的相似变换、二次型等。各章后均配有适量的习题，书后附有参考答案。另外还专门编有与本书配套的作业集。

本书适合教学与自学，可作为高等院校工科和经济学科各专业的教材，也可供科技工作者参考。

图书在版编目(CIP)数据

线性代数/西北工业大学应用数学系线性代数教学组编. —4 版. —西安：西北工业大学出版社，2014.8

ISBN 978-7-5612-4070-0

Ⅰ.①线… Ⅱ.①西… Ⅲ.①线性代数—高等学校—教材 Ⅳ.①O151.2

中国版本图书馆 CIP 数据核字(2014)第 181156 号

出版发行：西北工业大学出版社
通信地址：西安市友谊西路 127 号　邮编：710072
电　　话：(029)88493844，88491757
网　　址：www.nwpup.com
印 刷 者：陕西丰源印务有限公司
开　　本：727 mm×960 mm　1/16
印　　张：9.5
字　　数：162 千字
版　　次：2014 年 8 月第 4 版　2014 年 8 月第 1 次印刷
定　　价：20.00 元

第 4 版前言

与第 3 版相比，第 4 版改动了如下一些内容：

1. 删除了第七章的内容；

2. 将原第八章的线性代数应用的部分例子分散到了相应的章节；

3. 第四章增加了与矩阵的秩有关的两个例题；

4. 对第一、三章部分例题的解法进行了细化和补充；

5. 调整和增加了部分习题以及相应的解答或提示。

另外，在文字上做了少许修改，以使叙述更顺畅。

笔者对关心本书和对本书提出宝贵意见的同行及读者一并表示衷心的感谢。

编　者

2014 年 6 月于西北工业大学

第3版前言

本书自出版以来，受到广大读者的欢迎与好评，先后5次印刷，印数达3万余册。此次修订再版，主要更正了第2版中的疏漏或不妥之处，给出了部分证明题的较详细推证过程，便于读者参考。

我们衷心感谢广大读者对本书的关心，并欢迎继续提出宝贵意见。

编　者

2006年9月于西北工业大学

第 2 版前言

本书第 1 版自 1999 年出版以来，不到一年已销售一空。这次我们根据教学实践中积累的一些经验，并吸取了使用本书的同行和读者提出的宝贵意见，将其部分内容作了修订、充实和完善。

这次修订，在保持原书风格的基础上，增加了实二次型规范形的内容，这也是参照教育部制定的 2001 年全国硕士研究生入学统一考试《数学考试大纲》的要求而添加的。对于第一版中未证的一些定理，补充了相应的证明，并打了“*”号作为较高要求的内容；修改了部分定理的叙述和证明，调整了一些章节内容的前后次序和部分习题，以使得全书叙述更为流畅，内容更趋完备。

与此同时，我们对配套的辅助教材也进行了修订，这样一来，以本书为教材，《线性代数作业集》(A)(B)(西北工业大学出版社，2001 年)相配合，《线性代数典型题分析解集(第 2 版)》(西北工业大学出版社，2000 年)作为参考与提高，《线性代数试题及解答》(西北工业大学应用数学系线性代数教学组，2000 年)作为复习与强化，就构成了比较完整的线性代数教材体系。

笔者对西北工业大学出版社对本书的修订出版给予的大力支持与帮助，对关心本书和对本书第 1 版提出宝贵意见的同行及读者一并表示衷心的感谢。

编　者

2000 年 10 月于西北工业大学

第1版前言

线性代数是高等学校理工科和经济学科有关专业的一门数学基础课，它不仅是其他数学课程的基础，也是物理、力学、电路等课程的基础。实际上，任何与数学有关的课程都涉及到线性代数知识。另外，由于计算机的飞速发展和广泛应用，使得许多实际问题可以通过离散化的数值计算得到定量的解决，于是作为处理离散问题工具的线性代数，也是从事科学研究和工程设计的科技人员必备的数学基础。

本书是在原《线性代数》讲义的基础上几经修改、使用、编写而成的。内容包括：行列式、矩阵及其运算、矩阵的初等变换、向量组的线性相关性、矩阵的相似变换、二次型、线性空间与线性变换、线性代数应用举例等。主要特点是：

(1)层次分明，适用面广。全书由基础部分(第一～六章不带“*”号部分)、提高部分(带“*”号部分)和应用部分(第八章)三个模块组成。基础模块是按国家教委制订的高等工业学校《线性代数课程教学基本要求》编写的，包括了线性代数的主要内容和基本计算方法，讲授这部分约需36学时；提高模块是对前面所学内容的综合应用与提高，可供较高学时(如48学时)使用和有余力的学生阅读；应用模块可穿插到有关章节中讲解或作为学生的课外阅读材料。因此，本书不但适合工科本科生少学时与多学时线性代数课程的教学需要，也适于专科生的教学需要。

(2)分散难点，提高素质。线性代数所使用的各种推证方法，公理化定义，抽象化思维，计算与运算技巧及应用能力等都很具有特色，是其他课程所无法替代的，是提高学生数学素质不可缺少的一环。为了既能够有适当的理论深度，又能便于理解，我们对于一般线性代数中教学难度较大的内容作了适当处理。例如，对于线性相关性这个线性代数中重要的概念和难点，采取了先介绍矩阵的初等变换及求线性方程组的消元法，从而将向量组线性相关与否的问题转化为某个齐次方程组有无非零解的问题，使它较为具体；对各章内容的许多细节处理，也是颇有特色的。

(3)突出矩阵，加强空间。矩阵这一数学概念能够与工程技术问题相结合并成为表达手段，主要依赖于它的种种运算和变换。本书除了介绍矩阵的各种运算外，还突出了矩阵的三大变换，即初等变换、相似变换与合同变换。对于线性方程组这一线性代数研究的基本内容，虽未单列一章，但它贯穿于全书的始终。线性空间理论无疑是现代数学的必备基础和强有力的工具，本书适当加强了这部分内容，以满足工科学生更多层次的使用要求。

(4)题目典型，教辅配套。每章配有一定数量的例题与习题，这些题目是经过精选的，其中不少具有新意，书末附有习题答案与提示。另外，还有《线性代数典型题分析解集》(西北工业大学出版社，1998 年)和《线性代数作业集》与本书配套。这样，既提供了各种题型供学生练习，也减轻了教师批改作业的工作量。

在编写过程中，我们力求做到叙述清晰，推证严谨，深入浅出，通俗易懂，使之便于教学与自学。

参加本书编写的有刘克轩(第一章)、蒋大为(第二章)、徐仲(第三、七章)、张凯院(第四章)、彭国华(第五章)、李信真(第六章)和吕全义(第八章)。全书由徐仲统稿并负责修改定稿。本书在编写过程中，得到了西北工业大学应用数学系领导及同事的关心和支持。盛德成教授仔细审阅了书稿并提出了许多宝贵意见；西北工业大学出版社、教务处也对本书的出版给予了很大的支持和帮助，在此一并表示衷心的感谢。

由于水平所限，书中疏漏和不妥之处，恳请同行、读者指正。

编 者

1998 年 6 月于西北工业大学

目 录

第一章　行　列　式

行列式是线性代数中的一个基本概念，其理论起源于解线性方程组，它在自然科学的许多领域里都有广泛的应用．本章主要介绍 n 阶行列式的定义、性质和计算方法以及用行列式解线性方程组的克莱姆(Cramer)法则．

§1.1　二、三阶行列式

考虑二元一次方程组

$$\left.\begin{aligned} a_{11}x_1+a_{12}x_2=b_1 \\ a_{21}x_1+a_{22}x_2=b_2 \end{aligned}\right\} \tag{1.1}$$

的求解．当 $a_{11}a_{22}-a_{12}a_{21}\neq 0$ 时，由消元法得方程组的唯一解

$$x_1=\frac{b_1a_{22}-b_2a_{12}}{a_{11}a_{22}-a_{12}a_{21}},\qquad x_2=\frac{a_{11}b_2-a_{21}b_1}{a_{11}a_{22}-a_{12}a_{21}} \tag{1.2}$$

为了便于记忆，引入记号 $\begin{vmatrix} a_{11} & a_{12} \\ a_{21} & a_{22} \end{vmatrix}$，称之为**二阶行列式**，它表示数 $a_{11}a_{22}-a_{12}a_{21}$，即

$$\begin{vmatrix} a_{11} & a_{12} \\ a_{21} & a_{22} \end{vmatrix}=a_{11}a_{22}-a_{12}a_{21} \tag{1.3}$$

如果把 a_{11}，a_{22} 的连线称为二阶行列式的主对角线，把 a_{12}，a_{21} 的连线称为次对角线，则二阶行列式的值就等于主对角线上元素的乘积减去次对角线上元素的乘积．这种算法称为二阶行列式的**对角线法则**．按此法则，二元一次方程组(1.1) 的解(1.2) 可用二阶行列式表示成

$$x_1=\frac{\begin{vmatrix} b_1 & a_{12} \\ b_2 & a_{22} \end{vmatrix}}{\begin{vmatrix} a_{11} & a_{12} \\ a_{21} & a_{22} \end{vmatrix}},\qquad x_2=\frac{\begin{vmatrix} a_{11} & b_1 \\ a_{21} & b_2 \end{vmatrix}}{\begin{vmatrix} a_{11} & a_{12} \\ a_{21} & a_{22} \end{vmatrix}}$$

这样用行列式来表示解，形状简单，容易记忆，称为二元一次方程组的**行列式解法**．

类似地，对一般的三元一次方程组

$$\left.\begin{aligned} a_{11}x_1+a_{12}x_2+a_{13}x_3=b_1 \\ a_{21}x_1+a_{22}x_2+a_{23}x_3=b_2 \\ a_{31}x_1+a_{32}x_2+a_{33}x_3=b_3 \end{aligned}\right\} \tag{1.4}$$

利用加减消元法可以得到

$$(a_{11}a_{22}a_{33}+a_{12}a_{23}a_{31}+a_{13}a_{21}a_{32}-a_{13}a_{22}a_{31}-a_{12}a_{21}a_{33}-a_{11}a_{23}a_{32})x_1=$$
$$b_1a_{22}a_{33}+a_{12}a_{23}b_3+a_{13}b_2a_{32}-a_{13}a_{22}b_3-a_{12}b_2a_{33}-b_1a_{23}a_{32}$$

当 x_1 的系数

$$D=a_{11}a_{22}a_{33}+a_{12}a_{23}a_{31}+a_{13}a_{21}a_{32}-a_{13}a_{22}a_{31}-a_{12}a_{21}a_{33}-a_{11}a_{23}a_{32}\neq 0$$

时可解得

$$x_1=\frac{1}{D}(b_1a_{22}a_{33}+a_{12}a_{23}b_3+a_{13}b_2a_{32}-a_{13}a_{22}b_3-a_{12}b_2a_{33}-b_1a_{23}a_{32})$$

同样可求得

$$x_2=\frac{1}{D}(a_{11}b_2a_{33}+b_1a_{23}a_{31}+a_{13}a_{21}b_3-a_{13}b_2a_{31}-b_1a_{21}a_{33}-a_{11}a_{23}b_3)$$

$$x_3=\frac{1}{D}(a_{11}a_{22}b_3+a_{12}b_2a_{31}+b_1a_{21}a_{32}-b_1a_{22}a_{31}-a_{12}a_{21}b_3-a_{11}b_2a_{32})$$

与二元一次方程组类似,为了便于记忆,引入记号

$$\begin{vmatrix} a_{11} & a_{12} & a_{13} \\ a_{21} & a_{22} & a_{23} \\ a_{31} & a_{32} & a_{33} \end{vmatrix} \overset{\text{def}}{=\!=\!=} a_{11}a_{22}a_{33}+a_{12}a_{23}a_{31}+a_{13}a_{21}a_{32}- a_{13}a_{22}a_{31}-a_{12}a_{21}a_{33}-a_{11}a_{23}a_{32} \qquad (1.5)$$

式(1.5)左端的记号称为**三阶行列式**,它代表右端六项的代数和,其中 $a_{ij}(i,j=1,2,3)$ 为三阶行列式的第 i 行第 j 列上的元素,且称 i 为**行指标**,j 为**列指标**.

对于式(1.5)的右端项,可用图 1.1 的方法记忆. 图中实线上三个元素的乘积组成的三项取正号,虚线上三个元素的乘积组成的三项取负号. 这种方法称为三阶行列式的**对角线法则**.

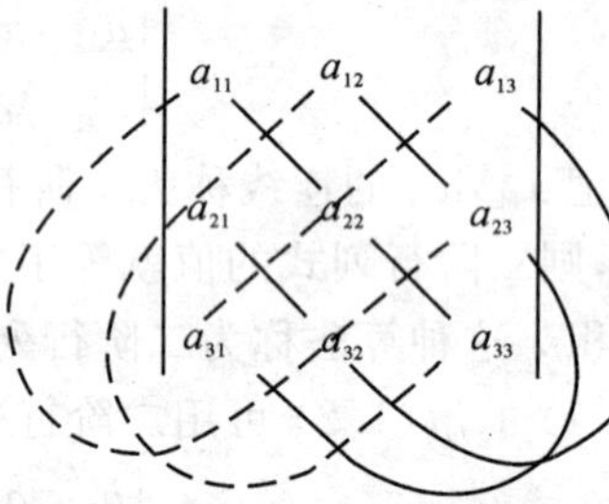

图 1.1 三阶行列式的对角线法则

引入三阶行列式后,三元一次方程组(1.4)当 $D\neq 0$ 时有唯一解

$$x_1=\frac{D^{(1)}}{D},\qquad x_2=\frac{D^{(2)}}{D},\qquad x_3=\frac{D^{(3)}}{D}$$

其中

$$D=\begin{vmatrix} a_{11} & a_{12} & a_{13} \\ a_{21} & a_{22} & a_{23} \\ a_{31} & a_{32} & a_{33} \end{vmatrix},\qquad D^{(1)}=\begin{vmatrix} b_1 & a_{12} & a_{13} \\ b_2 & a_{22} & a_{23} \\ b_3 & a_{32} & a_{33} \end{vmatrix}$$

$$D^{(2)}=\begin{vmatrix} a_{11} & b_1 & a_{13} \\ a_{21} & b_2 & a_{23} \\ a_{31} & b_3 & a_{33} \end{vmatrix},\quad D^{(3)}=\begin{vmatrix} a_{11} & a_{12} & b_1 \\ a_{21} & a_{22} & b_2 \\ a_{31} & a_{32} & b_3 \end{vmatrix}$$

称 D 为方程组式(1.4)的**系数行列式**，而 $D^{(1)}, D^{(2)}, D^{(3)}$ 是将 D 中第1,2,3列分别换成常数项 b_1, b_2, b_3 得到的三阶行列式．这就是三元一次方程组的**行列式解法**．

例 1.1　用行列式法解方程组

$$\begin{cases} x_1 - 2x_2 - x_3 = 1 \\ 3x_2 + 2x_3 = 1 \\ 3x_1 + x_2 - x_3 = 0 \end{cases}$$

解　系数行列式

$$D=\begin{vmatrix} 1 & -2 & -1 \\ 0 & 3 & 2 \\ 3 & 1 & -1 \end{vmatrix}=1\times 3\times(-1)+(-2)\times 2\times 3+(-1)\times 0\times 1-$$

$$(-1)\times 3\times 3-(-2)\times 0\times(-1)-1\times 2\times 1=-8$$

由于 $D\neq 0$，方程组有唯一解．又可求得

$$D^{(1)}=\begin{vmatrix} 1 & -2 & -1 \\ 1 & 3 & 2 \\ 0 & 1 & -1 \end{vmatrix}=-8,\quad D^{(2)}=\begin{vmatrix} 1 & 1 & -1 \\ 0 & 1 & 2 \\ 3 & 0 & -1 \end{vmatrix}=8$$

$$D^{(3)}=\begin{vmatrix} 1 & -2 & 1 \\ 0 & 3 & 1 \\ 3 & 1 & 0 \end{vmatrix}=-16$$

所以方程组的解为

$$x_1=\frac{D^{(1)}}{D}=1,\quad x_2=\frac{D^{(2)}}{D}=-1,\quad x_3=\frac{D^{(3)}}{D}=2$$

从以上讨论自然会想到，对于 n 个未知数 n 个一次方程的方程组，它的解是否也能用 n 阶行列式来表示？若能，如何来定义 n 阶行列式呢？显然，当 n 较大时用上述类似的消元法是无法推导的．解决的思路是：先研究排列及其性质，再观察二、三阶行列式的表达式，寻找新的规律，然后按这些规律来定义 n 阶行列式．

§1.2　排列及其逆序数

为了定义高阶行列式，需要介绍排列的有关概念．

定义 1.1　把 n 个不同元素排成一列，叫作这 n 个元素的一个**全排列**，简

称**排列**.

n个不同元素构成的所有全排列的总数为$n(n-1)\cdots 2\cdot 1=n!$.

这里主要讨论n个不同的自然数的排列,且把这n个数从小到大的排列称为**标准排列**或**自然排列**.显而易见,对于n个不同的自然数,除标准排列外,其它的排列都或多或少地破坏了从小到大这一排列次序.为了确切地说明这一问题,给出如下定义.

定义 1.2 在n个不同的自然数组成的排列$p_1p_2\cdots p_n$中,如果某两个数不是自然顺序,即前面的数大于后面的数,则称这两个数构成一个**逆序**.该排列中逆序的总个数称为这个排列的**逆序数**,记作$\tau(p_1\ p_2\ \cdots\ p_n)$.

求排列$p_1p_2\cdots p_n$的逆序数,可从第二个元素开始,依次观察$p_i(i=2,3,\cdots,n)$与其前面的数构成的逆序个数,不妨设为τ_i(即前面有τ_i个数比p_i大),则排列$p_1p_2\cdots p_n$的逆序数为

$$\tau(p_1p_2\cdots p_n)=\tau_2+\tau_3+\cdots+\tau_n$$

例 1.2 求下列排列的逆序数:

(1) 6 3 7 2 4 5 1; (2) 1 3 7 2 4 5 6.

解 (1) 易看出

$$\tau_2=1,\quad \tau_3=0,\quad \tau_4=3,\quad \tau_5=2,\quad \tau_6=2,\quad \tau_7=6$$

所以逆序数
$$\tau(6\ 3\ 7\ 2\ 4\ 5\ 1)=\sum_{i=2}^{7}\tau_i=14$$

(2) 显然
$$\tau_2=0,\ \tau_3=0,\ \tau_4=2,\ \tau_5=1,\ \tau_6=1,\ \tau_7=1$$

所以逆序数
$$\tau(1\ 3\ 7\ 2\ 4\ 5\ 6)=\sum_{i=2}^{7}\tau_i=5$$

定义 1.3 逆序数为奇数的排列称为**奇排列**,逆序数为偶数的排列称为**偶排列**.

据此定义,例 1.2 中的排列(1) 为偶排列,而排列(2) 为奇排列.

定义 1.4 在一个排列中,将某两个数的位置对调,而其余数不动,即可得一新的排列,这一过程称为**对换**.

比较例 1.2 中的两个排列,可见排列 1 3 7 2 4 5 6 是由排列6 3 7 2 4 5 1经过6与1的对换得到的.从该例还可发现,排列经过一次对换后奇偶性发生了变化.一般有下面的结论.

定理 1.1 排列经一次对换,其奇偶性改变.

证 (1) 相邻对换情形.设一排列为

$$a_1a_2\cdots a_l\ a\ b\ b_1\ b_2\ \cdots\ b_m$$

其逆序数为t_1.将a与b位置对调,即经一次相邻对换得新排列

$$a_1\ a_2\ \cdots\ a_l\ b\ a\ b_1\ b_2\ \cdots\ b_m$$

若记该排列的逆序数为 t_2，于是当 $a>b$ 时，$t_2=t_1-1$；而当 $a<b$ 时，$t_2=t_1+1$. 故经一次相邻对换后排列的奇偶性发生改变.

(2) 一般情形. 设排列为

$$a_1\ a_2\ \cdots\ a_l\ a\ b_1\ \cdots\ b_m\ b\ c_1\ \cdots\ c_n \tag{1.6}$$

将 a 与 b 对调得新排列

$$a_1\ a_2\ \cdots\ a_l\ b\ b_1\ \cdots\ b_m\ a\ c_1\ \cdots\ c_n \tag{1.7}$$

排列(1.7) 可看作是先由排列(1.6) 把 a 依次与 $b_1,b_2,\cdots,b_m$ 对调，即经过 m 次相邻对换得排列

$$a_1\ a_2\ \cdots\ a_l\ b_1\ \cdots\ b_m\ a\ b\ c_1\ \cdots\ c_n \tag{1.8}$$

后，再将排列(1.8) 中 b 依次与 $a,b_m,\cdots,b_1$ 进行 $m+1$ 次相邻对换而得. 这样，由排列(1.6) 经 $2m+1$ 次相邻对换可得排列(1.7)，于是由(1) 知排列(1.7) 与排列(1.6) 的奇偶性不同. 证毕

推论 把一个奇排列调成标准排列须作奇数次对换，把一个偶排列调成标准排列须作偶数次对换.

§1.3 n 阶行列式定义

为了给出 n 阶行列式定义，再仔细研究一下三阶行列式的表达式. 由式(1.5) 容易看出：

(1) 式(1.5) 右边的每一项都是不同行不同列的三个元素的乘积，并取适当的正负号. 若不考虑各项的正负号，一般项可写成 $a_{1p_1}\ a_{2p_2}\ a_{3p_3}$. 这里第一个下标(即行指标) 的排列为标准排列，表示这三个数是依次取自第 1,2,3 行的元素；第二个下标(即列指标) 的排列 $p_1\ p_2\ p_3$ 是 1,2,3 三个数的某一排列，也反映出是取自不同列的三个元素.

(2) 当 $p_1\ p_2\ p_3$ 取遍由 1,2,3 构成的所有排列时，便得式(1.5) 右端的所有项(不计正负号)，即共有 $3!=6$ 项.

(3) 经验算可知，当 $p_1\ p_2\ p_3$ 为偶排列时，$a_{1p_1}\ a_{2p_2}\ a_{3p_3}$ 前取正号，当 $p_1\ p_2\ p_3$ 为奇排列时，$a_{1p_1}\ a_{2p_2}\ a_{3p_3}$ 前取负号，因此 $a_{1p_1}\ a_{2p_2}\ a_{3p_3}$ 前的符号可由排列 $p_1\ p_2\ p_3$ 的逆序数确定. 于是式(1.5) 右端任意一项可表示为

$$(-1)^{\tau(p_1p_2p_3)}a_{1p_1}\ a_{2p_2}\ a_{3p_3}$$

综上分析，三阶行列式可表示成

$$\begin{vmatrix} a_{11} & a_{12} & a_{13} \\ a_{21} & a_{22} & a_{23} \\ a_{31} & a_{32} & a_{33} \end{vmatrix} = \sum_{(p_1p_2p_3)} (-1)^{\tau(p_1p_2p_3)} a_{1p_1}\ a_{2p_2}\ a_{3p_3}$$

其中 $\sum\limits_{(p_1p_2p_3)}$ 表示对 1,2,3 三个数的所有全排列 $p_1\ p_2\ p_3$ 求和.

易验证二阶行列式(1.3) 也可表示成

$$\begin{vmatrix} a_{11} & a_{12} \\ a_{21} & a_{22} \end{vmatrix} = \sum_{(p_1p_2)} (-1)^{\tau(p_1p_2)} a_{1p_1}\ a_{2p_2}$$

根据以上讨论,可将行列式概念推广到一般情形.

定义 1.5 设有 n^2 个数 $a_{ij}\ (i,j=1,2,\cdots,n)$,记号

$$\begin{vmatrix} a_{11} & a_{12} & \cdots & a_{1n} \\ a_{21} & a_{22} & \cdots & a_{2n} \\ \vdots & \vdots & & \vdots \\ a_{n1} & a_{n2} & \cdots & a_{nn} \end{vmatrix}$$

称为 **n 阶行列式**,它表示数 $\sum\limits_{(p_1p_2\cdots p_n)} (-1)^{\tau(p_1p_2\cdots p_n)} a_{1p_1}\ a_{2p_2}\ \cdots\ a_{np_n}$,即

$$\begin{vmatrix} a_{11} & a_{12} & \cdots & a_{1n} \\ a_{21} & a_{22} & \cdots & a_{2n} \\ \vdots & \vdots & & \vdots \\ a_{n1} & a_{n2} & \cdots & a_{nn} \end{vmatrix} = \sum_{(p_1p_2\cdots p_n)} (-1)^{\tau(p_1p_2\cdots p_n)} a_{1p_1}\ a_{2p_2}\ \cdots\ a_{np_n} \tag{1.9}$$

其中 $p_1\ p_2\ \cdots\ p_n$ 为 n 个自然数 $1,2,\cdots,n$ 的某一排列,$\tau(p_1\ p_2\ \cdots\ p_n)$ 为排列 $p_1\ p_2\ \cdots\ p_n$ 的逆序数, $\sum\limits_{(p_1p_2\cdots p_n)}$ 表示对自然数 $1,2,\cdots,n$ 的所有全排列求和.

定义表明:为了计算 n 阶行列式,首先做所有可能位于不同行不同列的 n 个元素的乘积(共 $n!$ 项),并把每项乘积的 n 个元素按行指标的自然顺序排列,然后由列指标排列的奇偶性确定该项的符号,最后做代数和即得行列式的值.

当 $n=2,3$ 时,由此定义得到的二、三阶行列式的值与用对角线法则求得的结果一致.当 $n=1$ 时,一阶行列式 $|\ a\ |=a$.

常用 D 或 D_n 表示 n 阶行列式(1.9).在不混淆的情况下,也可把 n 阶行列式简记作 $D=|\ a_{ij}\ |$ 或 $D_n=|\ a_{ij}\ |$.

例 1.3 证明

(1) 上三角行列式 $$\begin{vmatrix} a_{11} & a_{12} & \cdots & a_{1n} \\ & a_{22} & \cdots & a_{2n} \\ & & \ddots & \vdots \\ & & & a_{nn} \end{vmatrix} = a_{11}\ a_{22}\ \cdots\ a_{nn}$$

(2) 次上三角行列式

$$\begin{vmatrix} a_{11} & a_{12} & \cdots & a_{1,n-1} & a_{1n} \\ a_{21} & a_{22} & \cdots & a_{2,n-1} & \\ \vdots & \vdots & ⋰ & & \\ a_{n-1,1} & a_{n-1,2} & & & \\ a_{n1} & & & & \end{vmatrix} = (-1)^{\frac{n(n-1)}{2}} a_{1n} a_{2,n-1} \cdots a_{n1}$$

其中行列式中未写出的元素都是 0.

证 (1) 由于行列式中零元素较多,故展开式中许多项是零,现只要确定出非零项.考察一般项$(-1)^{\tau(p_1 p_2 \cdots p_n)} a_{1p_1} a_{2p_2} \cdots a_{np_n}$.因为当$i>j$时,$a_{ij}=0$,所以 p_n 只能取n,而要使$a_{n-1,p_{n-1}}$ 非零,p_{n-1} 只能取 $n-1$ 或 n,但由行列式定义,每项的n个元素要取自不同行不同列,而a_{nn}已取自第n列,于是p_{n-1}只能取 $n-1$. 以此类推,p_i 只能取i,这就说明该行列式的展开式中非零项只有一项,即

$$\begin{vmatrix} a_{11} & a_{12} & \cdots & a_{1n} \\ & a_{22} & \cdots & a_{2n} \\ & & \ddots & \vdots \\ & & & a_{nn} \end{vmatrix} = (-1)^{\tau(12\cdots n)} a_{11} a_{22} \cdots a_{nn} = a_{11} a_{22} \cdots a_{nn}$$

(2) 类似于(1) 中的推理,次上三角行列式的展开式中非零项也只有一项,即

$$\begin{vmatrix} a_{11} & a_{12} & \cdots & a_{1,n-1} & a_{1n} \\ a_{21} & a_{22} & \cdots & a_{2,n-1} & \\ \vdots & \vdots & ⋰ & & \\ a_{n-1,1} & a_{n-1,2} & & & \\ a_{n1} & & & & \end{vmatrix} = (-1)^{\tau(n(n-1)\cdots 1)} a_{1n} a_{2,n-1} \cdots a_{n1} =$$

$$(-1)^{\frac{n(n-1)}{2}} a_{1n} a_{2,n-1} \cdots a_{n1}$$

作为例 1.3 的特例,有

(1) 对角行列式
$$\begin{vmatrix} \lambda_1 & & & \\ & \lambda_2 & & \\ & & \ddots & \\ & & & \lambda_n \end{vmatrix} = \lambda_1 \lambda_2 \cdots \lambda_n$$

(2) 次对角行列式
$$\begin{vmatrix} & & & \lambda_1 \\ & & \lambda_2 & \\ & ⋰ & & \\ \lambda_n & & & \end{vmatrix} = (-1)^{\frac{n(n-1)}{2}} \lambda_1 \lambda_2 \cdots \lambda_n$$

其中未写出的元素均为 0.

例 1.4 试判断 $a_{12}\, a_{23}\, a_{31}\, a_{44}\, a_{56}\, a_{65}$ 是否为 6 阶行列式 $D=|a_{ij}|$ 中的一项.

解 显然 $a_{12}\, a_{23}\, a_{31}\, a_{44}\, a_{56}\, a_{65}$ 是 6 阶行列式中不同行不同列的 6 个元素的乘积,且第一个下标为标准排列,因此只要看第二个下标构成的排列 2 3 1 4 6 5 是否为偶排列. 若是偶排列,则是 D 中的项;若是奇排列,则不是 D 中的项. 因为逆序数

$$\tau(2\ 3\ 1\ 4\ 6\ 5)=3$$

所以 $a_{12}\, a_{23}\, a_{31}\, a_{44}\, a_{56}\, a_{65}$ 不是 6 阶行列式中的项.

定理 1.2 n 阶行列式的定义也可以写成

$$\begin{vmatrix} a_{11} & a_{12} & \cdots & a_{1n} \\ a_{21} & a_{22} & \cdots & a_{2n} \\ \vdots & \vdots & & \vdots \\ a_{n1} & a_{n2} & \cdots & a_{nn} \end{vmatrix} = \sum_{(q_1 \cdots q_n)} (-1)^{\tau(q_1 q_2 \cdots q_n)} a_{q_1 1}\, a_{q_2 2} \cdots a_{q_n n} \qquad (1.10)$$

其中 $q_1\, q_2 \cdots q_n$ 为 n 个自然数 $1,2,\cdots,n$ 的某一排列.

证 显然式(1.10)与式(1.9)的右端都是 $n!$ 项,且每项都是 n 阶行列式中不同行不同列的 n 个元素之乘积,并取适当的正负号.

取式(1.10)右端的一项 $(-1)^{\tau(q_1 q_2 \cdots q_n)} a_{q_1 1} a_{q_2 2} \cdots a_{q_n n}$,交换 n 个元素的相乘次序,使行指标排列 $q_1\, q_2 \cdots q_n$ 变成标准排列 $1\ 2 \cdots n$,与此同时列指标排列 $1\ 2 \cdots n$ 变成了新的排列 $p_1\, p_2 \cdots p_n$,由定理 1.1 的推论知,排列 $q_1\, q_2 \cdots q_n$ 与 $p_1\, p_2 \cdots p_n$ 的奇偶性相同,于是

$$(-1)^{\tau(q_1 q_2 \cdots q_n)} a_{q_1 1}\, a_{q_2 2} \cdots a_{q_n n} = (-1)^{\tau(p_1 p_2 \cdots p_n)} a_{1p_1}\, a_{2p_2} \cdots a_{np_n}$$

这表明式(1.10)右端的一项对应式(1.9)右端的一项.

又若 $p_i = j$,则由 $a_{ip_i} = a_{ij} = a_{q_j j}$ 知,$q_j = i$,可见排列 $q_1\, q_2 \cdots q_n$ 由排列 $p_1\, p_2 \cdots p_n$ 唯一确定. 故有

$$\sum_{(q_1 \cdots q_n)} (-1)^{\tau(q_1 q_2 \cdots q_n)} a_{q_1 1}\, a_{q_2 2} \cdots a_{q_n n} = \sum_{(p_1 \cdots p_n)} (-1)^{\tau(p_1 p_2 \cdots p_n)} a_{1p_1}\, a_{2p_2} \cdots a_{np_n}$$

证毕

§1.4 行列式的性质

上节已叙述了行列式的定义,且按定义给出了计算上三角行列式、次上三角行列式、对角行列式和次对角行列式值的方法. 这几个行列式都十分特殊,即零元素较多,且展开式中只有一项可能非零. 若一个行列式中没有零元素(或零元素很少),则按定义计算时,需要计算 $n!$ 项的和,且每项又是 n 个数的

乘积,可想而知运算量是相当大的.因而需要研究计算行列式的方法.为此,本节讨论行列式的性质.这些性质对于行列式的计算或理论研究都是十分重要的.

设 n 阶行列式

$$D=\begin{vmatrix} a_{11} & a_{12} & \cdots & a_{1n} \\ a_{21} & a_{22} & \cdots & a_{2n} \\ \vdots & \vdots & & \vdots \\ a_{n1} & a_{n2} & \cdots & a_{nn} \end{vmatrix}$$

定义 1.6 将行列式 D 的行与列互换后所得到的行列式称为 D 的**转置行列式**,记为 D^{T},即

$$D^{\mathrm{T}}=\begin{vmatrix} a_{11} & a_{21} & \cdots & a_{n1} \\ a_{12} & a_{22} & \cdots & a_{n2} \\ \vdots & \vdots & & \vdots \\ a_{1n} & a_{2n} & \cdots & a_{nn} \end{vmatrix}$$

性质 1 行列式与其转置行列式相等,即 $D=D^{\mathrm{T}}$.

证 令 $b_{ij}=a_{ji}(i,j=1,2,\cdots,n)$,则由式(1.9)和式(1.10)可得

$$D^{\mathrm{T}}=\begin{vmatrix} b_{11} & b_{12} & \cdots & b_{1n} \\ b_{21} & b_{22} & \cdots & b_{2n} \\ \vdots & \vdots & & \vdots \\ b_{n1} & b_{n2} & \cdots & b_{nn} \end{vmatrix}=\sum_{(p_1\cdots p_n)}(-1)^{\tau(p_1p_2\cdots p_n)}b_{1p_1}b_{2p_2}\cdots b_{np_n}=$$

$$\sum_{(p_1\cdots p_n)}(-1)^{\tau(p_1p_2\cdots p_n)}a_{p_11}a_{p_22}\cdots a_{p_nn}=D$$ 证毕

此性质说明,行列式中行与列具有相同的地位,即凡对行成立的性质对列也成立.反之亦然.鉴于此,下面将着重以行来介绍行列式的性质.

性质 2 互换行列式的任意两行(列),行列式变号.

证 设经互换行列式 D 的第 i 行与第 j 行后得到的行列式为

$$\hat{D}=\begin{vmatrix} a_{11} & a_{12} & \cdots & a_{1n} \\ \vdots & \vdots & & \vdots \\ a_{j1} & a_{j2} & \cdots & a_{jn} \\ \vdots & \vdots & & \vdots \\ a_{i1} & a_{i2} & \cdots & a_{in} \\ \vdots & \vdots & & \vdots \\ a_{n1} & a_{n2} & \cdots & a_{nn} \end{vmatrix}$$

则由行列式定义式(1.9)及排列经一次对换改变奇偶性的性质,得

$$\hat{D}=\sum(-1)^{\tau(p_1\cdots p_i\cdots p_j\cdots p_n)}a_{1p_1}\cdots a_{jp_i}\cdots a_{ip_j}\cdots a_{np_n}=$$

$$\sum (-1)^{\tau(p_1 \cdots p_i \cdots p_j \cdots p_n)} a_{1p_1} \cdots a_{ip_j} \cdots a_{jp_i} \cdots a_{np_n} =$$

$$-\sum (-1)^{\tau(p_1 \cdots p_j \cdots p_i \cdots p_n)} a_{1p_1} \cdots a_{ip_j} \cdots a_{jp_i} \cdots a_{np_n} = -D$$ 证毕

为了方便以后的叙述和运算,用 r_i 表示行列式 D 的第 i 行,用 c_j 表示 D 的第 j 列. 于是若交换第 i 行与第 j 行,就记作 $\mathrm{r}_i \leftrightarrow \mathrm{r}_j$,若交换第 i 列与第 j 列,就记作 $\mathrm{c}_i \leftrightarrow \mathrm{c}_j$.

推论 若行列式 D 中有两行(列)对应元素全相同,则 $D=0$.

证 把相同的两行互换,就有 $D=-D$,故 $D=0$. 证毕

以下几个性质用行列式定义很容易证明,因此只列出有关结论,请读者自己证明.

性质3 若行列式中某一行(列)的所有元素有公因子 k,则可把公因子 k 提到行列式记号之外,即有

$$\begin{vmatrix} a_{11} & a_{12} & \cdots & a_{1n} \\ \vdots & \vdots & & \vdots \\ ka_{i1} & ka_{i2} & \cdots & ka_{in} \\ \vdots & \vdots & & \vdots \\ a_{n1} & a_{n2} & \cdots & a_{nn} \end{vmatrix} = k \begin{vmatrix} a_{11} & a_{12} & \cdots & a_{1n} \\ \vdots & \vdots & & \vdots \\ a_{i1} & a_{i2} & \cdots & a_{in} \\ \vdots & \vdots & & \vdots \\ a_{n1} & a_{n2} & \cdots & a_{nn} \end{vmatrix}$$

推论1 用数 k 乘行列式 D 等于 D 中某一行(列)所有元素同乘以数 k.

推论2 若行列式 D 中有两行(列)元素成比例,则 $D=0$.

推论3 若行列式 D 的某一行(列)元素全为零,则 $D=0$.

性质4 若行列式 D 的第 i 行(列)各元素都是两数之和:$a_{ij}=b_{ij}+c_{ij}$ $(j=1,2,\cdots,n)$,则行列式 D 可分解为两个行列式 $\hat{D}$ 与 $\widetilde{D}$ 的和. 其中 $\hat{D}$ 的第 i 行是 $b_{i1},b_{i2},\cdots,b_{in}$,而 $\widetilde{D}$ 的第 i 行是 $c_{i1},c_{i2},\cdots,c_{in}$,其它各行都与原行列式相同,即

$$D = \begin{vmatrix} a_{11} & a_{12} & \cdots & a_{1n} \\ \vdots & \vdots & & \vdots \\ b_{i1}+c_{i1} & b_{i2}+c_{i2} & \cdots & b_{in}+c_{in} \\ \vdots & \vdots & & \vdots \\ a_{n1} & a_{n2} & \cdots & a_{nn} \end{vmatrix} =$$

$$\begin{vmatrix} a_{11} & a_{12} & \cdots & a_{1n} \\ \vdots & \vdots & & \vdots \\ b_{i1} & b_{i2} & \cdots & b_{in} \\ \vdots & \vdots & & \vdots \\ a_{n1} & a_{n2} & \cdots & a_{nn} \end{vmatrix} + \begin{vmatrix} a_{11} & a_{12} & \cdots & a_{1n} \\ \vdots & \vdots & & \vdots \\ c_{i1} & c_{i2} & \cdots & c_{in} \\ \vdots & \vdots & & \vdots \\ a_{n1} & a_{n2} & \cdots & a_{nn} \end{vmatrix} = \hat{D} + \widetilde{D}$$

性质5 将行列式D中某一行(列)各元素的k倍加到另一行(列)对应的元素上去,行列式的值不变,即有

$$D=\begin{vmatrix} a_{11} & a_{12} & \cdots & a_{1n} \\ \vdots & \vdots & & \vdots \\ a_{i1} & a_{i2} & \cdots & a_{in} \\ \vdots & \vdots & & \vdots \\ a_{j1} & a_{j2} & \cdots & a_{jn} \\ \vdots & \vdots & & \vdots \\ a_{n1} & a_{n2} & \cdots & a_{nn} \end{vmatrix} \xlongequal{r_i+kr_j} \begin{vmatrix} a_{11} & a_{12} & \cdots & a_{1n} \\ \vdots & \vdots & & \vdots \\ a_{i1}+ka_{j1} & a_{i2}+ka_{j2} & \cdots & a_{in}+ka_{jn} \\ \vdots & \vdots & & \vdots \\ a_{j1} & a_{j2} & \cdots & a_{jn} \\ \vdots & \vdots & & \vdots \\ a_{n1} & a_{n2} & \cdots & a_{nn} \end{vmatrix}$$

其中 r_i+kr_j 表示第j行各元素的k倍加到第i行上去.(若是第j列的k倍加到第i列上去,记作 c_i+kc_j.)

利用上述诸性质可以简化行列式的计算.

从例 1.3 已经知道,三角行列式容易计算.因此,若能利用行列式的性质将所给行列式化为三角行列式,便可求出其值.

例 1.5 计算行列式

$$D=\begin{vmatrix} 1 & -5 & 3 & -3 \\ 2 & 0 & 1 & -1 \\ 3 & 1 & -1 & 2 \\ 4 & 1 & 3 & -1 \end{vmatrix}$$

解
$$D\xlongequal[\substack{r_3-3r_1\\ r_4-4r_1}]{r_2-2r_1}\begin{vmatrix} 1 & -5 & 3 & -3 \\ 0 & 10 & -5 & 5 \\ 0 & 16 & -10 & 11 \\ 0 & 21 & -9 & 11 \end{vmatrix}=5\begin{vmatrix} 1 & -5 & 3 & -3 \\ 0 & 2 & -1 & 1 \\ 0 & 16 & -10 & 11 \\ 0 & 21 & -9 & 11 \end{vmatrix}\xlongequal{c_2\leftrightarrow c_4}$$

$$-5\begin{vmatrix} 1 & -3 & 3 & -5 \\ 0 & 1 & -1 & 2 \\ 0 & 11 & -10 & 16 \\ 0 & 11 & -9 & 21 \end{vmatrix}\xlongequal[r_3-11r_2]{r_4-r_3}-5\begin{vmatrix} 1 & -3 & 3 & -5 \\ 0 & 1 & -1 & 2 \\ 0 & 0 & 1 & -6 \\ 0 & 0 & 1 & 5 \end{vmatrix}\xlongequal{r_4-r_3}$$

$$-5\begin{vmatrix} 1 & -3 & 3 & -5 \\ 0 & 1 & -1 & 2 \\ 0 & 0 & 1 & -6 \\ 0 & 0 & 0 & 11 \end{vmatrix}=-55$$

值得指出的是,四阶及四阶以上的行列式没有像二、三阶行列式那样的对角线法则.

例 1.6 计算 n 阶行列式

$$D_n=\begin{vmatrix} x & a & \cdots & a \\ a & x & \cdots & a \\ \vdots & \vdots & & \vdots \\ a & a & \cdots & x \end{vmatrix}$$

解 该行列式各行(或各列)元素的和都为 $x+(n-1)a$，于是

$$D_n \xlongequal[j=2,\cdots,n]{c_1+c_j} \begin{vmatrix} x+(n-1)a & a & \cdots & a \\ x+(n-1)a & x & \cdots & a \\ \vdots & \vdots & & \vdots \\ x+(n-1)a & a & \cdots & x \end{vmatrix} \xlongequal[i=2,\cdots,n]{r_i-r_1}$$

$$\begin{vmatrix} x+(n-1)a & a & a & \cdots & a \\ 0 & x-a & 0 & \cdots & 0 \\ 0 & 0 & x-a & \cdots & 0 \\ \vdots & \vdots & & & \vdots \\ 0 & 0 & 0 & \cdots & x-a \end{vmatrix} =$$

$$[x+(n-1)a](x-a)^{n-1}$$

一般地，当行列式的各行(或列)元素之和为相同数时，通常先将各列(或行)都加到第1列(或第1行)，然后提出公因子，再进行运算较为方便.

例 1.7 计算 n 阶行列式

$$D_n=\begin{vmatrix} 1 & 2 & 3 & \cdots & n \\ 2 & 1 & 0 & \cdots & 0 \\ 3 & 0 & 1 & \cdots & 0 \\ \vdots & \vdots & \vdots & & \vdots \\ n & 0 & 0 & \cdots & 1 \end{vmatrix}$$

解 $$D_n \xlongequal[j=2,\cdots,n]{c_1-jc_j} \begin{vmatrix} 1-2^2-3^2-\cdots-n^2 & 2 & 3 & \cdots & n \\ 0 & 1 & 0 & \cdots & 0 \\ 0 & 0 & 1 & \cdots & 0 \\ \vdots & \vdots & \vdots & & \vdots \\ 0 & 0 & 0 & \cdots & 1 \end{vmatrix} = 1-\sum_{i=2}^{n} i^2$$

把例1.7中的行列式形象地称为**箭形行列式**，记作 |↖|. 其它箭形行列式有 |↘|，|↗|，|↙| 形，它们均可仿例1.7的方法化成三角行列式或次三角行列式而求出其值.

例 1.8 计算 n 阶行列式

$$D_n=\begin{vmatrix} a_1+b_1 & a_1+b_2 & \cdots & a_1+b_n \\ a_2+b_1 & a_2+b_2 & \cdots & a_2+b_n \\ \vdots & \vdots & & \vdots \\ a_n+b_1 & a_n+b_2 & \cdots & a_n+b_n \end{vmatrix}$$

解 当 $n=1$ 时，$D_1=a_1+b_1$；当 $n=2$ 时，则有

$$D_2=\begin{vmatrix} a_1+b_1 & a_1+b_2 \\ a_2+b_1 & a_2+b_2 \end{vmatrix}=(a_1-a_2)(b_2-b_1)$$

当 $n\geqslant 3$ 时，有

$$D_n \xlongequal[i=2,\cdots,n]{r_i-r_1} \begin{vmatrix} a_1+b_1 & a_1+b_2 & \cdots & a_1+b_n \\ a_2-a_1 & a_2-a_1 & \cdots & a_2-a_1 \\ \vdots & \vdots & & \vdots \\ a_n-a_1 & a_n-a_1 & \cdots & a_n-a_1 \end{vmatrix} \xlongequal[i=2,\cdots,n]{r_i\div(a_i-a_1)}$$

$$\prod_{i=2}^{n}(a_i-a_1)\cdot\begin{vmatrix} a_1+b_1 & a_1+b_2 & \cdots & a_1+b_n \\ 1 & 1 & \cdots & 1 \\ \vdots & \vdots & & \vdots \\ 1 & 1 & \cdots & 1 \end{vmatrix}=0$$

所以
$$D_n=\begin{cases} a_1+b_1 & (n=1) \\ (a_1-a_2)(b_2-b_1) & (n=2) \\ 0 & (n\geqslant 3) \end{cases}$$

§1.5 行列式按行(列)展开

一般情况下，低阶行列式比高阶行列式容易计算，这样就促使人们研究如何把高阶行列式转化为低阶行列式的计算问题．为此，先介绍行列式的余子式和代数余子式的概念．

定义 1.7 在 n 阶行列式 $D=|a_{ij}|$ 中，划去元素 a_{ij} 所在的第 i 行和第 j 列后得到的 $n-1$ 阶行列式称为元素 a_{ij} 的**余子式**，记作 M_{ij}；而把

$$A_{ij}=(-1)^{i+j}M_{ij}$$

称为元素 a_{ij} 的**代数余子式**．

例如，在三阶行列式

$$D=\begin{vmatrix} a_{11} & a_{12} & a_{13} \\ a_{21} & a_{22} & a_{23} \\ a_{31} & a_{32} & a_{33} \end{vmatrix}$$

中，a_{31} 与 a_{23} 的余子式分别为

$$M_{31}=\begin{vmatrix} a_{12} & a_{13} \\ a_{22} & a_{23} \end{vmatrix},\quad M_{23}=\begin{vmatrix} a_{11} & a_{12} \\ a_{31} & a_{32} \end{vmatrix}$$

它们的代数余子式分别为

$$A_{31}=(-1)^{3+1}M_{31}=M_{31},\quad A_{23}=(-1)^{2+3}M_{23}=-M_{23}$$

定理 1.3 n 阶行列式 $D=|a_{ij}|$ 等于它的任一行(列)各元素与其对应的代数余子式乘积之和,即

$$D=\sum_{k=1}^{n}a_{ik}A_{ik}\qquad(i=1,2,\cdots,n)\tag{1.11}$$

或

$$D=\sum_{k=1}^{n}a_{kj}A_{kj}\qquad(j=1,2,\cdots,n)\tag{1.12}$$

证 只证式(1.11). 分以下三步:

(i) 按行列式定义,有

$$\begin{vmatrix} a_{11} & \cdots & a_{1,n-1} & a_{1n} \\ \vdots & & \vdots & \vdots \\ a_{n-1,1} & \cdots & a_{n-1,n-1} & a_{n-1,n} \\ 0 & \cdots & 0 & a_{nn} \end{vmatrix}=$$

$$\sum_{(p_1\cdots p_{n-1}p_n)}(-1)^{\tau(p_1p_2\cdots p_{n-1}p_n)}a_{1p_1}a_{2p_2}\cdots a_{n-1,p_{n-1}}a_{np_n}=$$

$$\sum_{(p_1\cdots p_{n-1}n)}(-1)^{\tau(p_1\cdots p_{n-1}n)}a_{1p_1}a_{2p_2}\cdots a_{n-1,p_{n-1}}a_{nn}=$$

$$a_{nn}\sum_{(p_1\cdots p_{n-1})}(-1)^{\tau(p_1p_2\cdots p_{n-1})}a_{1p_1}a_{2p_2}\cdots a_{n-1,p_{n-1}}=$$

$$a_{nn}M_{nn}=a_{nn}(-1)^{n+n}M_{nn}=a_{nn}A_{nn}$$

(ii) $$D(i,j)=\begin{vmatrix} a_{11} & \cdots & a_{1,j-1} & a_{1j} & a_{1,j+1} & \cdots & a_{1n} \\ \vdots & & \vdots & \vdots & \vdots & & \vdots \\ a_{i-1,1} & \cdots & a_{i-1,j-1} & a_{i-1,j} & a_{i-1,j+1} & \cdots & a_{i-1,n} \\ 0 & \cdots & 0 & a_{ij} & 0 & \cdots & 0 \\ a_{i+1,1} & \cdots & a_{i+1,j-1} & a_{i+1,j} & a_{i+1,j+1} & \cdots & a_{i+1,n} \\ \vdots & & \vdots & \vdots & \vdots & & \vdots \\ a_{n1} & \cdots & a_{n,j-1} & a_{nj} & a_{n,j+1} & \cdots & a_{nn} \end{vmatrix}$$

的情形.

这时只要利用行列式性质 2,把第 i 行依次与第 $i+1$ 行、第 $i+2$ 行、…、第 n 行交换,然后再把第 j 列依次与第 $j+1$ 列、第 $j+2$ 列、…、第 n 列交换,就可把情形(ii) 化为情形(i),即有

$$D(i,j)=(-1)^{(n-i)+(n-j)}\begin{vmatrix} a_{11} & \cdots & a_{1,j-1} & a_{1,j+1} & \cdots & a_{1n} & a_{1j} \\ \vdots & & \vdots & \vdots & & \vdots & \vdots \\ a_{i-1,1} & \cdots & a_{i-1,j-1} & a_{i-1,j+1} & \cdots & a_{i-1,n} & a_{i-1,j} \\ a_{i+1,1} & \cdots & a_{i+1,j-1} & a_{i+1,j+1} & \cdots & a_{i+1,n} & a_{i+1,j} \\ \vdots & & \vdots & \vdots & & \vdots & \vdots \\ a_{n1} & \cdots & a_{n,j-1} & a_{n,j+1} & \cdots & a_{nn} & a_{nj} \\ 0 & \cdots & 0 & 0 & \cdots & 0 & a_{ij} \end{vmatrix}=$$

$$(-1)^{-(i+j)}a_{ij}M_{ij}=a_{ij}A_{ij}$$

(iii) 一般情形 $D=|a_{ij}|$.

利用行列式性质 4，把第 i 行拆开，可化为情形(ii) 的 n 个行列式之和，即

$$D=\sum_{k=1}^{n}D(i,k)=\sum_{k=1}^{n}a_{ik}A_{ik}$$ 证毕

这个定理称为**行列式按一行(列)展开法则**. 具体来讲，式(1.11) 为按第 i 行展开的公式，式(1.12) 为按第 j 列展开的公式. 利用该定理可把 n 阶行列式化为 $n-1$ 阶行列式来计算.

例 1.9 按行(列) 展开方法计算例 1.5 的行列式.

解 方法 1. 直接按某一行(列) 展开，把四阶行列式化为三阶行列式，再用对角线法则计算.

$$D=\begin{vmatrix} 1 & -5 & 3 & -3 \\ 2 & 0 & 1 & -1 \\ 3 & 1 & -1 & 2 \\ 4 & 1 & 3 & -1 \end{vmatrix}\xlongequal{\text{按 } c_2 \text{ 展开}}$$

$$(-5)\cdot(-1)^{1+2}\begin{vmatrix} 2 & 1 & -1 \\ 3 & -1 & 2 \\ 4 & 3 & -1 \end{vmatrix}+0\cdot(-1)^{2+2}\begin{vmatrix} 1 & 3 & -3 \\ 3 & -1 & 2 \\ 4 & 3 & -1 \end{vmatrix}+$$

$$1\cdot(-1)^{3+2}\begin{vmatrix} 1 & 3 & -3 \\ 2 & 1 & -1 \\ 4 & 3 & -1 \end{vmatrix}+1\cdot(-1)^{4+2}\begin{vmatrix} 1 & 3 & -3 \\ 2 & 1 & -1 \\ 3 & -1 & 2 \end{vmatrix}=$$

$$(-5)\cdot 12+0\cdot(-11)+1\cdot 10+1\cdot(-5)=-55$$

方法 2. 先利用行列式性质将某一行(列) 的大量元素化为 0，再对该行(列) 利用展开法则计算.

$$D=\begin{vmatrix} 1 & -5 & 3 & -3 \\ 2 & 0 & 1 & -1 \\ 3 & 1 & -1 & 2 \\ 4 & 1 & 3 & -1 \end{vmatrix}\xlongequal[r_4-r_3]{r_1+5r_3}\begin{vmatrix} 16 & 0 & -2 & 7 \\ 2 & 0 & 1 & -1 \\ 3 & 1 & -1 & 2 \\ 1 & 0 & 4 & -3 \end{vmatrix}\xlongequal{\text{按 } c_2 \text{ 展开}}$$

$$(-1)^{3+2}\begin{vmatrix}16 & -2 & 7\\ 2 & 1 & -1\\ 1 & 4 & -3\end{vmatrix}\xlongequal[c_3+c_2]{c_1-2c_2}-\begin{vmatrix}20 & -2 & 5\\ 0 & 1 & 0\\ -7 & 4 & 1\end{vmatrix}\xlongequal{\text{按 } r_2 \text{ 展开}}$$

$$-(-1)^{2+2}\begin{vmatrix}20 & 5\\ -7 & 1\end{vmatrix}=-55$$

例 1.10 计算 n 阶行列式

$$D_n=\begin{vmatrix}5 & 3 & & & \\ 2 & 5 & 3 & & \\ & \ddots & \ddots & \ddots & \\ & & 2 & 5 & 3\\ & & & 2 & 5\end{vmatrix}$$

解 将行列式按第 1 行展开(因为第 1 行只有两个非零元素)

$$D_n=5D_{n-1}-3\begin{vmatrix}2 & 3 & & & & \\ 0 & 5 & 3 & & & \\ & 2 & 5 & 3 & & \\ & & \ddots & \ddots & \ddots & \\ & & & 2 & 5 & 3\\ & & & & 2 & 5\end{vmatrix}=5D_{n-1}-6D_{n-2}$$

于是有

$D_n-3D_{n-1}=2(D_{n-1}-3D_{n-2})=2^2(D_{n-2}-3D_{n-3})=\cdots=2^{n-2}(D_2-3D_1)=2^n$

及 $D_n-2D_{n-1}=3(D_{n-1}-2D_{n-2})=\cdots=3^{n-2}(D_2-2D_1)=3^n$

从上两式消去 D_{n-1} 得

$$D_n=3^{n+1}-2^{n+1}$$

例 1.11 证明 n 阶范德蒙(Vandermonde)行列式

$$D_n=\begin{vmatrix}1 & 1 & \cdots & 1\\ x_1 & x_2 & \cdots & x_n\\ x_1^2 & x_2^2 & \cdots & x_n^2\\ \vdots & \vdots & & \vdots\\ x_1^{n-1} & x_2^{n-1} & \cdots & x_n^{n-1}\end{vmatrix}=\prod_{n\geqslant i>j\geqslant 1}(x_i-x_j) \tag{1.13}$$

其中 $n\geqslant 2$，$\prod$ 表示连乘号.

证 对阶数 n 用数学归纳法证明.

当 $n=2$ 时，$D_2=\begin{vmatrix}1 & 1\\ x_1 & x_2\end{vmatrix}=x_2-x_1$，即结论成立.

假设 $n=k-1$ 时式(1.13) 成立，则当 $n=k$ 时有

$$D_k=\begin{vmatrix}1 & 1 & \cdots & 1\\ x_1 & x_2 & \cdots & x_k\\ x_1^2 & x_2^2 & \cdots & x_k^2\\ \vdots & \vdots & & \vdots\\ x_1^{k-1} & x_2^{k-1} & \cdots & x_k^{k-1}\end{vmatrix}\xlongequal[i=k,\cdots,2]{\mathrm{r}_i-x_k\mathrm{r}_{i-1}}$$

$$\begin{vmatrix}1 & 1 & \cdots & 1 & 1\\ x_1-x_k & x_2-x_k & \cdots & x_{k-1}-x_k & 0\\ x_1(x_1-x_k) & x_2(x_2-x_k) & \cdots & x_{k-1}(x_{k-1}-x_k) & 0\\ \vdots & \vdots & & \vdots & \vdots\\ x_1^{k-2}(x_1-x_k) & x_2^{k-2}(x_2-x_k) & \cdots & x_{k-1}^{k-2}(x_{k-1}-x_k) & 0\end{vmatrix}\xlongequal{\text{按 } \mathrm{c}_n \text{ 展开}}$$

$$(-1)^{1+k}(x_1-x_k)(x_2-x_k)\cdots(x_{k-1}-x_k)\begin{vmatrix}1 & 1 & \cdots & 1\\ x_1 & x_2 & \cdots & x_{k-1}\\ x_1^2 & x_2^2 & \cdots & x_{k-1}^2\\ \vdots & \vdots & & \vdots\\ x_1^{k-2} & x_2^{k-2} & \cdots & x_{k-1}^{k-2}\end{vmatrix}=$$

$$(x_k-x_1)(x_k-x_2)\cdots(x_k-x_{k-1})D_{k-1}=$$

$$(x_k-x_1)(x_k-x_2)\cdots(x_k-x_{k-1})\prod_{k-1\geqslant i>j\geqslant 1}(x_i-x_j)=\prod_{k\geqslant i>j\geqslant 1}(x_i-x_j)$$

所以 $n=k$ 时结论也成立.

例 1.12　证明

$$\begin{vmatrix}a_{11} & \cdots & a_{1m} & 0 & \cdots & 0\\ \vdots & & \vdots & \vdots & & \vdots\\ a_{m1} & \cdots & a_{mm} & 0 & \cdots & 0\\ c_{11} & \cdots & c_{1m} & b_{11} & \cdots & b_{1n}\\ \vdots & & \vdots & \vdots & & \vdots\\ c_{n1} & \cdots & c_{nm} & b_{n1} & \cdots & b_{nn}\end{vmatrix}=\begin{vmatrix}a_{11} & \cdots & a_{1m}\\ \vdots & & \vdots\\ a_{m1} & \cdots & a_{mm}\end{vmatrix}\begin{vmatrix}b_{11} & \cdots & b_{1n}\\ \vdots & & \vdots\\ b_{n1} & \cdots & b_{nn}\end{vmatrix} \tag{1.14}$$

证　记 $\hat{D}=\begin{vmatrix}a_{11} & \cdots & a_{1m}\\ \vdots & & \vdots\\ a_{m1} & \cdots & a_{mm}\end{vmatrix}$，$\widetilde{D}=\begin{vmatrix}b_{11} & \cdots & b_{1n}\\ \vdots & & \vdots\\ b_{n1} & \cdots & b_{nn}\end{vmatrix}$，$M_{ij}$ 为 $\hat{D}$ 中元素 a_{ij} 的余子式，A_{ij} 为 a_{ij} 的代数余子式. 现对 m 用数学归纳法证明.

当 $m=1$ 时，式(1.14)成为

$$\begin{vmatrix} a_{11} & 0 & \cdots & 0 \\ c_{11} & b_{11} & \cdots & b_{1n} \\ \vdots & \vdots & & \vdots \\ c_{n1} & b_{n1} & \cdots & b_{nn} \end{vmatrix} \xlongequal{\text{按 } r_1 \text{ 展开}} a_{11}\widetilde{D}$$

即结论成立．假设 $m=k-1$ 时式(1.14)成立，则当 $m=k$ 时，按第1行展开有

$$\begin{vmatrix} a_{11} & \cdots & a_{1k} & 0 & \cdots & 0 \\ \vdots & & \vdots & \vdots & & \vdots \\ a_{k1} & \cdots & a_{kk} & 0 & \cdots & 0 \\ c_{11} & \cdots & c_{1k} & b_{11} & \cdots & b_{1n} \\ \vdots & & \vdots & \vdots & & \vdots \\ c_{n1} & \cdots & c_{nk} & b_{n1} & \cdots & b_{nn} \end{vmatrix} =$$

$$\sum_{j=1}^{k}(-1)^{1+j}a_{1j}\begin{vmatrix} a_{21} & \cdots & a_{2,j-1} & a_{2,j+1} & \cdots & a_{2k} & 0 & \cdots & 0 \\ \vdots & & \vdots & \vdots & & \vdots & \vdots & & \vdots \\ a_{k1} & \cdots & a_{k,j-1} & a_{k,j+1} & \cdots & a_{kk} & 0 & \cdots & 0 \\ c_{11} & \cdots & c_{1,j-1} & c_{1,j+1} & \cdots & c_{1k} & b_{11} & \cdots & b_{1n} \\ \vdots & & \vdots & \vdots & & \vdots & \vdots & & \vdots \\ c_{n1} & \cdots & c_{n,j-1} & c_{n,j+1} & \cdots & c_{nk} & b_{n1} & \cdots & b_{nn} \end{vmatrix} \xlongequal{\text{由假设}}$$

$$\sum_{j=1}^{k}(-1)^{1+j}a_{1j}M_{1j}\widetilde{D}=(\sum_{j=1}^{k}a_{1j}A_{1j})\widetilde{D}=\hat{D}\widetilde{D}$$

所以 $m=k$ 时结论成立．

定理 1.4 n 阶行列式 $D=|a_{ij}|$ 的任一行(列)各元素与另一行(列)对应元素的代数余子式乘积之和为零．即

$$\sum_{k=1}^{n}a_{ik}A_{jk}=0 \quad (i\neq j) \quad 或 \quad \sum_{k=1}^{n}a_{ki}A_{kj}=0 \quad (i\neq j)$$

证 只证第一个等式．由定理 1.3 有

$$\sum_{k=1}^{n}a_{ik}A_{jk}=\begin{vmatrix} a_{11} & a_{12} & \cdots & a_{1n} \\ \vdots & \vdots & & \vdots \\ a_{i1} & a_{i2} & \cdots & a_{in} \\ \vdots & \vdots & & \vdots \\ a_{i1} & a_{i2} & \cdots & a_{in} \\ \vdots & \vdots & & \vdots \\ a_{n1} & a_{n2} & \cdots & a_{nn} \end{vmatrix}\begin{matrix} \\ \\ i\text{ 行} \\ \\ j\text{ 行} \\ \\ \\ \end{matrix}=0$$

证毕

将定理 1.3 与定理 1.4 结合起来便可得如下统一表示式：

$$\sum_{k=1}^{n} a_{ik}A_{jk}=\begin{cases}D & (i=j)\\0 & (i\neq j)\end{cases} \tag{1.15}$$

或

$$\sum_{k=1}^{n} a_{ki}A_{kj}=\begin{cases}D & (i=j)\\0 & (i\neq j)\end{cases} \tag{1.16}$$

例 1.13 已知四阶行列式

$$D=\begin{vmatrix}1 & 2 & 3 & 4\\2 & 4 & 3 & 1\\4 & 1 & 3 & 2\\1 & 4 & 3 & 2\end{vmatrix}$$

求 $A_{11}+A_{21}+A_{31}+A_{41}$.

解 因为第 3 列各元素与第 1 列对应元素的代数余子式乘积之和为零，所以有

$$3A_{11}+3A_{21}+3A_{31}+3A_{41}=0$$

故

$$A_{11}+A_{21}+A_{31}+A_{41}=0$$

请读者考虑

$$A_{12}+A_{22}+A_{32}+A_{42}=? \qquad A_{14}+A_{24}+A_{34}+A_{44}=?$$

* §1.6 拉普拉斯定理

定理 1.3 给出了行列式按一行或一列的展开式. 本节将这个结果推广到更一般的情况，即按 k 行或 k 列展开的公式，这就是行列式的拉普拉斯(Laplace)定理. 首先，把行列式的余子式与代数余子式概念加以推广.

定义 1.8 在 n 阶行列式 D 中任取 k 行 k 列($1\leqslant k\leqslant n$)，位于这些行与列交叉点处的 k^2 个元素，按原来的相对位置组成的 k 阶行列式 M 称为 D 的一个 ***k* 阶子式**. 在 D 中划去 M 所在的行与列后，剩下的元素按原有位置组成的 $n-k$ 阶行列式 N 称为 M 的**余子式**. 如果 M 所在行的序数是 $i_1,i_2,\cdots,i_k$，所在列的序数是 $j_1,j_2,\cdots,j_k$，则称

$$(-1)^{(i_1+i_2+\cdots+i_k)+(j_1+j_2+\cdots+j_k)}N$$

为 M 的**代数余子式**.

例如，在 5 阶行列式 $D_5=|a_{ij}|$ 中，取定第 2,4 两行，第 1,3 两列得 D_5 的一个 2 阶子式

$$M=\begin{vmatrix}a_{21} & a_{23}\\a_{41} & a_{43}\end{vmatrix}$$

在 D_5 中划去第 2,4 行及第 1,3 列，得 M 的余子式

$$N=\begin{vmatrix} a_{12} & a_{14} & a_{15} \\ a_{32} & a_{34} & a_{35} \\ a_{52} & a_{54} & a_{55} \end{vmatrix}$$

而 M 的代数余子式为 $(-1)^{(2+4)+(1+3)}N=N$.

显然,定义 1.7 可作为该定义的特例. 此外由定义 1.8 可知,如果 N 是 M 的余子式,那么 M 也是 N 的余子式. n 阶行列式 D 的 n 阶子式就是 D 本身,根据定义,它没有余子式可言,但有时为了叙述方便,规定它的余子式和代数余子式是 1.

下面仅叙述拉普拉斯定理而不予证明.

定理 1.5(拉普拉斯定理) 在 n 阶行列式 D 中任意取定 k 行(列)$(1\leqslant k\leqslant n-1)$,则这 k 行(列) 中所有 k 阶子式(一共有 C_n^k 个) 与各自对应的代数余子式乘积之和等于行列式 D.

例 1.14 在例 1.5 的 4 阶行列式 D 中,取定第 1 行和第 2 行,得到 6 个 2 阶子式

$$M_1=\begin{vmatrix} 1 & -5 \\ 2 & 0 \end{vmatrix}=10,\quad M_2=\begin{vmatrix} 1 & 3 \\ 2 & 1 \end{vmatrix}=-5,\quad M_3=\begin{vmatrix} 1 & -3 \\ 2 & -1 \end{vmatrix}=5$$

$$M_4=\begin{vmatrix} -5 & 3 \\ 0 & 1 \end{vmatrix}=-5,\quad M_5=\begin{vmatrix} -5 & -3 \\ 0 & -1 \end{vmatrix}=5,\quad M_6=\begin{vmatrix} 3 & -3 \\ 1 & -1 \end{vmatrix}=0$$

它们对应的代数余子式为

$$A_1=(-1)^{(1+2)+(1+2)}\begin{vmatrix} -1 & 2 \\ 3 & -1 \end{vmatrix}=-5,\quad A_2=(-1)^{(1+2)+(1+3)}\begin{vmatrix} 1 & 2 \\ 1 & -1 \end{vmatrix}=3$$

$$A_3=(-1)^{(1+2)+(1+4)}\begin{vmatrix} 1 & -1 \\ 1 & 3 \end{vmatrix}=4,\quad A_4=(-1)^{(1+2)+(2+3)}\begin{vmatrix} 3 & 2 \\ 4 & -1 \end{vmatrix}=-11$$

$$A_5=(-1)^{(1+2)+(2+4)}\begin{vmatrix} 3 & -1 \\ 4 & 3 \end{vmatrix}=-13,\quad A_6=(-1)^{(1+2)+(3+4)}\begin{vmatrix} 3 & 1 \\ 4 & 1 \end{vmatrix}=-1$$

根据拉普拉斯定理有

$$D=\sum_{i=1}^{6}M_iA_i=10\times(-5)+(-5)\times 3+5\times 4+(-5)\times(-11)+5\times(-13)+0\times(-1)=-55$$

从这个例子可看出,一般情况下利用拉普拉斯定理计算行列式不一定方便. 但当某些行或某些列含有很多零元素时,应用拉普拉斯定理会产生较好的效果.

例 1.15 计算 $2n$ 阶行列式

$$D_{2n}=\begin{vmatrix} a_n &&&&&& b_n \\ & a_{n-1} &&&& b_{n-1} & \\ && \ddots && \iddots && \\ &&& a_1 \quad b_1 &&& \\ &&& c_1 \quad d_1 &&& \\ && \iddots && \ddots && \\ & c_{n-1} &&&& d_{n-1} & \\ c_n &&&&&& d_n \end{vmatrix}$$

解　按第 1,2n 两行展开,得

$$D_{2n}=\begin{vmatrix} a_n & b_n \\ c_n & d_n \end{vmatrix}(-1)^{(1+2n)+(1+2n)}\begin{vmatrix} a_{n-1} &&&& b_{n-1} \\ & \ddots && \iddots & \\ && a_1 \quad b_1 && \\ && c_1 \quad d_1 && \\ & \iddots && \ddots & \\ c_{n-1} &&&& d_{n-1} \end{vmatrix}=$$

$$(a_nd_n-b_nc_n)D_{2(n-1)}$$

以此作递推公式,即得

$$D_{2n}=(a_nd_n-b_nc_n)D_{2(n-1)}=(a_nd_n-b_nc_n)(a_{n-1}d_{n-1}-b_{n-1}c_{n-1})D_{2(n-2)}=$$

$$\cdots=\prod_{i=1}^{n}(a_id_i-b_ic_i)$$

又如对例 1.12 的行列式,直接按前 m 行展开便可得所需结果.

§1.7　克莱姆法则

本节主要讨论用行列式解线性方程组的问题.

一、线性方程组的概念

一般线性方程组是指形式为

$$\left.\begin{aligned} a_{11}x_1+a_{12}x_2+\cdots+a_{1n}x_n=b_1 \\ a_{21}x_1+a_{22}x_2+\cdots+a_{2n}x_n=b_2 \\ \vdots \qquad\qquad \\ a_{m1}x_1+a_{m2}x_2+\cdots+a_{mn}x_n=b_m \end{aligned}\right\} \tag{1.17}$$

的方程组,其中 $x_1,x_2,\cdots,x_n$ 代表 n 个**未知数**;m 是方程的个数;$a_{ij}\,(i=1,2,\cdots,m;\ j=1,2,\cdots,n)$ 称为方程组式(1.17) 的**系数**,a_{ij} 的第一个下标 i 表示它在第 i 个方程,第二个下标 j 表示它是 x_j 的系数;$b_i\,(i=1,2,\cdots,m)$ 称为**常数**

项或**右端项**,如果 $b_1=b_2=\cdots=b_m=0$,则称式(1.17)为**齐次线性方程组**,若 $b_1,b_2,\cdots,b_m$ 不全为零,则称之为**非齐次线性方程组**.

线性方程组式(1.17)的**解**,是指存在这样一组数 $k_1,k_2,\cdots,k_n$,若令 $x_1=k_1,x_2=k_2,\cdots,x_n=k_n$ 时,式(1.17)的各方程化为恒等式. 方程组式(1.17)的解的全体称为它的**解集合**,而能代表解集合中任一元素的表达式称为**通解**. 如果两个线性方程组有相同的解集合,就称它们是**同解的**. 如果线性方程组的解存在,则称之为**有解**或**相容**;否则称为**无解**或**不相容**或**矛盾的**.

对于齐次线性方程组,$x_1=x_2=\cdots=x_n=0$ 显然是它的解,称为**零解**. 如果齐次线性方程组还有解 $x_1=k_1,x_2=k_2,\cdots,x_n=k_n$,且 $k_1,k_2,\cdots,k_n$ 不全为零,则把该解称为**非零解**. 我们关心的是齐次线性方程组在什么情况下有非零解? 如何求解? 解之间的关系如何?

对于非齐次线性方程组,首先碰到的问题是判断它是否有解. 如果有解,有多少解? 解之间的关系如何? 这些问题的全面讨论可在第三章和第四章看到.

本节只考虑方程个数与未知数个数相等的线性方程组.

二、克莱姆法则

定理 1.6 (**克莱姆(Cramer)法则**) 如果线性方程组

$$\left.\begin{aligned} a_{11}x_1+a_{12}x_2+\cdots+a_{1n}x_n&=b_1\\ a_{21}x_1+a_{22}x_2+\cdots+a_{2n}x_n&=b_2\\ &\vdots\\ a_{n1}x_1+a_{n2}x_2+\cdots+a_{nn}x_n&=b_n \end{aligned}\right\}\tag{1.18}$$

的系数行列式

$$D=\begin{vmatrix} a_{11} & a_{12} & \cdots & a_{1n}\\ a_{21} & a_{22} & \cdots & a_{2n}\\ \vdots & \vdots & & \vdots\\ a_{n1} & a_{n2} & \cdots & a_{nn} \end{vmatrix}\neq 0$$

则方程组式(1.18)有唯一解

$$x_j=\frac{D^{(j)}}{D}\qquad (j=1,2,\cdots,n)\tag{1.19}$$

其中 $D^{(j)}(j=1,2,\cdots,n)$ 是把系数行列式 D 中第 j 列元素换成方程组右端项 $b_1,b_2,\cdots,b_n$ 后得到的 n 阶行列式,即

$$D^{(j)}=\begin{vmatrix} a_{11} & \cdots & a_{1,j-1} & b_1 & a_{1,j+1} & \cdots & a_{1n}\\ a_{21} & \cdots & a_{2,j-1} & b_2 & a_{2,j+1} & \cdots & a_{2n}\\ \vdots & & \vdots & \vdots & \vdots & & \vdots\\ a_{n1} & \cdots & a_{n,j-1} & b_n & a_{n,j+1} & \cdots & a_{nn} \end{vmatrix}$$

证　(i) 解的存在性．只须证式(1.19)是式(1.18)的解．将 $D^{(j)}$ 按第 j 列展开

$$D^{(j)}=b_1A_{1j}+b_2A_{2j}+\cdots+b_nA_{nj}\qquad (j=1,\ 2,\ \cdots,\ n)$$

利用式(1.15)，得

$$\begin{aligned}&a_{i1}\frac{D^{(1)}}{D}+a_{i2}\frac{D^{(2)}}{D}+\cdots+a_{in}\frac{D^{(n)}}{D}=\frac{1}{D}[a_{i1}(b_1A_{11}+b_2A_{21}+\cdots+b_nA_{n1})+\\&a_{i2}(b_1A_{12}+b_2A_{22}+\cdots+b_nA_{n2})+\cdots+a_{in}(b_1A_{1n}+b_2A_{2n}+\cdots+b_nA_{nn})]=\\&\frac{1}{D}[b_1(a_{i1}A_{11}+a_{i2}A_{12}+\cdots+a_{in}A_{1n})+\cdots+\\&b_i(a_{i1}A_{i1}+a_{i2}A_{i2}+\cdots+a_{in}A_{in})+\cdots+\\&b_n(a_{i1}A_{n1}+a_{i2}A_{n2}+\cdots+a_{in}A_{nn})]=\\&\frac{1}{D}[0+\cdots+0+b_iD+0+\cdots+0]=b_i\end{aligned}$$

这说明式(1.19)是式(1.18)的解．

(ii) 解的唯一性．设 $x_1=c_1,x_2=c_2,\cdots,x_n=c_n$ 是线性方程组式(1.18)的解，则有

$$\begin{cases}a_{11}c_1+a_{12}c_2+\cdots+a_{1n}c_n=b_1\\a_{21}c_1+a_{22}c_2+\cdots+a_{2n}c_n=b_2\\\quad\vdots\\a_{n1}c_1+a_{n2}c_2+\cdots+a_{nn}c_n=b_n\end{cases}$$

用 D 中第 j 列元素的代数余子式 $A_{1j},A_{2j},\cdots,A_{nj}$ 依次乘这 n 个等式，再把它们相加，得

$$\left(\sum_{k=1}^{n}a_{k1}A_{kj}\right)c_1+\cdots+\left(\sum_{k=1}^{n}a_{kj}A_{kj}\right)c_j+\cdots+\left(\sum_{k=1}^{n}a_{kn}A_{kj}\right)c_n=\sum_{k=1}^{n}b_kA_{kj}$$

利用式(1.16)并注意到上式右端即是 $D^{(j)}$ 按第 j 列的展开式，得

$$Dc_j=D^{(j)}$$

于是 $c_j=\dfrac{D^{(j)}}{D}$ $(j=1,2,\cdots,n)$，故解是唯一的．　　　　证毕

例 1.16　用克莱姆法则解线性方程组

$$\begin{cases}x_1-x_2+x_3+2x_4=0\\2x_1+x_2-x_3+x_4=0\\3x_1+2x_2+x_3+5x_4=5\\-x_1-x_2+x_3+x_4=-1\end{cases}$$

解　系数行列式

$$D=\begin{vmatrix}1&-1&1&2\\2&1&-1&1\\3&2&1&5\\-1&-1&1&1\end{vmatrix}\xlongequal[c_3-c_4]{\substack{c_1+c_4\\c_2+c_4}}\begin{vmatrix}3&1&-1&2\\3&2&-2&1\\8&7&-4&5\\0&0&0&1\end{vmatrix}=$$

$$\begin{vmatrix}3&1&-1\\3&2&-2\\8&7&-4\end{vmatrix}\xlongequal{c_3+c_2}\begin{vmatrix}3&1&0\\3&2&0\\8&7&3\end{vmatrix}=9$$

而 $D^{(1)}=\begin{vmatrix}0&-1&1&2\\0&1&-1&1\\5&2&1&5\\-1&-1&1&1\end{vmatrix}=9$，$D^{(2)}=\begin{vmatrix}1&0&1&2\\2&0&-1&1\\3&5&1&5\\-1&-1&1&1\end{vmatrix}=18$

$$D^{(3)}=\begin{vmatrix}1&-1&0&2\\2&1&0&1\\3&2&5&5\\-1&-1&-1&1\end{vmatrix}=27,\quad D^{(4)}=\begin{vmatrix}1&-1&1&0\\2&1&-1&0\\3&2&1&5\\-1&-1&1&-1\end{vmatrix}=-9$$

于是，方程组的解为

$$x_1=\frac{D^{(1)}}{D}=1,\qquad x_2=\frac{D^{(2)}}{D}=2,\qquad x_3=\frac{D^{(3)}}{D}=3,\qquad x_4=\frac{D^{(4)}}{D}=-1$$

将定理 1.6 用于齐次线性方程组，有如下定理.

定理 1.7 如果齐次线性方程组

$$\left.\begin{aligned}a_{11}x_1+a_{12}x_2+\cdots+a_{1n}x_n=0\\a_{21}x_1+a_{22}x_2+\cdots+a_{2n}x_n=0\\\vdots\qquad\qquad\\a_{n1}x_1+a_{n2}x_2+\cdots+a_{nn}x_n=0\end{aligned}\right\}\tag{1.20}$$

的系数行列式 $D\neq 0$，则该方程组只有零解.

推论 若齐次线性方程组式(1.20)有非零解，则系数行列式$D=0$.

该推论说明，系数行列式 $D=0$ 是齐次线性方程组式(1.20)有非零解的必要条件. 在后面章节中，读者将会看到这个条件不仅是必要的，而且也是充分的.

例 1.17 已知齐次线性方程组

$$\begin{cases}\lambda x_1+x_2+x_3=0\\x_1+\lambda x_2+x_3=0\\x_1+x_2+\lambda x_3=0\end{cases}$$

有非零解，问 λ 取何值?

解 由定理 1.7 的推论知,该齐次线性方程组的系数行列式 $D=0$. 而

$$D=\begin{vmatrix}\lambda & 1 & 1\\ 1 & \lambda & 1\\ 1 & 1 & \lambda\end{vmatrix}=(\lambda+2)(\lambda-1)^2$$

所以,λ 应取 1 或 -2.

习 题 一

1. 用对角线法则计算下列三阶行列式:

$$(1)\ \begin{vmatrix}1 & 2 & -1\\ 2 & -3 & 4\\ 3 & -1 & 1\end{vmatrix};\qquad (2)\ \begin{vmatrix}\cos\theta & 0 & -\sin\theta\\ 0 & -1 & 0\\ \sin\theta & 0 & \cos\theta\end{vmatrix}.$$

2. 求下列各排列的逆序数,并说明哪些是偶排列.

(1) 1 3 2 5 4; (2) 7 6 4 5 2 3 1;

(3) $1\ 3\ \cdots\ (2n-1)(2n)(2n-2)\ \cdots\ 2$;

(4) $(2n)(2n-2)\ \cdots\ 2\ 1\ 3\ \cdots\ (2n-1)$.

3. 确定 i,j 使 $-a_{13}a_{2i}a_{31}a_{4j}a_{54}a_{66}$ 为六阶行列式中的一项.

4. 计算下列行列式:

$$(1)\ \begin{vmatrix}1 & 2 & 3 & 2\\ 2 & 0 & 1 & 3\\ 3 & -1 & 0 & -1\\ 9 & 1 & 5 & -2\end{vmatrix};\qquad (2)\ \begin{vmatrix}5 & 2 & 2 & 2\\ 2 & 5 & 2 & 2\\ 2 & 2 & 5 & 2\\ 2 & 2 & 2 & 5\end{vmatrix};$$

$$(3)\ \begin{vmatrix}0 & -a_1 & -a_2 & -a_3 & -a_4\\ a_1 & 0 & -b_1 & -b_2 & -b_3\\ a_2 & b_1 & 0 & -c_1 & -c_2\\ a_3 & b_2 & c_1 & 0 & -d\\ a_4 & b_3 & c_2 & d & 0\end{vmatrix};$$

$$(4)\ \begin{vmatrix}1 & 2 & 0 & 0\\ 3 & 4 & 0 & 0\\ 0 & 0 & -5 & -4\\ 0 & 0 & 4 & 3\end{vmatrix};\qquad (5)\ \begin{vmatrix}1 & 1 & 1 & 1\\ a_1 & a & a_2 & a_2\\ a_2 & a_2 & a & a_3\\ a_3 & a_3 & a_3 & a\end{vmatrix}.$$

5. 计算下列 n 阶行列式:

$$(1)\ D_n=\begin{vmatrix} 1 & 2 & 3 & \cdots & n-1 & n \\ 2 & 2 & 3 & \cdots & n-1 & n \\ 3 & 3 & 3 & \cdots & n-1 & n \\ \vdots & \vdots & \vdots & & \vdots & \vdots \\ n & n & n & \cdots & n & n \end{vmatrix};$$

$$(2)\ D_n=\begin{vmatrix} 1 & 0 & \cdots & 0 & 0 \\ 0 & 0 & \cdots & 0 & 2 \\ 0 & 0 & \cdots & 3 & 0 \\ \vdots & \vdots & & \vdots & \vdots \\ 0 & n & \cdots & 0 & 0 \end{vmatrix};\quad (3)\ D_n=\begin{vmatrix} x & y & & & \\ & x & y & & \\ & & \ddots & \ddots & \\ & & & x & y \\ y & & & & x \end{vmatrix};$$

$$(4)\ D_n=\begin{vmatrix} a_1+b_1 & a_2 & \cdots & a_n \\ a_1 & a_2+b_2 & \cdots & a_n \\ \vdots & \vdots & & \vdots \\ a_1 & a_2 & \cdots & a_n+b_n \end{vmatrix},\text{其中 } b_1\, b_2 \cdots b_n \neq 0;$$

$$(5)\ D_n=\begin{vmatrix} 2 & 1 & & & & \\ 1 & 2 & 1 & & & \\ & 1 & 2 & 1 & & \\ & & \ddots & \ddots & \ddots & \\ & & & 1 & 2 & 1 \\ & & & & 1 & 2 \end{vmatrix}.$$

6. 利用范德蒙行列式计算下列各题：

$$(1)\ \begin{vmatrix} 1 & 1 & 1 & 1 \\ a & b & c & d \\ a^2 & b^2 & c^2 & d^2 \\ a^4 & b^4 & c^4 & d^4 \end{vmatrix};\quad (2)\ \begin{vmatrix} a^n & (a-1)^n & \cdots & (a-n)^n \\ a^{n-1} & (a-1)^{n-1} & \cdots & (a-n)^{n-1} \\ \vdots & \vdots & & \vdots \\ a & a-1 & \cdots & a-n \\ 1 & 1 & \cdots & 1 \end{vmatrix}.$$

7. 证明：

$$(1)\ \begin{vmatrix} ax+by & ay+bz & az+bx \\ ay+bz & az+bx & ax+by \\ az+bx & ax+by & ay+bz \end{vmatrix}=(a^3+b^3)\begin{vmatrix} x & y & z \\ y & z & x \\ z & x & y \end{vmatrix};$$

(2) $D_n=\begin{vmatrix} x & -1 & & & & \\ & x & -1 & & & \\ & & x & \ddots & & \\ & & & \ddots & -1 & \\ & & & & x & -1 \\ a_n & a_{n-1} & a_{n-2} & \cdots & a_2 & x+a_1 \end{vmatrix}=\sum_{i=0}^{n}a_ix^{n-i}$，其中 $a_0=1$；

(3) $D_{2n}=\begin{vmatrix} a & & & & & b \\ & \ddots & & & \iddots & \\ & & a & b & & \\ & & c & d & & \\ & \iddots & & & \ddots & \\ c & & & & & d \end{vmatrix}=(ad-bc)^n$.

8. 用克莱姆法则解下列线性方程组：

(1) $\begin{cases} x_1+4x_2+x_3+14x_4=-2 \\ x_1+x_2+x_3+x_4=5 \\ x_1+2x_2-x_3+4x_4=-2 \\ 2x_1+x_2-x_3-x_4=2 \end{cases}$；

(2) $\begin{cases} 4x_1+x_2=5 \\ x_1+4x_2+x_3=4 \\ x_2+4x_3+x_4=-2 \\ x_3+4x_4=3 \end{cases}$.

9. 已知齐次线性方程组

$$\begin{cases} (\lambda+1)x_1+x_2+x_3=0 \\ x_1+(\lambda+1)x_2-x_3=0 \\ x_1-(\lambda+2)x_2+2x_3=0 \end{cases}$$

有非零解，问 λ 取何值？

第二章　矩阵及其运算

据资料记载，矩阵的概念是1850年首先由西尔威斯特(J. J. Sylvester，1814—1897年)提出来的，1858年凯莱(A. Cayley，1821—1895年)建立了矩阵运算规则．从此，矩阵的理论逐渐成为数学的一个重要分支，在自然科学、工程技术和现代经济学等领域中得到广泛的应用．

本章介绍矩阵的概念和运算，并讨论矩阵运算的一些基本性质．这些性质在以后各章中都要用到．

§2.1　矩阵的概念

如果给定了一个线性方程组的全部系数和常数项，则这个线性方程组就基本上确定了．如式(1.17)的线性方程组，可以用“数表”

$$\begin{matrix} a_{11} & a_{12} & \cdots & a_{1n} & b_1 \\ a_{21} & a_{22} & \cdots & a_{2n} & b_2 \\ \vdots & \vdots & & \vdots & \vdots \\ a_{m1} & a_{m2} & \cdots & a_{mn} & b_m \end{matrix} \tag{2.1}$$

来表示．反之，有了数表(2.1)后，除了代表未知数的符号外，线性方程组式(1.17)就确定了．因此研究线性方程组式(1.17)就只需研究数表(2.1).

定义 2.1　由 $m\times n$ 个数 a_{ij} $(i=1,2,\cdots m;\ j=1,\ 2,\ \cdots,\ n)$ 排成的 m 行 n 列的数表

$$\begin{pmatrix} a_{11} & a_{12} & \cdots & a_{1n} \\ a_{21} & a_{22} & \cdots & a_{2n} \\ \vdots & \vdots & & \vdots \\ a_{m1} & a_{m2} & \cdots & a_{mn} \end{pmatrix} \tag{2.2}$$

称为 $m\times n$ **矩阵**，a_{ij} 称为这个矩阵第 i 行第 j 列的元素．元素是实数的矩阵称为**实矩阵**，元素是复数的矩阵称为**复矩阵**．当 $m=n$ 时，称之为 n **阶方阵**．

通常用大写字母 $\boldsymbol{A},\boldsymbol{B},\cdots$ 等表示矩阵．例如矩阵式(2.2)常用 $\boldsymbol{A}$ 来表示，有时也简记为

$$\boldsymbol{A}=(a_{ij})_{m\times n} \quad 或 \quad \boldsymbol{A}=(a_{ij})$$

当无需指明元素时，$m\times n$ 矩阵 $\boldsymbol{A}$ 也记作 $\boldsymbol{A}_{m\times n}$.

须注意矩阵与行列式是不同的，行列式要求行数与列数相同，而矩阵不要求行数 m 等于列数 n；行列式表示的是一个数值，而矩阵仅是由 $m\times n$ 个数所排成的一个数表．但是，1 阶方阵和 1 阶行列式与一个数等同．

元素都是零的 $m\times n$ 矩阵称为**零矩阵**，记作 $\boldsymbol{O}_{m\times n}$. 在不会混淆的情况下简记作 $\boldsymbol{O}$.

只有一行或一列的矩阵，分别称为**行矩阵**或**列矩阵**，在第四章中分别称之为行向量或列向量，用小写字母 $\boldsymbol{\alpha},\boldsymbol{\beta},\boldsymbol{x},\cdots$ 等表示．如

$$\boldsymbol{\alpha}=(a_1,\ a_2,\ \cdots,\ a_n),\quad \boldsymbol{x}=\begin{pmatrix}x_1\\x_2\\\vdots\\x_n\end{pmatrix}$$

用 $\boldsymbol{E}_n$ 表示的 n 阶方阵

$$\boldsymbol{E}_n=\begin{pmatrix}1&0&\cdots&0\\0&1&\cdots&0\\\vdots&\vdots&&\vdots\\0&0&\cdots&1\end{pmatrix}$$

称为 n 阶**单位矩阵**，它的主对角线上的元素都是 1，其余元素都是 0. 在不会混淆的情况下简记作 $\boldsymbol{E}$. 称 n 阶方阵

$$\begin{pmatrix}\lambda_1&0&\cdots&0\\0&\lambda_2&\cdots&0\\\vdots&\vdots&&\vdots\\0&0&\cdots&\lambda_n\end{pmatrix}$$

为**对角矩阵**，简记为 $\mathrm{diag}\{\lambda_1,\lambda_2,\cdots,\lambda_n\}$.

如果与线性方程组式(1.17)相联系，矩阵式(2.2)的元素恰由未知数的系数构成，称之为线性方程组式(1.17)的**系数矩阵**，而矩阵式(2.1)称为线性方程组式(1.17)的**增广矩阵**．因此可以利用矩阵来研究线性方程组．

在许多实际问题中，会遇到一些变量要用另外一些变量线性表示的问题．例如，在解析几何中进行坐标变换时，如果坐标系绕原点逆时针旋转角度 θ，那么平面直角坐标变换的公式为

$$\left.\begin{aligned}x&=x'\cos\theta-y'\sin\theta\\y&=x'\sin\theta+y'\cos\theta\end{aligned}\right\}\tag{2.3}$$

显然，新旧坐标之间的关系，完全可以通过公式中系数所排成的二行二列的数表

$$\begin{pmatrix}\cos\theta&-\sin\theta\\\sin\theta&\cos\theta\end{pmatrix}$$

表示出来．

定义 2.2 已知 $m\times n$ 个数 $a_{ij}\,(i=1,2,\cdots,m;j=1,2,\cdots,n)$．若变量 x_1，$x_2,\cdots,x_m$ 能用变量 $y_1,y_2,\cdots,y_n$ 线性地表示，即

$$\left.\begin{aligned} x_1 &= a_{11}y_1+a_{12}y_2+\cdots+a_{1n}y_n \\ x_2 &= a_{21}y_1+a_{22}y_2+\cdots+a_{2n}y_n \\ &\vdots \\ x_m &= a_{m1}y_1+a_{m2}y_2+\cdots+a_{mn}y_n \end{aligned}\right\} \tag{2.4}$$

则称为从变量 $y_1,y_2,\cdots,y_n$ 到变量 $x_1,x_2,\cdots,x_m$ 的**线性变换**．

式(2.3)是从变量 x',y' 到变量 x,y 的线性变换．

线性变换式(2.4)也完全可由变量前的系数排成的矩阵式(2.2)确定，此时称之为线性变换式(2.4)的**系数矩阵**．如果给出一个 $m\times n$ 矩阵作为系数矩阵，则线性变换式(2.4)也就确定了．在这个意义上，线性变换和矩阵之间存在着一一对应的关系，因此可以利用矩阵来研究线性变换．

矩阵这一数学概念能够与工程技术问题密切相关，成为方便、简捷的表达手段，主要依赖于它的种种运算和变换．本章主要介绍矩阵的代数运算，而在第三、五、六章将讨论矩阵的各种变换．

§2.2　矩阵的基本运算

在定义运算之前，首先给出矩阵相等的概念．

两个矩阵的行数相等，列数也相等时，就称它们是**同型矩阵**．如果两个同型矩阵 $\boldsymbol{A}=(a_{ij})_{m\times n}$，$\boldsymbol{B}=(b_{ij})_{m\times n}$ 的对应元素相等，即

$$a_{ij}=b_{ij}\qquad (i=1,2,\cdots,m;\ j=1,2,\cdots,n)$$

则称矩阵 $\boldsymbol{A}$ 与 $\boldsymbol{B}$ **相等**，记作 $\boldsymbol{A}=\boldsymbol{B}$.

一、矩阵的线性运算

定义 2.3 设有两个同型矩阵 $\boldsymbol{A}=(a_{ij})_{m\times n}$，$\boldsymbol{B}=(b_{ij})_{m\times n}$，矩阵 $\boldsymbol{A}$ 与 $\boldsymbol{B}$ 的**加法**，记作 $\boldsymbol{A}+\boldsymbol{B}$，规定为

$$\boldsymbol{A}+\boldsymbol{B}=(a_{ij}+b_{ij})_{m\times n}$$

数 k 与矩阵 $\boldsymbol{A}$ 的乘积，简称**数乘**，记作 $k\boldsymbol{A}$ 或 $\boldsymbol{A}k$，规定为

$$k\boldsymbol{A}=\boldsymbol{A}k=(ka_{ij})_{m\times n}$$

以上运算称为矩阵的**线性运算**．

矩阵 $\boldsymbol{A}$ 的**负矩阵**，记作 $-\boldsymbol{A}$，规定为

$$-\boldsymbol{A}=(-1)\boldsymbol{A}=(-a_{ij})_{m\times n}$$

矩阵 $\boldsymbol{A}$ 与 $\boldsymbol{B}$ 的**减法**，记作 $\boldsymbol{A}-\boldsymbol{B}$，规定为

$$\boldsymbol{A}-\boldsymbol{B}=\boldsymbol{A}+(-\boldsymbol{B})=(a_{ij}-b_{ij})_{m\times n}$$

矩阵的线性运算满足下列运算律(设$\boldsymbol{A},\boldsymbol{B},\boldsymbol{C}$都是$m\times n$矩阵,$k$和$l$是数):

(1) $\boldsymbol{A}+\boldsymbol{B}=\boldsymbol{B}+\boldsymbol{A}$;

(2) $(\boldsymbol{A}+\boldsymbol{B})+\boldsymbol{C}=\boldsymbol{A}+(\boldsymbol{B}+\boldsymbol{C})$;

(3) $\boldsymbol{A}+\boldsymbol{O}=\boldsymbol{A}$;

(4) $\boldsymbol{A}+(-\boldsymbol{A})=\boldsymbol{O}$;

(5) $1\boldsymbol{A}=\boldsymbol{A}$;

(6) $(kl)\boldsymbol{A}=k(l\boldsymbol{A})$;

(7) $(k+l)\boldsymbol{A}=k\boldsymbol{A}+l\boldsymbol{A}$;

(8) $k(\boldsymbol{A}+\boldsymbol{B})=k\boldsymbol{A}+k\boldsymbol{B}$.

可见矩阵的线性运算与数的加法和乘法所满足的运算律完全类似.因此,在求解只含线性运算的矩阵方程时,可仿一元一次方程的求解过程进行.

例 2.1　设 $2\boldsymbol{A}+\boldsymbol{X}=\boldsymbol{B}-2\boldsymbol{X}$,其中

$$\boldsymbol{A}=\begin{pmatrix}1&-2&0\\4&3&5\end{pmatrix},\quad \boldsymbol{B}=\begin{pmatrix}8&2&6\\5&3&4\end{pmatrix}$$

求矩阵 $\boldsymbol{X}$.

解　通过移项及合并,整理得

$$\boldsymbol{X}=\frac{1}{3}(\boldsymbol{B}-2\boldsymbol{A})=\frac{1}{3}\left(\begin{pmatrix}8&2&6\\5&3&4\end{pmatrix}-\begin{pmatrix}2&-4&0\\8&6&10\end{pmatrix}\right)=$$

$$\frac{1}{3}\begin{pmatrix}6&6&6\\-3&-3&-6\end{pmatrix}=\begin{pmatrix}2&2&2\\-1&-1&-2\end{pmatrix}$$

二、矩阵乘法

定义 2.4　设$\boldsymbol{A}=(a_{ij})$是一个$m\times s$矩阵,$\boldsymbol{B}=(b_{ij})$是一个$s\times n$矩阵,规定矩阵$\boldsymbol{A}$与矩阵$\boldsymbol{B}$的**乘积**是一个$m\times n$矩阵$\boldsymbol{C}=(c_{ij})$,其中

$$c_{ij}=\sum_{k=1}^{s}a_{ik}b_{kj}\quad(i=1,2,\cdots,m;\ j=1,2,\cdots,n)\tag{2.5}$$

并把此乘积记作 $\boldsymbol{C}=\boldsymbol{AB}$.

由定义可见,只有当$\boldsymbol{A}$的列数等于$\boldsymbol{B}$的行数时,$\boldsymbol{AB}$才有意义,并且$\boldsymbol{AB}$是$m\times n$矩阵;而乘积$\boldsymbol{AB}$的第i行第j列元素是矩阵$\boldsymbol{A}$的第i行各元素分别与矩阵$\boldsymbol{B}$的第j列各对应元素的乘积之和.

例 2.2　已知 $\boldsymbol{A}=\begin{pmatrix}3&-1\\0&3\\1&0\end{pmatrix}$, $\boldsymbol{B}=\begin{pmatrix}1&0&1&-1\\0&2&1&0\end{pmatrix}$,求$\boldsymbol{AB}$,并问$\boldsymbol{B}$与$\boldsymbol{A}$

是否可以相乘？

解　由于 $\boldsymbol{A}$ 是 3×2 矩阵，$\boldsymbol{B}$ 是 2×4 矩阵，$\boldsymbol{A}$ 的列数与 $\boldsymbol{B}$ 的行数都等于 2，所以 $\boldsymbol{A}$ 与 $\boldsymbol{B}$ 可以相乘，其乘积 $\boldsymbol{AB}$ 是 3×4 矩阵．按式(2.5)有

$$\boldsymbol{C}=\boldsymbol{AB}=\begin{pmatrix}3&-1\\0&3\\1&0\end{pmatrix}\begin{pmatrix}1&0&1&-1\\0&2&1&0\end{pmatrix}=(c_{ij})_{3\times4}$$

其中

$$c_{11}=3\times1+(-1)\times0=3,\qquad c_{12}=3\times0+(-1)\times2=-2,$$
$$c_{13}=3\times1+(-1)\times1=2,\qquad c_{14}=3\times(-1)+(-1)\times0=-3,$$
$$c_{21}=0\times1+3\times0=0,\qquad c_{22}=0\times0+3\times2=6,$$
$$c_{23}=0\times1+3\times1=3,\qquad c_{24}=0\times(-1)+3\times0=0,$$
$$c_{31}=1\times1+0\times0=1,\qquad c_{32}=1\times0+0\times2=0,$$
$$c_{33}=1\times1+0\times1=1,\qquad c_{34}=1\times(-1)+0\times0=-1,$$

故
$$\boldsymbol{AB}=\begin{pmatrix}3&-2&2&-3\\0&6&3&0\\1&0&1&-1\end{pmatrix}$$

因为 $\boldsymbol{B}$ 的列数是 4，$\boldsymbol{A}$ 的行数是 3，所以 $\boldsymbol{B}$ 与 $\boldsymbol{A}$ 不可相乘．

例 2.3　已知 $\boldsymbol{A}=(1,-1,0)$，$\boldsymbol{B}=\begin{pmatrix}2\\1\\-3\end{pmatrix}$，求 $\boldsymbol{AB}$ 及 $\boldsymbol{BA}$．

解
$$\boldsymbol{AB}=(1,-1,0)\begin{pmatrix}2\\1\\-3\end{pmatrix}=1$$

$$\boldsymbol{BA}=\begin{pmatrix}2\\1\\-3\end{pmatrix}(1,-1,0)=\begin{pmatrix}2&-2&0\\1&-1&0\\-3&3&0\end{pmatrix}$$

例 2.4　已知 $\boldsymbol{A}=\begin{pmatrix}-1&1\\1&-1\end{pmatrix}$，　$\boldsymbol{B}=\begin{pmatrix}-1&-1\\1&1\end{pmatrix}$，求 $\boldsymbol{AB}$ 及 $\boldsymbol{BA}$．

解
$$\boldsymbol{AB}=\begin{pmatrix}-1&1\\1&-1\end{pmatrix}\begin{pmatrix}-1&-1\\1&1\end{pmatrix}=\begin{pmatrix}2&2\\-2&-2\end{pmatrix}$$

$$\boldsymbol{BA}=\begin{pmatrix}-1&-1\\1&1\end{pmatrix}\begin{pmatrix}-1&1\\1&-1\end{pmatrix}=\begin{pmatrix}0&0\\0&0\end{pmatrix}$$

由上面诸例可见：一般矩阵的乘法不满足交换律．这是因为，当 $\boldsymbol{AB}$ 有意义时，$\boldsymbol{B}$ 与 $\boldsymbol{A}$ 可能无法相乘；当 $\boldsymbol{AB}$ 与 $\boldsymbol{BA}$ 均有意义时，其阶数可能不相同；当

$\boldsymbol{AB}$ 与 $\boldsymbol{BA}$ 均有意义且阶数也相同时，仍可能 $\boldsymbol{AB}\neq\boldsymbol{BA}$. 因此，做矩阵乘法一定要注意先后次序．从例 2.4 还可以看到：虽然 $\boldsymbol{A}\neq\boldsymbol{O},\boldsymbol{B}\neq\boldsymbol{O}$，但仍可能有 $\boldsymbol{AB}=\boldsymbol{O}$. 因此，矩阵乘法一般不满足消去律，即由 $\boldsymbol{AB}=\boldsymbol{AC}$，不一定有 $\boldsymbol{B}=\boldsymbol{C}$. 不过矩阵乘法仍满足下列运算律(假设运算都可进行)：

(1) $(\boldsymbol{AB})\boldsymbol{C}=\boldsymbol{A}(\boldsymbol{BC})$；

(2) $\boldsymbol{A}(\boldsymbol{B}+\boldsymbol{C})=\boldsymbol{AB}+\boldsymbol{AC}$，　$(\boldsymbol{B}+\boldsymbol{C})\boldsymbol{A}=\boldsymbol{BA}+\boldsymbol{CA}$；

(3) $k(\boldsymbol{AB})=(k\boldsymbol{A})\boldsymbol{B}=\boldsymbol{A}(k\boldsymbol{B})$　(其中 k 为数量)；

(4) $\boldsymbol{E}_m\boldsymbol{A}_{m\times n}=\boldsymbol{A}_{m\times n}\boldsymbol{E}_n=\boldsymbol{A}_{m\times n}$.

由(4) 可见，单位矩阵 $\boldsymbol{E}$ 在矩阵乘法中的作用，类似数的乘法中的 1.

矩阵的乘法有广泛的应用，许多繁杂的问题借助于矩阵乘法可以表达得很简洁．例如对于线性方程组式(1.17)，设系数矩阵 $\boldsymbol{A}$ 如式(2.2)，又设

$$\boldsymbol{x}=\begin{pmatrix}x_1\\x_2\\\vdots\\x_n\end{pmatrix},\quad \boldsymbol{b}=\begin{pmatrix}b_1\\b_2\\\vdots\\b_m\end{pmatrix}$$

则可简洁地写成

$$\boldsymbol{Ax}=\boldsymbol{b} \tag{2.6}$$

称为线性方程组式(1.17) 的矩阵形式．同样线性变换式(2.4) 可以写成矩阵形式

$$\boldsymbol{x}=\boldsymbol{Ay} \tag{2.7}$$

其中
$$\boldsymbol{x}=\begin{pmatrix}x_1\\x_2\\\vdots\\x_m\end{pmatrix},\quad \boldsymbol{y}=\begin{pmatrix}y_1\\y_2\\\vdots\\y_n\end{pmatrix},\quad \boldsymbol{A}=(a_{ij})_{m\times n}$$

如果又知从变量 $z_1,z_2,\cdots,z_s$ 到变量 $y_1,y_2,\cdots,y_n$ 的线性变换

$$\boldsymbol{y}=\boldsymbol{Bz} \tag{2.8}$$

其中
$$\boldsymbol{B}=(b_{ij})_{n\times s},\quad \boldsymbol{z}=\begin{pmatrix}z_1\\z_2\\\vdots\\z_s\end{pmatrix}$$

则从变量 $z_1,z_2,\cdots,z_s$ 到变量 $x_1,x_2,\cdots,x_m$ 的线性变换为

$$\boldsymbol{x}=\boldsymbol{Ay}=\boldsymbol{A}(\boldsymbol{Bz})=(\boldsymbol{AB})\boldsymbol{z}$$

可见其系数矩阵恰为线性变换式(2.7) 与式(2.8) 的系数矩阵的乘积．

三、方阵的幂

利用矩阵乘法，可以研究任何一个方阵的幂的问题．

定义 2.5　设 $\boldsymbol{A}$ 是一个 n 阶方阵，k 是正整数，则 $\boldsymbol{A}$ 的 k 次幂规定为

$$\boldsymbol{A}^k = \underbrace{\boldsymbol{A}\,\boldsymbol{A}\cdots\boldsymbol{A}}_{k\text{个}}$$

显然只有方阵的幂才有意义．

由于矩阵乘法满足结合律，所以方阵的幂满足以下运算律：

$$\boldsymbol{A}^k\boldsymbol{A}^l = \boldsymbol{A}^{k+l}, \qquad (\boldsymbol{A}^k)^l = \boldsymbol{A}^{kl}$$

其中 k,l 为正整数．又因为矩阵乘法一般不满足交换律，所以对于两个 n 阶方阵 $\boldsymbol{A}$ 与 $\boldsymbol{B}$，一般说来

$$(\boldsymbol{AB})^k \neq \boldsymbol{A}^k\boldsymbol{B}^k$$

$$(\boldsymbol{A}+\boldsymbol{B})^k \neq \boldsymbol{A}^k + \mathrm{C}_k^1\boldsymbol{A}^{k-1}\boldsymbol{B} + \cdots + \mathrm{C}_k^{k-1}\boldsymbol{AB}^{k-1} + \boldsymbol{B}^k$$

其中 $\mathrm{C}_k^i = \dfrac{k!}{i!\,(k-i)!}$．但是当 $\boldsymbol{AB}=\boldsymbol{BA}$ 时，等式却是成立的．

例 2.5　求证

$$\begin{pmatrix} \cos\theta & -\sin\theta \\ \sin\theta & \cos\theta \end{pmatrix}^n = \begin{pmatrix} \cos n\theta & -\sin n\theta \\ \sin n\theta & \cos n\theta \end{pmatrix}$$

证　用数学归纳法证明．当 $n=1$ 时，等式显然成立．设 $n=k$ 时结论成立，即

$$\begin{pmatrix} \cos\theta & -\sin\theta \\ \sin\theta & \cos\theta \end{pmatrix}^k = \begin{pmatrix} \cos k\theta & -\sin k\theta \\ \sin k\theta & \cos k\theta \end{pmatrix}$$

当 $n=k+1$ 时，有

$$\begin{pmatrix} \cos\theta & -\sin\theta \\ \sin\theta & \cos\theta \end{pmatrix}^{k+1} = \begin{pmatrix} \cos\theta & -\sin\theta \\ \sin\theta & \cos\theta \end{pmatrix}^k \begin{pmatrix} \cos\theta & -\sin\theta \\ \sin\theta & \cos\theta \end{pmatrix} =$$

$$\begin{pmatrix} \cos k\theta & -\sin k\theta \\ \sin k\theta & \cos k\theta \end{pmatrix} \begin{pmatrix} \cos\theta & -\sin\theta \\ \sin\theta & \cos\theta \end{pmatrix} =$$

$$\begin{pmatrix} \cos k\theta\cos\theta - \sin k\theta\sin\theta & -\cos k\theta\sin\theta - \sin k\theta\cos\theta \\ \sin k\theta\cos\theta + \cos k\theta\sin\theta & -\sin k\theta\sin\theta + \cos k\theta\cos\theta \end{pmatrix} =$$

$$\begin{pmatrix} \cos(k+1)\theta & -\sin(k+1)\theta \\ \sin(k+1)\theta & \cos(k+1)\theta \end{pmatrix}$$

于是等式得证．

四、矩阵的转置

定义 2.6　设 $\boldsymbol{A}$ 是 $m\times n$ 矩阵

$$\boldsymbol{A}=\begin{pmatrix} a_{11} & a_{12} & \cdots & a_{1n} \\ a_{21} & a_{22} & \cdots & a_{2n} \\ \vdots & \vdots & & \vdots \\ a_{m1} & a_{m2} & \cdots & a_{mn} \end{pmatrix}$$

则 $n\times m$ 矩阵

$$\begin{pmatrix} a_{11} & a_{21} & \cdots & a_{m1} \\ a_{12} & a_{22} & \cdots & a_{m2} \\ \vdots & \vdots & & \vdots \\ a_{1n} & a_{2n} & \cdots & a_{mn} \end{pmatrix}$$

称为 $\boldsymbol{A}$ 的**转置矩阵**，记作 $\boldsymbol{A}^{\mathrm{T}}$.

矩阵的转置也是一种运算，满足下述运算律（假设运算都是可行的）：

(1) $(\boldsymbol{A}^{\mathrm{T}})^{\mathrm{T}}=\boldsymbol{A}$；

(2) $(\boldsymbol{A}+\boldsymbol{B})^{\mathrm{T}}=\boldsymbol{A}^{\mathrm{T}}+\boldsymbol{B}^{\mathrm{T}}$；

(3) $(k\boldsymbol{A})^{\mathrm{T}}=k\boldsymbol{A}^{\mathrm{T}}$（$k$ 为常数）；

(4) $(\boldsymbol{AB})^{\mathrm{T}}=\boldsymbol{B}^{\mathrm{T}}\boldsymbol{A}^{\mathrm{T}}$.

在此仅证明(4). 设 $\boldsymbol{A}=(a_{ij})_{m\times s}$，$\boldsymbol{B}=(b_{ij})_{s\times n}$，记 $\boldsymbol{AB}=\boldsymbol{C}=(c_{ij})_{m\times n}$，$\boldsymbol{B}^{\mathrm{T}}\boldsymbol{A}^{\mathrm{T}}=\boldsymbol{D}=(d_{ij})_{n\times m}$. 于是按式(2.5)，有

$$c_{ji}=\sum_{k=1}^{s}a_{jk}b_{ki}$$

而 $\boldsymbol{B}^{\mathrm{T}}$ 的第 i 行为 $(b_{1i},\cdots,b_{si})$，$\boldsymbol{A}^{\mathrm{T}}$ 的第 j 列为 $(a_{j1},\cdots,a_{js})^{\mathrm{T}}$，因此

$$d_{ij}=\sum_{k=1}^{s}b_{ki}a_{jk}=\sum_{k=1}^{s}a_{jk}b_{ki}$$

所以　　$d_{ij}=c_{ji}\quad(i=1,2,\cdots,n;\quad j=1,2,\cdots,m)$

即 $\boldsymbol{D}=\boldsymbol{C}^{\mathrm{T}}$，也即

$$\boldsymbol{B}^{\mathrm{T}}\boldsymbol{A}^{\mathrm{T}}=(\boldsymbol{AB})^{\mathrm{T}}$$

例 2.6　已知

$$\boldsymbol{A}=\begin{pmatrix} 2 & 0 & -1 \\ 1 & -3 & 5 \end{pmatrix},\qquad \boldsymbol{B}=\begin{pmatrix} 1 & 7 & -1 \\ 4 & 2 & 3 \\ 2 & 0 & 1 \end{pmatrix}$$

求 $(\boldsymbol{AB})^{\mathrm{T}}$.

解　方法 1　因为

$$AB=\begin{pmatrix}2&0&-1\\1&-3&5\end{pmatrix}\begin{pmatrix}1&7&-1\\4&2&3\\2&0&1\end{pmatrix}=\begin{pmatrix}0&14&-3\\-1&1&-5\end{pmatrix}$$

所以
$$(AB)^{\mathrm{T}}=\begin{pmatrix}0&-1\\14&1\\-3&-5\end{pmatrix}$$

方法 2

$$(AB)^{\mathrm{T}}=B^{\mathrm{T}}A^{\mathrm{T}}=\begin{pmatrix}1&4&2\\7&2&0\\-1&3&1\end{pmatrix}\begin{pmatrix}2&1\\0&-3\\-1&5\end{pmatrix}=\begin{pmatrix}0&-1\\14&1\\-3&-5\end{pmatrix}$$

定义 2.7 如果 n 阶方阵 $A=(a_{ij})$ 满足 $A^{\mathrm{T}}=A$，即

$$a_{ji}=a_{ij}\quad(i,j=1,2,\cdots,n)$$

则称 A 为**对称矩阵**．如果 n 阶方阵 $A=(a_{ij})$ 满足 $A^{\mathrm{T}}=-A$，即

$$a_{ji}=-a_{ij}\qquad(i,j=1,2,\cdots,n)$$

则称 A 为**反对称矩阵**．

对称矩阵的特点是：它的元素以主对角线为对称轴对应相等．对于反对称矩阵来说，当 $i=j$ 时，有 $a_{ii}=-a_{ii}$，即 $a_{ii}=0\ (i=1,2,\cdots,n)$，可见其主对角线上元素全为 0，而其它元素关于主对角线为对称轴相差一个符号．

例 2.7 证明任一方阵总可表示为对称矩阵与反对称矩阵之和．

证 设 A 是任一方阵，则

$$A=\frac{A+A^{\mathrm{T}}}{2}+\frac{A-A^{\mathrm{T}}}{2}\xlongequal{\text{记作}}B+C$$

其中
$$B=\frac{A+A^{\mathrm{T}}}{2},\quad C=\frac{A-A^{\mathrm{T}}}{2}$$

因为
$$B^{\mathrm{T}}=\left(\frac{A+A^{\mathrm{T}}}{2}\right)^{\mathrm{T}}=\frac{A^{\mathrm{T}}+(A^{\mathrm{T}})^{\mathrm{T}}}{2}=\frac{A^{\mathrm{T}}+A}{2}=B$$

$$C^{\mathrm{T}}=\left(\frac{A-A^{\mathrm{T}}}{2}\right)^{\mathrm{T}}=\frac{A^{\mathrm{T}}-(A^{\mathrm{T}})^{\mathrm{T}}}{2}=-\frac{A-A^{\mathrm{T}}}{2}=-C$$

所以 B 是对称矩阵，C 是反对称矩阵．即得所证．

五、方阵的行列式

定义 2.8 由方阵 A 的元素按原位置所构成的行列式，称为**方阵 A 的行列式**，记作 $\det A$[①]．

由 A 确定 $\det A$ 的这个运算满足下述运算律（设 A,B 为 n 阶方阵，l 为数，

① 较早的线性代数教材中将方阵 A 的行列式常记作 $|A|$．

k 为正整数)：

(1) $\det \boldsymbol{A}^{\mathrm{T}} = \det \boldsymbol{A}$；

(2) $\det(l\boldsymbol{A}) = l^n \det \boldsymbol{A}$；

(3) $\det(\boldsymbol{AB}) = \det \boldsymbol{A} \det \boldsymbol{B}$；

(4) $\det \boldsymbol{A}^k = (\det \boldsymbol{A})^k$.

在此仅证明(3). 设 $\boldsymbol{A}=(a_{ij})$，$\boldsymbol{B}=(b_{ij})$，记 $2n$ 阶行列式

$$D=\left|\begin{array}{ccc:ccc} a_{11} & \cdots & a_{1n} & 0 & \cdots & 0 \\ \vdots & & \vdots & \vdots & & \vdots \\ a_{n1} & \cdots & a_{nn} & 0 & \cdots & 0 \\ \hdashline -1 & & & b_{11} & \cdots & b_{1n} \\ & \ddots & & \vdots & & \vdots \\ & & -1 & b_{n1} & \cdots & b_{nn} \end{array}\right| = \begin{vmatrix} \boldsymbol{A} & \boldsymbol{O} \\ -\boldsymbol{E} & \boldsymbol{B} \end{vmatrix}$$

由例 1.12 可知 $D=\det \boldsymbol{A} \det \boldsymbol{B}$，而在 D 中将第 1 列的 b_{1j} 倍、第 2 列的 b_{2j} 倍、…、第 n 列的 b_{nj} 倍都加到第 $n+j$ 列上($j=1,2,\cdots,n$)，有

$$D=\begin{vmatrix} \boldsymbol{A} & \boldsymbol{C} \\ -\boldsymbol{E} & \boldsymbol{O} \end{vmatrix}$$

其中 $\boldsymbol{C}=(c_{ij})$，且 $c_{ij}=a_{i1}b_{1j}+a_{i2}b_{2j}+\cdots+a_{in}b_{nj}$，故 $\boldsymbol{C}=\boldsymbol{AB}$.

再对 D 的行作 $\mathrm{r}_j \leftrightarrow \mathrm{r}_{n+j}$ ($j=1,2,\cdots,n$)，有

$$D=(-1)^n \begin{vmatrix} -\boldsymbol{E} & \boldsymbol{O} \\ \boldsymbol{A} & \boldsymbol{C} \end{vmatrix}$$

从而按例 1.12 有

$$D=(-1)^n \det(-\boldsymbol{E}) \det \boldsymbol{C} = (-1)^n (-1)^n \det \boldsymbol{C} = \det \boldsymbol{C} = \det(\boldsymbol{AB})$$

于是
$$\det(\boldsymbol{AB}) = \det \boldsymbol{A} \det \boldsymbol{B}$$

对于 n 阶方阵 $\boldsymbol{A}$，$\boldsymbol{B}$，一般说来 $\boldsymbol{AB} \neq \boldsymbol{BA}$，但由(3) 可知

$$\det(\boldsymbol{AB}) = \det(\boldsymbol{BA})$$

例 2.8　设 $\boldsymbol{A}=(a_{ij})_{n\times n}$，行列式 $\det \boldsymbol{A}$ 的各个元素的代数余子式 A_{ij} 所构成的如下方阵

$$\boldsymbol{A}^* = \begin{pmatrix} A_{11} & A_{21} & \cdots & A_{n1} \\ A_{12} & A_{22} & \cdots & A_{n2} \\ \vdots & \vdots & & \vdots \\ A_{1n} & A_{2n} & \cdots & A_{nn} \end{pmatrix} \tag{2.9}$$

称为方阵 $\boldsymbol{A}$ 的**伴随矩阵**. 试证

$$\boldsymbol{AA}^* = \boldsymbol{A}^* \boldsymbol{A} = (\det \boldsymbol{A})\boldsymbol{E} \tag{2.10}$$

证　利用式(1.16) 得

$$A^*A=\begin{pmatrix}A_{11}&A_{21}&\cdots&A_{n1}\\A_{12}&A_{22}&\cdots&A_{n2}\\\vdots&\vdots&&\vdots\\A_{1n}&A_{2n}&\cdots&A_{nn}\end{pmatrix}\begin{pmatrix}a_{11}&a_{12}&\cdots&a_{1n}\\a_{21}&a_{22}&\cdots&a_{2n}\\\vdots&\vdots&&\vdots\\a_{n1}&a_{n2}&\cdots&a_{nn}\end{pmatrix}=$$

$$\begin{pmatrix}\det\boldsymbol{A}&0&\cdots&0\\0&\det\boldsymbol{A}&\cdots&0\\\vdots&\vdots&&\vdots\\0&0&\cdots&\det\boldsymbol{A}\end{pmatrix}=(\det\boldsymbol{A})\boldsymbol{E}$$

类似地,有 $\boldsymbol{AA}^*=(\det\boldsymbol{A})\boldsymbol{E}$.

六、共轭矩阵

定义 2.9 当 $\boldsymbol{A}=(a_{ij})_{m\times n}$ 为复矩阵时,用 $\overline{a_{ij}}$ 表示 a_{ij} 的共轭复数,记

$$\overline{\boldsymbol{A}}=(\overline{a_{ij}})_{m\times n}$$

称 $\overline{\boldsymbol{A}}$ 为 $\boldsymbol{A}$ 的**共轭矩阵**.

共轭矩阵满足下述运算律(设 $\boldsymbol{A},\boldsymbol{B}$ 为复矩阵,k 为复数,且运算都是可行的):

(1) $\overline{\boldsymbol{A}+\boldsymbol{B}}=\overline{\boldsymbol{A}}+\overline{\boldsymbol{B}}$;

(2) $\overline{k\boldsymbol{A}}=\bar{k}\overline{\boldsymbol{A}}$;

(3) $\overline{\boldsymbol{AB}}=\overline{\boldsymbol{A}}\,\overline{\boldsymbol{B}}$.

§2.3 逆 矩 阵

对于矩阵,已定义了加法、减法、乘法运算,现在讨论矩阵乘法的逆运算.

当数 $a\neq 0$ 时,其倒数 a^{-1} 可用 $aa^{-1}=1$ 来刻划.由于单位矩阵 $\boldsymbol{E}$ 在矩阵乘法中的作用类似于1在数的乘法中的作用,因此,相仿地引入如下定义.

定义 2.10 对于 n 阶方阵 $\boldsymbol{A}$,如果存在 n 阶方阵 $\boldsymbol{B}$,使

$$\boldsymbol{AB}=\boldsymbol{BA}=\boldsymbol{E}$$

则称方阵 $\boldsymbol{A}$ 是**可逆的**,并把 $\boldsymbol{B}$ 称为 $\boldsymbol{A}$ 的**逆矩阵**.

定理 2.1 如果 n 阶方阵 $\boldsymbol{A}$ 可逆,则 $\boldsymbol{A}$ 的逆矩阵是唯一的.

证 如果 $\boldsymbol{B},\boldsymbol{C}$ 都是 $\boldsymbol{A}$ 的逆矩阵,就有

$$\boldsymbol{B}=\boldsymbol{BE}=\boldsymbol{B}(\boldsymbol{AC})=(\boldsymbol{BA})\boldsymbol{C}=\boldsymbol{EC}=\boldsymbol{C}$$

所以 $\boldsymbol{A}$ 的逆矩阵是唯一的. 证毕

当 $\boldsymbol{A}$ 可逆时,它的逆矩阵记为 $\boldsymbol{A}^{-1}$.显然,单位矩阵 $\boldsymbol{E}$ 是可逆的,且 $\boldsymbol{E}^{-1}=\boldsymbol{E}$.

定理 2.2 n 阶方阵 $\boldsymbol{A}$ 可逆的充分必要条件是 $\det\boldsymbol{A}\neq 0$,且

$$A^{-1}=\frac{1}{\det A}A^{*} \tag{2.11}$$

其中 A^{*} 是 A 的伴随矩阵．

证　必要性．若 A 可逆，则有 A^{-1} 使

$$AA^{-1}=E$$

两边取行列式，得

$$\det A\ \det A^{-1}=\det E=1$$

因而 $\det A\neq 0$.

充分性．当 $\det A\neq 0$ 时，由式(2.10)得

$$A\left(\frac{1}{\det A}A^{*}\right)=\left(\frac{1}{\det A}A^{*}\right)A=E$$

从而矩阵 A 可逆，且 $A^{-1}=\frac{1}{\det A}A^{*}$.　　证毕

定理 2.2 不仅给出了矩阵可逆的充分必要条件，而且还给出了一个求逆矩阵的方法，即式(2.11)，称之为求逆矩阵的**公式法**或**伴随矩阵法**．

当 $\det A=0$ 时，称 A 为**奇异矩阵**，否则称为**非奇异矩阵**．由定理 2.2 可知：方阵 A 可逆的充分必要条件是 A 为非奇异的．

推论　若 $AB=E$(或 $BA=E$)，则 $B=A^{-1}$.

证　由于 $\det A\ \det B=\det E=1$，故 $\det A\neq 0$，即 A^{-1} 存在，且有

$$B=EB=(A^{-1}A)B=A^{-1}(AB)=A^{-1}E=A^{-1}$$　　证毕

这个推论表明，检验矩阵 B 是 A 的逆矩阵，只需验证 $AB=E$ 或 $BA=E$ 成立，而不必验证两者都成立．这比用定义检验方便．

方阵的逆矩阵满足下述运算律：

(1) 若 A 可逆，则 A^{-1} 也可逆，且 $(A^{-1})^{-1}=A$;

(2) 若 A 可逆，数 $k\neq 0$，则 kA 也可逆，且 $(kA)^{-1}=\frac{1}{k}A^{-1}$;

(3) 若 A,B 为同阶方阵且均可逆，则 AB 也可逆，且 $(AB)^{-1}=B^{-1}A^{-1}$;

证　因 $(AB)(B^{-1}A^{-1})=A(BB^{-1})A^{-1}=AEA^{-1}=AA^{-1}=E$，由推论知 $(AB)^{-1}=B^{-1}A^{-1}$.　　证毕

(4) 若 A 可逆，则 A^{T} 也可逆，且 $(A^{T})^{-1}=(A^{-1})^{T}$;

(5) 若 A 可逆，则 $\det A^{-1}=(\det A)^{-1}$.

当 $\det A\neq 0$ 时，还可定义

$$A^{0}=E,\qquad A^{-k}=(A^{-1})^{k}$$

其中 k 为正整数．这样一来，当 $\det A\neq 0$，k 和 l 为整数时，有

$$A^{k}A^{l}=A^{k+l},\qquad (A^{k})^{l}=A^{kl}$$

例 2.9 求方阵 $\boldsymbol{A}=\begin{pmatrix}3 & -1 & 0\\ -2 & 1 & 1\\ 2 & -1 & 4\end{pmatrix}$ 的逆矩阵.

解 由 $\det\boldsymbol{A}=5\neq 0$,知 $\boldsymbol{A}^{-1}$ 存在.再计算

$$A_{11}=5,\quad A_{21}=4,\quad A_{31}=-1$$
$$A_{12}=10,\quad A_{22}=12,\quad A_{32}=-3$$
$$A_{13}=0,\quad A_{23}=1,\quad A_{33}=1$$

得
$$\boldsymbol{A}^*=\begin{pmatrix}5 & 4 & -1\\ 10 & 12 & -3\\ 0 & 1 & 1\end{pmatrix}$$

所以
$$\boldsymbol{A}^{-1}=\frac{1}{\det\boldsymbol{A}}\boldsymbol{A}^*=\begin{pmatrix}1 & \frac{4}{5} & -\frac{1}{5}\\ 2 & \frac{12}{5} & -\frac{3}{5}\\ 0 & \frac{1}{5} & \frac{1}{5}\end{pmatrix}.$$

例 2.10 若 n 阶方阵 $\boldsymbol{A}$ 满足方程 $\boldsymbol{A}^2-2\boldsymbol{A}-4\boldsymbol{E}=\boldsymbol{O}$,试证 $\boldsymbol{A}+\boldsymbol{E}$ 可逆,并求 $(\boldsymbol{A}+\boldsymbol{E})^{-1}$.

证 由已知方程可以得到
$$\boldsymbol{A}^2-2\boldsymbol{A}-3\boldsymbol{E}=\boldsymbol{E}$$
根据矩阵乘法的运算律,得
$$(\boldsymbol{A}+\boldsymbol{E})(\boldsymbol{A}-3\boldsymbol{E})=\boldsymbol{E}$$
由定理 2.2 的推论,可知 $\boldsymbol{A}+\boldsymbol{E}$ 可逆,并且
$$(\boldsymbol{A}+\boldsymbol{E})^{-1}=\boldsymbol{A}-3\boldsymbol{E}$$

最后,讨论逆矩阵的一些应用.

将从变量 $y_1,y_2,\cdots,y_n$ 到变量 $x_1,x_2,\cdots,x_n$ 的线性变换写成矩阵形式
$$\boldsymbol{x}=\boldsymbol{A}\boldsymbol{y} \tag{2.12}$$
其中
$$\boldsymbol{A}=(a_{ij})_{n\times n},\quad \boldsymbol{x}=\begin{pmatrix}x_1\\ x_2\\ \vdots\\ x_n\end{pmatrix},\quad \boldsymbol{y}=\begin{pmatrix}y_1\\ y_2\\ \vdots\\ y_n\end{pmatrix}$$
如果 $\boldsymbol{A}$ 是可逆的,即 $\det\boldsymbol{A}\neq 0$,则称式(2.12)是**可逆线性变换**,此时可以求出式(2.12)的逆变换,即从变量 $x_1,x_2,\cdots,x_n$ 到变量 $y_1,y_2,\cdots,y_n$ 的线性变换.将式(2.12)两边左乘逆矩阵 $\boldsymbol{A}^{-1}$,得
$$\boldsymbol{A}^{-1}\boldsymbol{x}=\boldsymbol{A}^{-1}(\boldsymbol{A}\boldsymbol{y})$$

于是式(2.12)的逆变换为

$$\boldsymbol{y}=\boldsymbol{A}^{-1}\boldsymbol{x}$$

另外，利用逆矩阵可以给出克莱姆法则的另一推导．

将式(1.18)的线性方程组写成矩阵形式

$$\boldsymbol{Ax}=\boldsymbol{b} \tag{2.13}$$

其中

$$\boldsymbol{A}=(a_{ij})_{n\times n},\quad \boldsymbol{x}=\begin{pmatrix}x_1\\x_2\\\vdots\\x_n\end{pmatrix},\quad \boldsymbol{b}=\begin{pmatrix}b_1\\b_2\\\vdots\\b_n\end{pmatrix}$$

当系数行列式 $D=\det\boldsymbol{A}\neq 0$ 时，$\boldsymbol{A}$ 可逆，用 $\boldsymbol{A}^{-1}$ 左乘式(2.13)两边，得

$$\boldsymbol{x}=\boldsymbol{A}^{-1}\boldsymbol{b} \tag{2.14}$$

利用式(2.11)，有

$$\begin{pmatrix}x_1\\x_2\\\vdots\\x_n\end{pmatrix}=\frac{1}{D}\begin{pmatrix}A_{11}&A_{21}&\cdots&A_{n1}\\A_{12}&A_{22}&\cdots&A_{n2}\\\vdots&\vdots&&\vdots\\A_{1n}&A_{2n}&\cdots&A_{nn}\end{pmatrix}\begin{pmatrix}b_1\\b_2\\\vdots\\b_n\end{pmatrix}$$

于是

$$x_j=\frac{1}{D}(A_{1j}b_1+A_{2j}b_2+\cdots+A_{nj}b_n)=\frac{D^{(j)}}{D}\quad (j=1,2,\cdots,n)$$

这正是克莱姆法则给出的方程组的解．

式(2.14)是利用逆矩阵表出的线性方程组的解．更一般地，对于矩阵方程

$$\boldsymbol{AX}=\boldsymbol{C},\quad \boldsymbol{XB}=\boldsymbol{C},\quad \boldsymbol{AXB}=\boldsymbol{C}$$

其中 $\boldsymbol{A}$ 是 m 阶可逆矩阵，$\boldsymbol{B}$ 是 n 阶可逆矩阵，$\boldsymbol{C}$ 是 $m\times n$ 矩阵，它们的解矩阵分别为

$$\boldsymbol{X}=\boldsymbol{A}^{-1}\boldsymbol{C},\quad \boldsymbol{X}=\boldsymbol{CB}^{-1},\quad \boldsymbol{X}=\boldsymbol{A}^{-1}\boldsymbol{CB}^{-1}$$

例 2.11 利用逆矩阵求解线性方程组

$$\begin{cases}2x_1+2x_2+3x_3=7\\x_1-x_2=-1\\-x_1+2x_2+x_3=4\end{cases}$$

解 先将其写成矩阵形式 $\boldsymbol{Ax}=\boldsymbol{b}$，其中

$$\boldsymbol{A}=\begin{pmatrix}2&2&3\\1&-1&0\\-1&2&1\end{pmatrix},\quad \boldsymbol{x}=\begin{pmatrix}x_1\\x_2\\x_3\end{pmatrix},\quad \boldsymbol{b}=\begin{pmatrix}7\\-1\\4\end{pmatrix}$$

由于 $\det\boldsymbol{A}=-1\neq 0$，所以 $\boldsymbol{A}$ 可逆．此时，线性方程组的解为

$$\begin{pmatrix}x_1\\x_2\\x_3\end{pmatrix}=\begin{pmatrix}2&2&3\\1&-1&0\\-1&2&1\end{pmatrix}^{-1}\begin{pmatrix}7\\-1\\4\end{pmatrix}=\begin{pmatrix}1&-4&-3\\1&-5&-3\\-1&6&4\end{pmatrix}\begin{pmatrix}7\\-1\\4\end{pmatrix}=\begin{pmatrix}-1\\0\\3\end{pmatrix}$$

即 $x_1=-1, x_2=0, x_3=3$.

例 2.12 求解矩阵方程 $AX=B+2X$,其中

$$A=\begin{pmatrix}5&-1&0\\-2&3&1\\2&-1&6\end{pmatrix},\quad B=\begin{pmatrix}2&1\\2&0\\3&5\end{pmatrix}$$

解 由所给的矩阵方程可写出

$$(A-2E)X=B,\quad A-2E=\begin{pmatrix}3&-1&0\\-2&1&1\\2&-1&4\end{pmatrix}$$

这里 $A-2E$ 正好是例 2.9 中的矩阵,它是可逆的,所以

$$X=(A-2E)^{-1}B=\begin{pmatrix}1&\frac{4}{5}&-\frac{1}{5}\\2&\frac{12}{5}&-\frac{3}{5}\\0&\frac{1}{5}&\frac{1}{5}\end{pmatrix}\begin{pmatrix}2&1\\2&0\\3&5\end{pmatrix}=\begin{pmatrix}3&0\\7&-1\\1&1\end{pmatrix}$$

§2.4 分块矩阵

本节介绍在处理阶数较高的矩阵时常采用的技巧 —— 矩阵的分块．通过矩阵的适当分块,高阶矩阵的运算可以转化为低阶矩阵的运算，从而能够大大简化运算步骤,或给矩阵的理论推导带来方便．

定义 2.11 将矩阵 A 用一些横线与纵线分成若干小块,每一小块称为 A 的**子块**(或**子矩阵**),以子块为元素的形式上的矩阵,称为**分块矩阵**．

由于横线与纵线划分方法的不同,同一个矩阵可以有多种不同的分块矩阵．例如

$$A=\begin{pmatrix}1&0&-1&1\\-1&0&1&0\\0&0&2&-1\\0&0&0&-3\end{pmatrix}=\begin{pmatrix}A_{11}&A_{12}\\A_{21}&A_{22}\end{pmatrix}$$

就是一个 2×2 分块矩阵,它的四个子块为

$$A_{11}=\begin{pmatrix}1&0\\-1&0\end{pmatrix},\quad A_{12}=\begin{pmatrix}-1&1\\1&0\end{pmatrix},\quad A_{21}=\begin{pmatrix}0&0\\0&0\end{pmatrix},\quad A_{22}=\begin{pmatrix}2&-1\\0&-3\end{pmatrix}$$

矩阵 **A** 还有其它的分法，如

$$\boldsymbol{A}=\left(\begin{array}{c:c:c:c}1 & 0 & -1 & 1\\ -1 & 0 & 1 & 0\\ 0 & 0 & 2 & -1\\ 0 & 0 & 0 & -3\end{array}\right)=\left(\begin{array}{cccc}1 & 0 & -1 & 1\\ \hdashline -1 & 0 & 1 & 0\\ \hdashline 0 & 0 & 2 & -1\\ \hdashline 0 & 0 & 0 & -3\end{array}\right)$$

在对分块矩阵进行运算时，把每一个子块当作一个元素来处理．分块矩阵的运算规则与普通矩阵的运算规则相类似，分别说明如下：

(1) 设 **A** 与 **B** 是同型矩阵，采用相同的分块法，有

$$\boldsymbol{A}=\begin{pmatrix}\boldsymbol{A}_{11} & \cdots & \boldsymbol{A}_{1r}\\ \vdots & & \vdots\\ \boldsymbol{A}_{s1} & \cdots & \boldsymbol{A}_{sr}\end{pmatrix},\quad \boldsymbol{B}=\begin{pmatrix}\boldsymbol{B}_{11} & \cdots & \boldsymbol{B}_{1r}\\ \vdots & & \vdots\\ \boldsymbol{B}_{s1} & \cdots & \boldsymbol{B}_{sr}\end{pmatrix}$$

其中 $\boldsymbol{A}_{ij}$ 与 $\boldsymbol{B}_{ij}$ 的行数和列数相同，则

$$\boldsymbol{A}+\boldsymbol{B}=\begin{pmatrix}\boldsymbol{A}_{11}+\boldsymbol{B}_{11} & \cdots & \boldsymbol{A}_{1r}+\boldsymbol{B}_{1r}\\ \vdots & & \vdots\\ \boldsymbol{A}_{s1}+\boldsymbol{B}_{s1} & \cdots & \boldsymbol{A}_{sr}+\boldsymbol{B}_{sr}\end{pmatrix}$$

(2) 设 $\boldsymbol{A}=\begin{pmatrix}\boldsymbol{A}_{11} & \cdots & \boldsymbol{A}_{1r}\\ \vdots & & \vdots\\ \boldsymbol{A}_{s1} & \cdots & \boldsymbol{A}_{sr}\end{pmatrix}$，$k$ 为数，则 $k\boldsymbol{A}=\begin{pmatrix}k\boldsymbol{A}_{11} & \cdots & k\boldsymbol{A}_{1r}\\ \vdots & & \vdots\\ k\boldsymbol{A}_{s1} & \cdots & k\boldsymbol{A}_{sr}\end{pmatrix}$．

(3) 设 **A** 为 $m\times l$ 矩阵，**B** 为 $l\times n$ 矩阵，分块成

$$\boldsymbol{A}=\begin{pmatrix}\boldsymbol{A}_{11} & \cdots & \boldsymbol{A}_{1t}\\ \vdots & & \vdots\\ \boldsymbol{A}_{s1} & \cdots & \boldsymbol{A}_{st}\end{pmatrix},\quad \boldsymbol{B}=\begin{pmatrix}\boldsymbol{B}_{11} & \cdots & \boldsymbol{B}_{1r}\\ \vdots & & \vdots\\ \boldsymbol{B}_{t1} & \cdots & \boldsymbol{B}_{tr}\end{pmatrix}$$

其中 $\boldsymbol{A}_{i1},\boldsymbol{A}_{i2},\cdots,\boldsymbol{A}_{it}$ 的列数分别等于 $\boldsymbol{B}_{1j},\boldsymbol{B}_{2j},\cdots,\boldsymbol{B}_{tj}$ 的行数，即矩阵 **A** 的列的分法必须与矩阵 **B** 的行的分法一致，则

$$\boldsymbol{AB}=\begin{pmatrix}\boldsymbol{C}_{11} & \cdots & \boldsymbol{C}_{1r}\\ \vdots & & \vdots\\ \boldsymbol{C}_{s1} & \cdots & \boldsymbol{C}_{sr}\end{pmatrix}$$

其中
$$\boldsymbol{C}_{ij}=\sum_{k=1}^{t}\boldsymbol{A}_{ik}\boldsymbol{B}_{kj}\quad(i=1,2,\cdots,s;\ j=1,2,\cdots,r)$$

例 2.13　设

$$\boldsymbol{A}=\begin{pmatrix}1 & 0 & 0 & 0\\ 0 & 1 & 0 & 0\\ -1 & 2 & 1 & 0\\ 1 & 1 & 0 & 1\end{pmatrix},\quad \boldsymbol{B}=\begin{pmatrix}1 & 0 & 1 & 0\\ -1 & 2 & 0 & 1\\ 1 & 0 & 4 & 1\\ -1 & -1 & 2 & 0\end{pmatrix}$$

求 $\boldsymbol{AB}$.

解　把 $\boldsymbol{A},\boldsymbol{B}$ 分块成

$$\boldsymbol{A}=\left(\begin{array}{cc:cc}1&0&0&0\\0&1&0&0\\ \hdashline -1&2&1&0\\1&1&0&1\end{array}\right)=\begin{pmatrix}\boldsymbol{E}&\boldsymbol{O}\\\boldsymbol{A}_1&\boldsymbol{E}\end{pmatrix},\quad \boldsymbol{B}=\left(\begin{array}{cc:cc}1&0&1&0\\-1&2&0&1\\ \hdashline 1&0&4&1\\-1&-1&2&0\end{array}\right)=\begin{pmatrix}\boldsymbol{B}_{11}&\boldsymbol{E}\\\boldsymbol{B}_{21}&\boldsymbol{B}_{22}\end{pmatrix}$$

则
$$\boldsymbol{AB}=\begin{pmatrix}\boldsymbol{E}&\boldsymbol{O}\\\boldsymbol{A}_1&\boldsymbol{E}\end{pmatrix}\begin{pmatrix}\boldsymbol{B}_{11}&\boldsymbol{E}\\\boldsymbol{B}_{21}&\boldsymbol{B}_{22}\end{pmatrix}=\begin{pmatrix}\boldsymbol{B}_{11}&\boldsymbol{E}\\\boldsymbol{A}_1\boldsymbol{B}_{11}+\boldsymbol{B}_{21}&\boldsymbol{A}_1+\boldsymbol{B}_{22}\end{pmatrix}$$

而
$$\boldsymbol{A}_1\boldsymbol{B}_{11}+\boldsymbol{B}_{21}=\begin{pmatrix}-1&2\\1&1\end{pmatrix}\begin{pmatrix}1&0\\-1&2\end{pmatrix}+\begin{pmatrix}1&0\\-1&-1\end{pmatrix}=$$
$$\begin{pmatrix}-3&4\\0&2\end{pmatrix}+\begin{pmatrix}1&0\\-1&-1\end{pmatrix}=\begin{pmatrix}-2&4\\-1&1\end{pmatrix}$$

$$\boldsymbol{A}_1+\boldsymbol{B}_{22}=\begin{pmatrix}-1&2\\1&1\end{pmatrix}+\begin{pmatrix}4&1\\2&0\end{pmatrix}=\begin{pmatrix}3&3\\3&1\end{pmatrix}$$

于是
$$\boldsymbol{AB}=\left(\begin{array}{cc:cc}1&0&1&0\\-1&2&0&1\\ \hdashline -2&4&3&3\\-1&1&3&1\end{array}\right)$$

(4) 设 $\boldsymbol{A}=\begin{pmatrix}\boldsymbol{A}_{11}&\cdots&\boldsymbol{A}_{1r}\\\vdots&&\vdots\\\boldsymbol{A}_{s1}&\cdots&\boldsymbol{A}_{sr}\end{pmatrix}$,则 $\boldsymbol{A}^{\mathrm{T}}=\begin{pmatrix}\boldsymbol{A}_{11}^{\mathrm{T}}&\cdots&\boldsymbol{A}_{s1}^{\mathrm{T}}\\\vdots&&\vdots\\\boldsymbol{A}_{1r}^{\mathrm{T}}&\cdots&\boldsymbol{A}_{sr}^{\mathrm{T}}\end{pmatrix}$,即不但要将子块看做元素总体转置,而且各子块本身也要转置.

(5) 设 $\boldsymbol{A}$ 为 n 阶方阵,若 $\boldsymbol{A}$ 的分块矩阵为

$$\boldsymbol{A}=\begin{pmatrix}\boldsymbol{A}_1&&&\\&\boldsymbol{A}_2&&\\&&\ddots&\\&&&\boldsymbol{A}_s\end{pmatrix}$$

其中 $\boldsymbol{A}_i\ (i=1,2,\cdots,s)$ 都是方阵,则称 $\boldsymbol{A}$ 为**分块对角矩阵**. 显然,对角矩阵是分块对角矩阵的特殊情形.

分块对角矩阵的行列式具有下述性质:

$$\det\boldsymbol{A}=\det\boldsymbol{A}_1\det\boldsymbol{A}_2\cdots\det\boldsymbol{A}_s$$

由此性质可知,若 $\det\boldsymbol{A}_i\neq 0\ (i=1,2,\cdots,s)$,则 $\det\boldsymbol{A}\neq 0$,并有

$$
\boldsymbol{A}^{-1}=\begin{pmatrix} \boldsymbol{A}_1^{-1} & & & \\ & \boldsymbol{A}_2^{-1} & & \\ & & \ddots & \\ & & & \boldsymbol{A}_s^{-1} \end{pmatrix}
$$

例 2.14　已知 $\boldsymbol{A}=\begin{pmatrix} 2 & 3 & 0 & 0 \\ -3 & -5 & 0 & 0 \\ 0 & 0 & 8 & 5 \\ 0 & 0 & 3 & 2 \end{pmatrix}$，求 $\boldsymbol{A}^{-1}$.

解　$\boldsymbol{A}$ 可划分成分块对角矩阵

$$
\boldsymbol{A}=\begin{pmatrix} \boldsymbol{A}_1 & \boldsymbol{O} \\ \boldsymbol{O} & \boldsymbol{A}_2 \end{pmatrix}
$$

其中 $\boldsymbol{A}_1=\begin{pmatrix} 2 & 3 \\ -3 & -5 \end{pmatrix}$，　$\boldsymbol{A}_2=\begin{pmatrix} 8 & 5 \\ 3 & 2 \end{pmatrix}$

可求得 $\boldsymbol{A}_1^{-1}=\begin{pmatrix} 5 & 3 \\ -3 & -2 \end{pmatrix}$，　$\boldsymbol{A}_2^{-1}=\begin{pmatrix} 2 & -5 \\ -3 & 8 \end{pmatrix}$

所以 $\boldsymbol{A}^{-1}=\left(\begin{array}{cc:cc} 5 & 3 & 0 & 0 \\ -3 & -2 & 0 & 0 \\ \hdashline 0 & 0 & 2 & -5 \\ 0 & 0 & -3 & 8 \end{array}\right)$

例 2.15　求矩阵 $\boldsymbol{M}=\begin{pmatrix} \boldsymbol{A} & \boldsymbol{O} \\ \boldsymbol{C} & \boldsymbol{B} \end{pmatrix}$ 的逆矩阵，其中 $\boldsymbol{A},\boldsymbol{B}$ 分别是 m 阶和 n 阶可逆矩阵，$\boldsymbol{C}$ 是 $n\times m$ 矩阵，$\boldsymbol{O}$ 是 $m\times n$ 零矩阵.

解　因为

$$
\det\boldsymbol{M}=\det\boldsymbol{A}\ \det\boldsymbol{B}
$$

所以当 $\boldsymbol{A},\boldsymbol{B}$ 可逆时，$\boldsymbol{M}$ 也可逆. 设

$$
\boldsymbol{M}^{-1}=\begin{pmatrix} \boldsymbol{X}_{11} & \boldsymbol{X}_{12} \\ \boldsymbol{X}_{21} & \boldsymbol{X}_{22} \end{pmatrix}
$$

于是

$$
\begin{pmatrix} \boldsymbol{A} & \boldsymbol{O} \\ \boldsymbol{C} & \boldsymbol{B} \end{pmatrix}\begin{pmatrix} \boldsymbol{X}_{11} & \boldsymbol{X}_{12} \\ \boldsymbol{X}_{21} & \boldsymbol{X}_{22} \end{pmatrix}=\begin{pmatrix} \boldsymbol{E}_m & \boldsymbol{O} \\ \boldsymbol{O} & \boldsymbol{E}_n \end{pmatrix}
$$

作矩阵乘法并比较等式两边，得

$$AX_{11}=E_m,\qquad AX_{12}=O,\qquad CX_{11}+BX_{21}=O,\qquad CX_{12}+BX_{22}=E_n$$

由第一、二式得

$$X_{11}=A^{-1},\qquad X_{12}=A^{-1}O=O$$

代入第四式，得

$$X_{22}=B^{-1}$$

代入第三式，得

$$BX_{21}=-CX_{11}=-CA^{-1},\qquad X_{21}=-B^{-1}CA^{-1}$$

因此，

$$M^{-1}=\begin{pmatrix}A^{-1} & O\\ -B^{-1}CA^{-1} & B^{-1}\end{pmatrix}$$

习题二

1. 计算下列乘积：

(1) $\begin{pmatrix}2&1&3\\0&-1&-1\\1&2&0\end{pmatrix}\begin{pmatrix}1&0\\2&-3\\3&1\end{pmatrix}$；　(2) $(2\quad 3\quad -1)\begin{pmatrix}1\\-1\\-1\end{pmatrix}$；

(3) $\begin{pmatrix}3\\2\\1\end{pmatrix}(1\quad 2\quad 3)$；　(4) $\begin{pmatrix}3&2&1&0\\0&1&0&1\end{pmatrix}\begin{pmatrix}1&1&0&0\\2&3&0&0\\0&2&5&1\\3&1&1&0\end{pmatrix}$；

(5) $(1\quad 0\quad -1)\begin{pmatrix}1&0&1\\0&-1&-1\\2&3&0\end{pmatrix}\begin{pmatrix}1\\0\\-1\end{pmatrix}$；

(6) $\begin{pmatrix}1&0&0&0\\0&1&0&0\\3&2&-2&0\\1&-1&3&-3\end{pmatrix}\begin{pmatrix}1&0&0&0\\2&1&0&0\\1&0&2&0\\0&1&1&3\end{pmatrix}$.

2. 设 $A=\begin{pmatrix}1&1&1\\1&1&-1\\1&-1&1\end{pmatrix}$，$B=\begin{pmatrix}1&2&3\\-1&-2&0\\0&1&1\end{pmatrix}$，求 $3AB-2A$ 及 $A^{\mathrm{T}}B$.

3. 已知两个线性变换

$$\begin{cases}x_1=2y_1+y_3\\x_2=-2y_1+3y_2+2y_3,\\x_3=4y_1+y_2+5y_3\end{cases}\qquad\begin{cases}y_1=-3z_1+z_2\\y_2=2z_1+z_3\\y_3=-z_2+3z_3\end{cases}$$

求从 z_1,z_2,z_3 到 x_1,x_2,x_3 的线性变换.

4. 下列命题是否成立？若成立给出证明；若不成立举反例说明：

(1) 若 $\boldsymbol{A}^2=\boldsymbol{O}$，则 $\boldsymbol{A}=\boldsymbol{O}$；

(2) 若 $\boldsymbol{A}^2=\boldsymbol{A}$，则 $\boldsymbol{A}=\boldsymbol{O}$ 或 $\boldsymbol{A}=\boldsymbol{E}$；

(3) 若 $\boldsymbol{AX}=\boldsymbol{AY}$，且 $\boldsymbol{A}\neq\boldsymbol{O}$，则 $\boldsymbol{X}=\boldsymbol{Y}$.

5. 设 $\boldsymbol{A}=\begin{pmatrix}\lambda&0&0\\1&\lambda&0\\0&1&\lambda\end{pmatrix}$，求 $\boldsymbol{A}^k$.

6. 设 $\boldsymbol{A}$ 是反对称矩阵，$\boldsymbol{B}$ 是对称矩阵，证明

(1) $\boldsymbol{A}^2$ 是对称矩阵；

(2) $\boldsymbol{AB}-\boldsymbol{BA}$ 是对称矩阵；

(3) $\boldsymbol{AB}$ 是反对称矩阵的充分必要条件是 $\boldsymbol{AB}=\boldsymbol{BA}$.

7. 求下列方阵的逆矩阵：

(1) $\begin{pmatrix}1&2\\2&5\end{pmatrix}$； (2) $\begin{pmatrix}\cos\theta&-\sin\theta\\\sin\theta&\cos\theta\end{pmatrix}$； (3) $\begin{pmatrix}1&2&3\\0&1&-1\\1&0&2\end{pmatrix}$；

(4) $\begin{pmatrix}1&0&0&0\\1&2&0&0\\2&-4&3&0\\1&2&6&4\end{pmatrix}$； (5) $\begin{pmatrix}5&2&0&0\\2&1&0&0\\0&0&2&3\\0&0&-3&-4\end{pmatrix}$.

8. 解下列矩阵方程：

(1) $\begin{pmatrix}2&5\\1&3\end{pmatrix}\boldsymbol{X}=\begin{pmatrix}4&-6\\2&1\end{pmatrix}$； (2) $\boldsymbol{X}\begin{pmatrix}1&1&-1\\2&1&0\\1&-1&1\end{pmatrix}=\begin{pmatrix}1&-1&3\\4&3&2\\-1&-2&5\end{pmatrix}$；

(3) $\begin{pmatrix}2&1\\3&2\end{pmatrix}\boldsymbol{X}\begin{pmatrix}-3&2\\5&-3\end{pmatrix}=\begin{pmatrix}-2&4\\3&-1\end{pmatrix}$；

(4) $\boldsymbol{AX}+\boldsymbol{E}=\boldsymbol{A}^2+\boldsymbol{X}$，其中 $\boldsymbol{A}=\begin{pmatrix}3&4\\5&6\end{pmatrix}$.

9. 已知线性变换

$$\begin{cases}x_1=2y_1+2y_2+y_3\\x_2=3y_1+y_2+5y_3\\x_3=3y_1+2y_2+3y_3\end{cases}$$

求从变量 x_1,x_2,x_3 到变量 y_1,y_2,y_3 的线性变换及线性变换的矩阵.

10. 利用逆矩阵求解线性方程组

$$\begin{cases}3x_1+2x_2-x_3=4\\x_1-x_2+2x_3=5\\-2x_1+x_2-x_3=-3\end{cases}$$

11. 设$\boldsymbol{A}=\begin{pmatrix}2&1&-1\\-1&4&-1\\1&-1&2\end{pmatrix}$，$\boldsymbol{B}=\begin{pmatrix}0&2&4\\-4&2&6\end{pmatrix}$，若$\boldsymbol{XA}=\boldsymbol{B}+\boldsymbol{X}$，求矩阵$\boldsymbol{X}$.

12. 设$\boldsymbol{A}^k=\boldsymbol{O}$（$k$为某一正整数），证明

$$(\boldsymbol{E}-\boldsymbol{A})^{-1}=\boldsymbol{E}+\boldsymbol{A}+\boldsymbol{A}^2+\cdots+\boldsymbol{A}^{k-1}$$

13. 设方阵$\boldsymbol{A}$满足$\boldsymbol{A}^2-\boldsymbol{A}-2\boldsymbol{E}=\boldsymbol{O}$. 证明$\boldsymbol{A}$及$\boldsymbol{A}+2\boldsymbol{E}$都可逆，并求$\boldsymbol{A}^{-1}$及$(\boldsymbol{A}+2\boldsymbol{E})^{-1}$.

14. 设$\boldsymbol{P}^{-1}\boldsymbol{AP}=\boldsymbol{\Lambda}$，其中$\boldsymbol{P}=\begin{pmatrix}-1&-4\\1&1\end{pmatrix}$，$\boldsymbol{\Lambda}=\begin{pmatrix}-1&0\\0&2\end{pmatrix}$，求$\boldsymbol{A}^{100}$.

15. 设m次多项式$f(x)=a_0+a_1x+a_2x^2+\cdots+a_mx^m$，记

$$f(\boldsymbol{A})=a_0\boldsymbol{E}+a_1\boldsymbol{A}+a_2\boldsymbol{A}^2+\cdots+a_m\boldsymbol{A}^m$$

(1) 若$\boldsymbol{\Lambda}=\begin{pmatrix}\lambda_1&0\\0&\lambda_2\end{pmatrix}$，证明：

$$\boldsymbol{\Lambda}^k=\begin{pmatrix}\lambda_1^k&0\\0&\lambda_2^k\end{pmatrix},\quad f(\boldsymbol{\Lambda})=\begin{pmatrix}f(\lambda_1)&0\\0&f(\lambda_2)\end{pmatrix}.$$

(2) 若$\boldsymbol{A}=\boldsymbol{P\Lambda P}^{-1}$，证明：

$$\boldsymbol{A}^k=\boldsymbol{P\Lambda}^k\boldsymbol{P}^{-1},\quad f(\boldsymbol{A})=\boldsymbol{P}f(\boldsymbol{\Lambda})\boldsymbol{P}^{-1}.$$

16. 设n阶可逆矩阵$\boldsymbol{A}$的伴随矩阵为$\boldsymbol{A}^*$，

(1) 证明$\det\boldsymbol{A}^*=(\det\boldsymbol{A})^{n-1}$； (2) 求$(\boldsymbol{A}^*)^{-1}$.

17. 设$\boldsymbol{A}$，$\boldsymbol{B}$都是n阶可逆矩阵，$\boldsymbol{A}^*$是$\boldsymbol{A}$的伴随矩阵，$\boldsymbol{B}^*$是$\boldsymbol{B}$的伴随矩阵，证明

(1) $(\boldsymbol{A}^*)^*=(\det\boldsymbol{A})^{n-2}\boldsymbol{A}$； (2) $(\boldsymbol{AB})^*=\boldsymbol{B}^*\boldsymbol{A}^*$.

18. 设$\boldsymbol{A}=\begin{pmatrix}3&4&0&0\\4&-3&0&0\\0&0&2&0\\0&0&2&2\end{pmatrix}$，求$\det\boldsymbol{A}^8$，$\boldsymbol{A}^4$及$\boldsymbol{A}^{-1}$.

19. 设m阶方阵$\boldsymbol{A}$及n阶方阵$\boldsymbol{B}$都可逆，求$\begin{pmatrix}\boldsymbol{O}&\boldsymbol{A}\\\boldsymbol{B}&\boldsymbol{C}\end{pmatrix}^{-1}$.

第三章 矩阵的初等变换

利用克莱姆法则或逆矩阵求解线性方程组时，要求未知数个数与方程的个数相同，而且系数矩阵的行列式不等于零；在实际求解时，需要计算许多行列式，其运算量是相当大的．本章介绍矩阵的初等变换，这一变换可以简化一般线性方程组和逆矩阵的求解过程．

§3.1 矩阵的秩

定义 3.1 在 $m\times n$ 矩阵 $\boldsymbol{A}$ 中，任取 k 行与 k 列（$k\leqslant \min(m,n)$），位于这些行列交叉处的 k^2 个元素，按原来的次序所组成的 k 阶行列式，称为 $\boldsymbol{A}$ 的一个 **k 阶子式**.

$m\times n$ 矩阵 $\boldsymbol{A}$ 的 k 阶子式共有 $C_m^k C_n^k$ 个．

定义 3.2 若 $m\times n$ 矩阵 $\boldsymbol{A}$ 中有一个 r 阶子式不为零，而所有 $r+1$ 阶子式（如果存在的话）都为零，则称 r 为 $\boldsymbol{A}$ 的秩，记为 $\operatorname{rank}\boldsymbol{A}$①．规定零矩阵的秩为 0.

由行列式按行（列）展开定理知，当 $\boldsymbol{A}$ 中所有 $r+1$ 阶子式全为零时，所有高于 $r+1$ 阶的子式也全为零．因此 $\operatorname{rank}\boldsymbol{A}$ 就是 $\boldsymbol{A}$ 中不为零的子式的最高阶数.

显然 $\operatorname{rank}\boldsymbol{A}\leqslant \min(m,n)$；若 $k\neq 0$，则 $\operatorname{rank}(k\boldsymbol{A})=\operatorname{rank}\boldsymbol{A}$；$\operatorname{rank}\boldsymbol{A}^{\mathrm{T}}=\operatorname{rank}\boldsymbol{A}$.

例 3.1 求矩阵 $\boldsymbol{A}=\begin{pmatrix}2&-3&8&2\\2&12&-2&12\\1&3&1&4\end{pmatrix}$ 的秩．

解 $\boldsymbol{A}$ 的一个二阶子式 $\begin{vmatrix}2&-3\\2&12\end{vmatrix}=30\neq 0$，三阶子式共有 4 个，且依次为

$$\begin{vmatrix}2&-3&8\\2&12&-2\\1&3&1\end{vmatrix}=0,\qquad \begin{vmatrix}2&-3&2\\2&12&12\\1&3&4\end{vmatrix}=0$$

① 一些线性代数教材中将矩阵 $\boldsymbol{A}$ 的秩记为 $r(\boldsymbol{A})$ 或 $R(\boldsymbol{A})$.

$$\begin{vmatrix} 2 & 8 & 2 \\ 2 & -2 & 12 \\ 1 & 1 & 4 \end{vmatrix} = 0, \quad \begin{vmatrix} -3 & 8 & 2 \\ 12 & -2 & 12 \\ 3 & 1 & 4 \end{vmatrix} = 0$$

所以 $\mathrm{rank}\boldsymbol{A}=2$.

定义 3.3 设 $\boldsymbol{A}$ 是 $m\times n$ 矩阵，若 $\mathrm{rank}\boldsymbol{A}=m$，则称 $\boldsymbol{A}$ 为**行满秩矩阵**；若 $\mathrm{rank}\boldsymbol{A}=n$，则称 $\boldsymbol{A}$ 为**列满秩矩阵**；若 n 阶方阵 $\boldsymbol{A}$ 的秩为 n，则称 $\boldsymbol{A}$ 为**满秩矩阵**.

由秩的定义可知：方阵 $\boldsymbol{A}$ 满秩的充分必要条件是 $\det\boldsymbol{A}\neq 0$（此时称 $\boldsymbol{A}$ 是**非奇异**的），而 $\det\boldsymbol{A}\neq 0$ 的充分必要条件是 $\boldsymbol{A}$ 可逆，即对方阵而言，"满秩"、"非奇异"和"可逆"这三个概念是等价的.

§3.2 矩阵的初等变换

定义 3.4 对矩阵进行的如下三种变换：

(1) 对调两行(列)；

(2) 以数 $k\neq 0$ 乘某一行(列)的所有元素；

(3) 把某一行(列)所有元素的 k 倍加到另一行(列)的对应元素上，称为**矩阵的初等行(列)变换**. 初等行变换和初等列变换统称为**矩阵的初等变换**.

为使用方便起见，对调矩阵的 i,j 两行(列)，记作 $\mathrm{r}_i\leftrightarrow \mathrm{r}_j$ $(\mathrm{c}_i\leftrightarrow \mathrm{c}_j)$；矩阵的第 i 行(列)乘 k，记作 $\mathrm{r}_i\times k$ $(\mathrm{c}_i\times k)$；把矩阵第 j 行(列)的 k 倍加到第 i 行(列)上，记作 $\mathrm{r}_i+k\mathrm{r}_j$ $(\mathrm{c}_i+k\mathrm{c}_j)$.

可以求得：变换 $\mathrm{r}_i\leftrightarrow \mathrm{r}_j$ 的逆变换就是其本身；变换 $\mathrm{r}_i\times k$ 的逆变换为 $\mathrm{r}_i\times\frac{1}{k}$；变换 $\mathrm{r}_i+k\mathrm{r}_j$ 的逆变换为 $\mathrm{r}_i+(-k)\mathrm{r}_j$. 对于初等列变换有类似的结果. 因此，初等变换都是可逆的，且其逆变换是同一类型的初等变换.

定义 3.5 如果矩阵 $\boldsymbol{A}$ 经过有限次初等变换变成矩阵 $\boldsymbol{B}$，就称矩阵 $\boldsymbol{A}$ 与 $\boldsymbol{B}$ **等价**，记为 $\boldsymbol{A}\cong\boldsymbol{B}$ 或 $\boldsymbol{A}\rightarrow\boldsymbol{B}$.

容易证明等价矩阵的如下性质：

(1) $\boldsymbol{A}\cong\boldsymbol{A}$ （反身性）；

(2) 如果 $\boldsymbol{A}\cong\boldsymbol{B}$，则 $\boldsymbol{B}\cong\boldsymbol{A}$ （对称性）；

(3) 如果 $\boldsymbol{A}\cong\boldsymbol{B}$，$\boldsymbol{B}\cong\boldsymbol{C}$，则 $\boldsymbol{A}\cong\boldsymbol{C}$ （传递性）.

下面是等价矩阵的另一重要性质.

定理 3.1 如果 $\boldsymbol{A}\cong\boldsymbol{B}$，则 $\mathrm{rank}\boldsymbol{A}=\mathrm{rank}\boldsymbol{B}$.

证 只要证明每一种初等变换都不改变矩阵的秩即可. 显然前两种初等变换都不改变矩阵的秩. 因而只须对第三种初等变换来证明.

设 $\mathrm{rank}\boldsymbol{A}=r$，且 $\boldsymbol{A}$ 的某个 r 阶子式 $D_r\neq 0$. 当 $\boldsymbol{A}\xrightarrow{\mathrm{r}_i+k\mathrm{r}_j}\boldsymbol{B}$ 时，分三种情

形讨论：① D_r 不含 $\boldsymbol{A}$ 的第 i 行，则 $\boldsymbol{B}$ 中与 D_r 对应的 r 阶子式 $\hat{D}_r=D_r\neq 0$，故 $\mathrm{rank}\boldsymbol{B}\geqslant r$；② D_r 同时含 $\boldsymbol{A}$ 的第 i 行与第 j 行，由行列式性质知，$\boldsymbol{B}$ 中与 D_r 对应的 r 阶子式 $\hat{D}_r=D_r\neq 0$，也有 $\mathrm{rank}\boldsymbol{B}\geqslant r$；③ D_r 含 $\boldsymbol{A}$ 的第 i 行但不含第 j 行，则 $\boldsymbol{B}$ 中与 D_r 对应的 r 阶子式 $\hat{D}_r=D_r+k\widetilde{D}_r$，其中 $\widetilde{D}_r$ 与 $\boldsymbol{A}$ 中不含第 i 行的某个 r 阶子式相等或差一符号，如果 $\widetilde{D}_r\neq 0$，根据情形 ① 知 $\mathrm{rank}\boldsymbol{B}\geqslant r$，如果 $\widetilde{D}_r=0$，则 $\hat{D}_r=D_r\neq 0$，也有 $\mathrm{rank}\boldsymbol{B}\geqslant r$. 这表明，当 $\boldsymbol{A}\xrightarrow{\mathrm{r}_i+k\mathrm{r}_j}\boldsymbol{B}$ 时，$\mathrm{rank}\boldsymbol{B}\geqslant\mathrm{rank}\boldsymbol{A}$. 又由 $\boldsymbol{B}\xrightarrow{\mathrm{r}_i+(-k)\mathrm{r}_j}\boldsymbol{A}$ 知，$\mathrm{rank}\boldsymbol{A}\geqslant\mathrm{rank}\boldsymbol{B}$，因此 $\mathrm{rank}\boldsymbol{A}=\mathrm{rank}\boldsymbol{B}$.

对于第三种初等列变换的证明类似.　　证毕

显然，用初等变换将矩阵 $\boldsymbol{A}$ 变成矩阵 $\boldsymbol{B}$ 时，$\boldsymbol{B}$ 越简单，它的秩就越容易计算. 但是矩阵 $\boldsymbol{B}$ 究竟能取怎样的简单形状呢？下面的定理及推论回答了这一问题.

定理 3.2　若 $m\times n$ 矩阵 $\boldsymbol{A}$ 的秩为 r $(r>0)$，则 $\boldsymbol{A}$ 可经初等行变换化为如下形式的矩阵

$$\boldsymbol{B}=\left(\begin{array}{cccccccccccccc}
0 & \cdots & 0 & b_{1i_1} & * & \cdots & * & b_{1i_2} & * & \cdots & b_{1i_r} & * & \cdots & * \\
0 & \cdots & 0 & 0 & 0 & \cdots & 0 & b_{2i_2} & * & \cdots & \vdots & \vdots & & \vdots \\
\vdots & & \vdots & \vdots & \vdots & & \vdots & \vdots & \vdots & & \vdots & \vdots & & \vdots \\
0 & \cdots & 0 & 0 & 0 & \cdots & 0 & 0 & 0 & \cdots & b_{ri_r} & * & \cdots & * \\
0 & \cdots & 0 & 0 & 0 & \cdots & 0 & 0 & 0 & \cdots & 0 & 0 & \cdots & 0 \\
\vdots & & \vdots & \vdots & \vdots & & \vdots & \vdots & \vdots & & \vdots & \vdots & & \vdots \\
0 & \cdots & 0 & 0 & 0 & \cdots & 0 & 0 & 0 & \cdots & 0 & 0 & \cdots & 0
\end{array}\right)$$

其中 $b_{ki_k}\neq 0$ $(k=1,2,\cdots,r)$，$*$ 代表数，称 $\boldsymbol{B}$ 为**阶梯形矩阵**，其非零行中第一个非零元素的列标总比下一行中第一个非零元素（如果存在的话）的列标小. 如果进一步做初等行变换，还可以化为更简单的阶梯形矩阵：

$$\boldsymbol{H}=\left(\begin{array}{cccccccccccccc}
0 & \cdots & 0 & \overset{i_1\text{列}}{1} & * & \cdots & * & \overset{i_2\text{列}}{0} & * & \overset{\cdots}{\cdots} & \overset{i_r\text{列}}{0} & * & \cdots & * \\
0 & \cdots & 0 & 0 & 0 & \cdots & 0 & 1 & * & \cdots & \vdots & \vdots & & \vdots \\
\vdots & & \vdots & \vdots & \vdots & & \vdots & \vdots & \vdots & & 0 & * & & * \\
0 & \cdots & 0 & 0 & 0 & \cdots & 0 & 0 & 0 & \cdots & 1 & * & \cdots & * \\
0 & \cdots & 0 & 0 & 0 & \cdots & 0 & 0 & 0 & \cdots & 0 & 0 & \cdots & 0 \\
\vdots & & \vdots & \vdots & \vdots & & \vdots & \vdots & \vdots & & \vdots & \vdots & & \vdots \\
0 & \cdots & 0 & 0 & 0 & \cdots & 0 & 0 & 0 & \cdots & 0 & 0 & \cdots & 0
\end{array}\right)\begin{array}{l}\left.\begin{array}{c}\\ \\ \\ \\ \end{array}\right\}r\\ \\ \\ \\ \end{array}$$

称 $\boldsymbol{H}$ 为 $\boldsymbol{A}$ 的**行最简形**.

证　因为 $r>0$，所以 $\boldsymbol{A}$ 是非零矩阵. 设 $\boldsymbol{A}$ 的第 i_1 列是第一个非零列，不

妨设 $a_{1i_1}\neq 0$（否则做变换 $r_1\leftrightarrow r_j$，使第 i_1 列的第一个元素非零）. 分别做变换 $r_j+(-\frac{a_{ji_1}}{a_{1i_1}})r_1\ (j=2,\cdots,n)$，再令 $b_{1i_1}=a_{1i_1}$，则

$$A\rightarrow\left(\begin{array}{cccc|ccc} 0 & \cdots & 0 & b_{1i_1} & * & \cdots & * \\ \hline 0 & \cdots & 0 & 0 & & & \\ \vdots & & \vdots & \vdots & & A_1 & \\ 0 & \cdots & 0 & 0 & & & \end{array}\right)$$

其中 A_1 是 $(m-1)\times(n-i_1)$ 矩阵. 再对 A_1 施行上面对 A 用过的步骤. 如此进行下去即得阶梯形矩阵 B. 由于 $\mathrm{rank}B=\mathrm{rank}A=r$，所以 B 只有 r 个非零行.

如果对阶梯形矩阵 B 继续做变换 $r_j\times\frac{1}{b_{ji_j}}\ (j=1,2,\cdots,r)$，再利用第三种初等行变换将前 r 行的第一个元素 1 所在列的其它非零元素变成 0，即得行最简形 H.

证毕

可以证明，秩为 r 的 $m\times n$ 矩阵 A 可通过初等行变换化为唯一的行最简形（证明略）.

如果对矩阵既做初等行变换，也做初等列变换，则可化为更简单的形式.

定理 3.3 秩为 r 的 $m\times n$ 矩阵 A 可经初等变换化为如下的最简形式：

$$\begin{pmatrix} E_r & O \\ O & O \end{pmatrix}_{m\times n}$$

称之为 A 的**等价标准形**.

推论 1 设 A 是 n 阶满秩矩阵，则 $A\cong E_n$.

由于秩为 r 的两个 $m\times n$ 矩阵有相同的等价标准形，由等价的对称性、传递性及定理 3.1 得如下结论：

推论 2 两个 $m\times n$ 矩阵等价的充分必要条件是它们有相同的秩.

上述结果说明矩阵经初等变换后秩不变，因此，可以用初等变换把矩阵中的许多元素变为 0，从而可直接看出矩阵的秩. 比如，限定只用初等行变换即可把矩阵变成阶梯形矩阵，其中非零行的个数即等于矩阵的秩.

例 3.2 用初等变换求例 3.1 中矩阵 A 的秩.

解 $A\xrightarrow[r_2-2r_3]{r_1-2r_3}\begin{pmatrix} 0 & -9 & 6 & -6 \\ 0 & 6 & -4 & 4 \\ 1 & 3 & 1 & 4 \end{pmatrix}\xrightarrow{r_1\leftrightarrow r_3}$

$$\begin{pmatrix} 1 & 3 & 1 & 4 \\ 0 & 6 & -4 & 4 \\ 0 & -9 & 6 & -6 \end{pmatrix}\xrightarrow{r_3+\frac{3}{2}r_2}\begin{pmatrix} 1 & 3 & 1 & 4 \\ 0 & 6 & -4 & 4 \\ 0 & 0 & 0 & 0 \end{pmatrix}$$

于是 $\mathrm{rank}A=2$.

§3.3 求解线性方程组的消元法

在中学代数里已经介绍了用加减消元法和代入消元法解二元一次和三元一次方程组．实际上，这个方法比用行列式解线性方程组的方法更具有普遍性．下面就来介绍如何用消元法解一般的线性方程组．

先看一个例子．例如，解方程组

$$\begin{cases} 2x_1 - x_2 + 3x_3 = 1 \\ 4x_1 + 2x_2 + 5x_3 = 4 \\ x_1 + x_3 = 3 \end{cases}$$

第二个方程减去第一个方程的 2 倍，第三个方程乘以 2 再减去第一个方程，就变成

$$\begin{cases} 2x_1 - x_2 + 3x_3 = 1 \\ 4x_2 - x_3 = 2 \\ x_2 - x_3 = 5 \end{cases}$$

第二个方程减去第三个方程的 4 倍，把第二、第三两个方程的次序互换，即得阶梯形方程组

$$\begin{cases} 2x_1 - x_2 + 3x_3 = 1 \\ x_2 - x_3 = 5 \\ 3x_3 = -18 \end{cases}$$

这样就容易求出方程组的解为 $x_1=9, x_2=-1, x_3=-6$.

分析一下消元法不难看出，它实质上是反复地对方程组进行变换，而所做的变换也只是由以下三种基本的变换所构成：

(1) 互换两个方程的位置；

(2) 用非零的数乘某一方程；

(3) 某一方程的若干倍加到另一个方程上去(这一步主要是为了消元).

称变换(1),(2),(3) 为**线性方程组的初等变换**.

考虑一般的线性方程组

$$\left.\begin{aligned} a_{11}x_1 + a_{12}x_2 + \cdots + a_{1n}x_n &= b_1 \\ a_{21}x_1 + a_{22}x_2 + \cdots + a_{2n}x_n &= b_2 \\ &\vdots \\ a_{m1}x_1 + a_{m2}x_2 + \cdots + a_{mn}x_n &= b_m \end{aligned}\right\} \tag{3.1}$$

下面证明，线性方程组的初等变换总是把方程组变成同解的方程组. 在此

仅对第三种初等变换来证明.

对方程组式(3.1)进行第三种初等变换.为简捷起见,不妨设把第二个方程的 k 倍加到第一个方程得到新方程组

$$\left.\begin{array}{r}(a_{11}+ka_{21})x_1+(a_{12}+ka_{22})x_2+\cdots+(a_{1n}+ka_{2n})x_n=b_1+kb_2\\ a_{21}x_1+a_{22}x_2+\cdots+a_{2n}x_n=b_2\\ \vdots\qquad\qquad\\ a_{m1}x_1+a_{m2}x_2+\cdots+a_{mn}x_n=b_m\end{array}\right\}\tag{3.2}$$

现设 $c_1,c_2,\cdots,c_n$ 是方程组式(3.1)的任一解,因为方程组式(3.1)与方程组式(3.2)的后 $m-1$ 个方程是一样的,所以 $c_1,c_2,\cdots,c_n$ 满足方程组式(3.2)的后 $m-1$ 个方程.又 $c_1,c_2,\cdots,c_n$ 满足方程组式(3.1)的前两个方程,即

$$a_{11}c_1+a_{12}c_2+\cdots+a_{1n}c_n=b_1$$

$$a_{21}c_1+a_{22}c_2+\cdots+a_{2n}c_n=b_2$$

把第二式的两边乘以 k,再与第一式相加,得

$$(a_{11}+ka_{21})c_1+(a_{12}+ka_{22})c_2+\cdots+(a_{1n}+ka_{2n})c_n=b_1+kb_2$$

可见 $c_1,c_2,\cdots,c_n$ 也满足方程组式(3.2)的第一个方程,因而是方程组式(3.2)的解.类似地可证方程组式(3.2)的任一解也是方程组式(3.1)的解.这就证明了方程组式(3.1)与方程组式(3.2)是同解的.

对线性方程组的另外两种初等变换,证明由读者去做.

从引例的讨论可以看出,用初等变换化简方程组时,只是对其中方程的系数和常数项进行变换.为简明起见,可以将未知数和等号略去(默认其存在),而将系数和常数项排成一个数表——线性方程组式(3.1)的增广矩阵

$$\hat{\mathbf{A}}=\begin{bmatrix}a_{11} & a_{12} & \cdots & a_{1n} & b_1\\ a_{21} & a_{22} & \cdots & a_{2n} & b_2\\ \vdots & \vdots & & \vdots & \vdots\\ a_{m1} & a_{m2} & \cdots & a_{mn} & b_m\end{bmatrix}\tag{3.3}$$

来进行计算.这样不但简单明了,而且由于强调了元素的相对位置,还可以避免出错.

对方程组式(3.1)用初等变换化为阶梯形方程组恰等同于用矩阵的初等行变换化 $\hat{\mathbf{A}}$ 为阶梯形矩阵.设系数矩阵 $\mathbf{A}=(a_{ij})_{m\times n}$ 的秩为 r,为了讨论起来方便,不妨设其左上角的 r 阶子式不为零,则增广矩阵 $\hat{\mathbf{A}}$ 用初等行变换化成的阶梯形矩阵为(其中系数矩阵 $\mathbf{A}$ 的部分化成行最简形):

$$\begin{pmatrix} 1 & 0 & \cdots & 0 & b_{1,r+1} & \cdots & b_{1n} & d_1 \\ 0 & 1 & \cdots & 0 & b_{2,r+1} & \cdots & b_{2n} & d_2 \\ \vdots & \vdots & & \vdots & \vdots & & \vdots & \vdots \\ 0 & 0 & \cdots & 1 & b_{r,r+1} & \cdots & b_{rn} & d_r \\ 0 & 0 & \cdots & 0 & 0 & \cdots & 0 & d_{r+1} \\ 0 & 0 & \cdots & 0 & 0 & \cdots & 0 & 0 \\ \vdots & \vdots & & \vdots & \vdots & & \vdots & \vdots \\ 0 & 0 & \cdots & 0 & 0 & \cdots & 0 & 0 \end{pmatrix} \tag{3.4}$$

当 $d_{r+1} \neq 0$ 时，$\mathrm{rank}\hat{\boldsymbol{A}} = r+1 > \mathrm{rank}\boldsymbol{A}$，此时第 $r+1$ 个方程为

$$0x_1 + 0x_2 + \cdots + 0x_n = d_{r+1}$$

这时不管 $x_1, x_2, \cdots, x_n$ 取什么值都不能使它成为等式，故方程组式(3.1)无解.

当 $d_{r+1} = 0$ 时，$\mathrm{rank}\hat{\boldsymbol{A}} = r = \mathrm{rank}\boldsymbol{A}$，与式(3.4)对应的同解方程组为

$$\left.\begin{aligned} x_1 + b_{1,r+1}x_{r+1} + \cdots + b_{1n}x_n &= d_1 \\ x_2 + b_{2,r+1}x_{r+1} + \cdots + b_{2n}x_n &= d_2 \\ &\vdots \\ x_r + b_{r,r+1}x_{r+1} + \cdots + b_{rn}x_n &= d_r \end{aligned}\right\} \tag{3.5}$$

分两种情况讨论如下：

1) $\mathrm{rank}\hat{\boldsymbol{A}} = \mathrm{rank}\boldsymbol{A} = r = n$. 这时阶梯形方程组式(3.5)为

$$x_1 = d_1,\quad x_2 = d_2, \cdots,\quad x_n = d_n$$

已得到方程组(3.1)的唯一解.

2) $\mathrm{rank}\hat{\boldsymbol{A}} = \mathrm{rank}\boldsymbol{A} = r < n$. 这时阶梯形方程组式(3.5)可改写为

$$\left.\begin{aligned} x_1 &= d_1 - b_{1,r+1}x_{r+1} - \cdots - b_{1n}x_n \\ x_2 &= d_2 - b_{2,r+1}x_{r+1} - \cdots - b_{2n}x_n \\ &\vdots \\ x_r &= d_r - b_{r,r+1}x_{r+1} - \cdots - b_{rn}x_n \end{aligned}\right\} \tag{3.6}$$

可见任意给定 $x_{r+1}, \cdots, x_n$ 的一组值，由式(3.6)就能唯一确定 $x_1, \cdots, x_r$ 的值，从而构成方程组式(3.1)的一个解. 称式(3.6)中 $x_{r+1}, \cdots, x_n$ 为**自由未知量**，它们是可以任意取值的. 在这种情况下，方程组式(3.1)有无穷多个解. 将式(3.6)写成参数形式

$$\begin{cases} x_1 = d_1 - b_{1,r+1}k_1 - \cdots - b_{1n}k_{n-r} \\ x_2 = d_2 - b_{2,r+1}k_1 - \cdots - b_{2n}k_{n-r} \\ \qquad \vdots \\ x_r = d_r - b_{r,r+1}k_1 - \cdots - b_{rn}k_{n-r} \\ x_{r+1} = \qquad k_1 \\ \qquad \vdots \\ x_n = \qquad\qquad k_{n-r} \end{cases} \quad (k_1,\cdots,k_{n-r}\text{ 为任意常数})$$

称上式为方程组式(3.1)的**一般解**(或**通解**).

以上就是用消元法求解线性方程组的整个过程. 由此可得如下定理.

定理 3.4 设 $\boldsymbol{A}=(a_{ij})_{m\times n}$ 是线性方程组式(3.1)的系数矩阵,而 $\hat{\boldsymbol{A}}$ 是增广矩阵式(3.3),则线性方程组式(3.1)有解的充分必要条件是 $\mathrm{rank}\hat{\boldsymbol{A}}=\mathrm{rank}\boldsymbol{A}$. 当方程组式(3.1)有解时,若 $\mathrm{rank}\boldsymbol{A}=n$,则它有唯一解;若 $\mathrm{rank}\boldsymbol{A}<n$,则它有无穷多解.

把定理 3.4 用到齐次线性方程组,就有

定理 3.5 齐次线性方程组

$$\left.\begin{aligned} a_{11}x_1+a_{12}x_2+\cdots+a_{1n}x_n=0 \\ a_{21}x_1+a_{22}x_2+\cdots+a_{2n}x_n=0 \\ \vdots \qquad\qquad \\ a_{m1}x_1+a_{m2}x_2+\cdots+a_{mn}x_n=0 \end{aligned}\right\} \tag{3.7}$$

有非零解的充分必要条件是 $\mathrm{rank}\boldsymbol{A}<n$,其中 $\boldsymbol{A}=(a_{ij})_{m\times n}$ 是方程组式(3.7)的系数矩阵.

推论 齐次线性方程组

$$\left.\begin{aligned} a_{11}x_1+a_{12}x_2+\cdots+a_{1n}x_n=0 \\ a_{21}x_1+a_{22}x_2+\cdots+a_{2n}x_n=0 \\ \vdots \qquad\qquad \\ a_{n1}x_1+a_{n2}x_2+\cdots+a_{nn}x_n=0 \end{aligned}\right\} \tag{3.8}$$

有非零解的充分必要条件是 $\det\boldsymbol{A}=0$,其中 $\boldsymbol{A}=(a_{ij})_{n\times n}$ 是方程组式(3.8)的系数矩阵.

证 必要性. 由克莱姆法则即得.

充分性. 若 $\det\boldsymbol{A}=0$,则 $\mathrm{rank}\boldsymbol{A}<n$,由定理 3.5 知方程组式(3.8)有非零解.

证毕

例 3.3 求解线性方程组

$$\begin{cases} x_1+2x_2+3x_3+4x_4=5 \\ x_1+2x_2+2x_3+3x_4=4 \\ -x_1-2x_2-x_3-2x_4=-3 \end{cases}$$

解　对增广矩阵进行初等行变换：

$$\hat{\boldsymbol{A}}=\left(\begin{array}{cccc:c}1&2&3&4&5\\1&2&2&3&4\\-1&-2&-1&-2&-3\end{array}\right)\xrightarrow[r_3+r_1]{r_2-r_1}\left(\begin{array}{cccc:c}1&2&3&4&5\\0&0&-1&-1&-1\\0&0&2&2&2\end{array}\right)\xrightarrow[r_2\times(-1)]{r_3+2r_2}$$

$$\left(\begin{array}{cccc:c}1&2&3&4&5\\0&0&1&1&1\\0&0&0&0&0\end{array}\right)\xrightarrow{r_1-3r_2}\left(\begin{array}{cccc:c}1&2&0&1&2\\0&0&1&1&1\\0&0&0&0&0\end{array}\right)$$

可见 $\operatorname{rank}\hat{\boldsymbol{A}}=\operatorname{rank}\boldsymbol{A}=2<4$，所以方程组有无穷多解．与原方程组同解的方程组为

$$\begin{cases}x_1=2-2x_2-x_4\\x_3=1-x_4\end{cases}$$

故方程组的通解为

$$\begin{cases}x_1=2-2k_1-k_2\\x_2=k_1\\x_3=1-k_2\\x_4=k_2\end{cases}\qquad(k_1,k_2\text{ 为任意常数})$$

例 3.4　问 λ 为何值时，线性方程组

$$\begin{cases}\lambda x_1+x_2+x_3+x_4=1\\x_1+\lambda x_2+x_3+x_4=\lambda\\x_1+x_2+\lambda x_3+x_4=\lambda^2\\x_1+x_2+x_3+\lambda x_4=\lambda^3\end{cases}$$

有唯一解、无解、无穷多解？并在有无穷多解时求通解．

解　方法 1. 该方程组的系数行列式(其各行(列)元素之和均为 $\lambda+3$，参见例 1.6 解法)

$$D=\begin{vmatrix}\lambda&1&1&1\\1&\lambda&1&1\\1&1&\lambda&1\\1&1&1&\lambda\end{vmatrix}=(\lambda+3)(\lambda-1)^3$$

于是(1) 当 $\lambda\neq-3$ 且 $\lambda\neq1$ 时，方程组有唯一解；

(2) 当 $\lambda=-3$ 时，对增广矩阵进行初等行变换有

$$\hat{\boldsymbol{A}}=\left(\begin{array}{cccc:c}-3&1&1&1&1\\1&-3&1&1&-3\\1&1&-3&1&9\\1&1&1&-3&-27\end{array}\right)\xrightarrow[\substack{r_2-r_4\\r_3-r_4}]{\substack{r_1+r_2\\r_1+r_3\\r_1+r_4}}\left(\begin{array}{cccc:c}0&0&0&0&-20\\0&-4&0&4&24\\0&0&-4&4&36\\1&1&1&-3&-27\end{array}\right)\xrightarrow{r_1\leftrightarrow r_4}$$

$$\begin{pmatrix} 1 & 1 & 1 & -3 & \vdots & -27 \\ 0 & -4 & 0 & 4 & \vdots & 24 \\ 0 & 0 & -4 & 4 & \vdots & 36 \\ 0 & 0 & 0 & 0 & \vdots & -20 \end{pmatrix}$$

可见 $\mathrm{rank}\hat{\boldsymbol{A}}=4$，$\mathrm{rank}\boldsymbol{A}=3$，方程组无解；

(3) 当 $\lambda=1$ 时，对增广矩阵进行初等行变换有

$$\hat{\boldsymbol{A}}=\begin{pmatrix} 1 & 1 & 1 & 1 & \vdots & 1 \\ 1 & 1 & 1 & 1 & \vdots & 1 \\ 1 & 1 & 1 & 1 & \vdots & 1 \\ 1 & 1 & 1 & 1 & \vdots & 1 \end{pmatrix} \xrightarrow[r_4-r_1]{\substack{r_2-r_1 \\ r_3-r_1}} \begin{pmatrix} 1 & 1 & 1 & 1 & \vdots & 1 \\ 0 & 0 & 0 & 0 & \vdots & 0 \\ 0 & 0 & 0 & 0 & \vdots & 0 \\ 0 & 0 & 0 & 0 & \vdots & 0 \end{pmatrix}$$

可见 $\mathrm{rank}\hat{\boldsymbol{A}}=\mathrm{rank}\boldsymbol{A}=1<4$，方程组有无穷多解．与原方程组同解的方程组为

$$x_1=1-x_2-x_3-x_4$$

故通解为

$$\begin{cases} x_1=1-k_1-k_2-k_3 \\ x_2=k_1 \\ x_3=k_2 \\ x_4=k_3 \end{cases} \qquad (k_1,k_2,k_3 \text{ 为任意常数})$$

方法 2. 直接用初等行变换化该方程组的增广矩阵 $\hat{\boldsymbol{A}}$ 为阶梯形矩阵．

$$\hat{\boldsymbol{A}}=\begin{pmatrix} \lambda & 1 & 1 & 1 & \vdots & 1 \\ 1 & \lambda & 1 & 1 & \vdots & \lambda \\ 1 & 1 & \lambda & 1 & \vdots & \lambda^2 \\ 1 & 1 & 1 & \lambda & \vdots & \lambda^3 \end{pmatrix} \xrightarrow[r_3-r_4]{\substack{r_1-\lambda r_4 \\ r_2-r_4}} \begin{pmatrix} 0 & 1-\lambda & 1-\lambda & 1-\lambda^2 & \vdots & 1-\lambda^4 \\ 0 & \lambda-1 & 0 & 1-\lambda & \vdots & \lambda-\lambda^3 \\ 0 & 0 & \lambda-1 & 1-\lambda & \vdots & \lambda^2-\lambda^3 \\ 1 & 1 & 1 & \lambda & \vdots & \lambda^3 \end{pmatrix} \xrightarrow[r_1+r_3]{r_1+r_2}$$

$$\begin{pmatrix} 0 & 0 & 0 & 3-2\lambda-\lambda^2 & \vdots & 1+\lambda+\lambda^2-2\lambda^3-\lambda^4 \\ 0 & \lambda-1 & 0 & 1-\lambda & \vdots & \lambda-\lambda^3 \\ 0 & 0 & \lambda-1 & 1-\lambda & \vdots & \lambda^2-\lambda^3 \\ 1 & 1 & 1 & \lambda & \vdots & \lambda^3 \end{pmatrix} \xrightarrow{r_1\leftrightarrow r_4}$$

$$\begin{pmatrix} 1 & 1 & 1 & \lambda & \vdots & \lambda^3 \\ 0 & \lambda-1 & 0 & 1-\lambda & \vdots & \lambda-\lambda^3 \\ 0 & 0 & \lambda-1 & 1-\lambda & \vdots & \lambda^2-\lambda^3 \\ 0 & 0 & 0 & (1-\lambda)(3+\lambda) & \vdots & (1-\lambda)(2+3\lambda+\lambda^2+\lambda^3) \end{pmatrix}$$

(1) 当 $\lambda\neq1$ 且 $\lambda\neq-3$ 时，$\mathrm{rank}\hat{\boldsymbol{A}}=\mathrm{rank}\boldsymbol{A}=4$，方程组有唯一解．

(2) 当 $\lambda=-3$ 时，$\mathrm{rank}\hat{\boldsymbol{A}}=3$，$\mathrm{rank}\boldsymbol{A}=2$，方程组无解．

(3) 当 $\lambda=1$ 时，$\mathrm{rank}\hat{\boldsymbol{A}}=\mathrm{rank}\boldsymbol{A}=1<4$，方程组有无穷多解．通解同方法 1.

§3.4　初 等 矩 阵

本节建立矩阵的初等变换与矩阵乘法的联系，并在这个基础上给出用初等变换求逆矩阵的方法．

定义 3.6　由单位矩阵 $\boldsymbol{E}$ 经过一次初等变换得到的矩阵称为**初等矩阵**．

对于单位矩阵 $\boldsymbol{E}$ 来说，把第 i,j 两行互换与把第 i,j 两列互换结果都是

$$\boldsymbol{E}(i,j)=\begin{bmatrix}1&&&&&&&&&&\\&\ddots&&&&&&&&&\\&&1&&&&&&&&\\&&&0&&&&1&&&\\&&&&1&&&&&&\\&&&&&\ddots&&&&&\\&&&&&&1&&&&\\&&&1&&&&0&&&\\&&&&&&&&1&&\\&&&&&&&&&\ddots&\\&&&&&&&&&&1\end{bmatrix}\begin{matrix}\\ \\ \\ i\text{行}\\ \\ \\ \\ j\text{行}\\ \\ \\ \\ \end{matrix}$$

把第 i 行乘以非零常数 k 与把第 i 列乘以 k 结果都是

$$\boldsymbol{E}(i(k))=\begin{bmatrix}1&&&&&&\\&\ddots&&&&&\\&&1&&&&\\&&&k&&&\\&&&&1&&\\&&&&&\ddots&\\&&&&&&1\end{bmatrix}\begin{matrix}\\ \\ \\ i\text{行}\\ \\ \\ \\ \end{matrix}$$

而把第 j 行的 k 倍加到第 i 行与把第 i 列的 k 倍加到第 j 列结果都是

$$\boldsymbol{E}(i,j(k))=\begin{bmatrix}1&&&&&\\&\ddots&&&&\\&&1&&k&\\&&&\ddots&&\\&&&&1&\\&&&&&\ddots&\\&&&&&&1\end{bmatrix}\begin{matrix}\\ \\ i\text{行}\\ \\ j\text{行}\\ \\ \\ \end{matrix}$$

$$\qquad\qquad i\text{列}\qquad j\text{列}$$

初等行变换与初等列变换各有三种类型，因此初等矩阵也只有上述三种类型．由于初等变换不改变矩阵的秩，所以初等矩阵均可逆；又由初等变换均有逆变换知，初等矩阵的逆矩阵仍是初等矩阵，而且类型不变，即

$$\det\boldsymbol{E}(i,j)=-1,\quad \det\boldsymbol{E}(i(k))=k\neq 0,\quad \det\boldsymbol{E}(i,j(k))=1$$

$$(\boldsymbol{E}(i,j))^{-1}=\boldsymbol{E}(i,j),\quad (\boldsymbol{E}(i(k)))^{-1}=\boldsymbol{E}\left(i\left(\frac{1}{k}\right)\right)$$

$$(\boldsymbol{E}(i,j(k)))^{-1}=\boldsymbol{E}(i,j(-k))$$

定理 3.6　设 $\boldsymbol{A}$ 是 $m\times n$ 矩阵．对 $\boldsymbol{A}$ 施行一次初等行变换，其结果等于在 $\boldsymbol{A}$ 的左边乘以相应的 m 阶初等矩阵；对 $\boldsymbol{A}$ 施行一次初等列变换，其结果等于在 $\boldsymbol{A}$ 的右边乘上相应的 n 阶初等矩阵．

证　只对第三种初等矩阵证明之．用 m 阶初等矩阵 $\boldsymbol{E}(i,j(k))$ 左乘矩阵 $\boldsymbol{A}=(a_{ij})_{m\times n}$，得

$$\boldsymbol{E}(i,j(k))\boldsymbol{A}=\begin{pmatrix} a_{11} & \cdots & a_{1n} \\ \vdots & & \vdots \\ a_{i1}+ka_{j1} & \cdots & a_{in}+ka_{jn} \\ \vdots & & \vdots \\ a_{j1} & \cdots & a_{jn} \\ \vdots & & \vdots \\ a_{n1} & \cdots & a_{nn} \end{pmatrix}\begin{matrix} \\ \\ i\text{ 行} \\ \\ j\text{ 行} \\ \\ \\ \end{matrix}$$

其结果相当于把 $\boldsymbol{A}$ 的第 j 行的 k 倍加到第 i 行上去．类似地，以 n 阶初等矩阵 $\boldsymbol{E}(i,j(k))$ 右乘矩阵 $\boldsymbol{A}$，其结果相当于把 $\boldsymbol{A}$ 的第 i 列的 k 倍加到第 j 列上去．

证毕

这样，就在矩阵的初等变换与矩阵乘法之间建立起了联系，即对 $\boldsymbol{A}$ 做一次初等变换就相当于给 $\boldsymbol{A}$ 左乘或右乘一个初等矩阵．

定理 3.7　n 阶方阵 $\boldsymbol{A}$ 可逆的充分必要条件是 $\boldsymbol{A}$ 能表示为若干个初等矩阵的乘积．

证　必要性．因为 $\boldsymbol{A}$ 可逆，从而 $\boldsymbol{A}$ 是满秩矩阵，由定理 3.3 的推论 1 知 $\boldsymbol{A}\cong\boldsymbol{E}_n$，故存在 n 阶初等矩阵 $\boldsymbol{P}_1,\boldsymbol{P}_2,\cdots,\boldsymbol{P}_s$ 及 $\boldsymbol{Q}_1,\boldsymbol{Q}_2,\cdots,\boldsymbol{Q}_t$ 使

$$\boldsymbol{P}_s\cdots\boldsymbol{P}_2\boldsymbol{P}_1\boldsymbol{A}\boldsymbol{Q}_1\boldsymbol{Q}_2\cdots\boldsymbol{Q}_t=\boldsymbol{E}_n$$

于是

$$\boldsymbol{A}=\boldsymbol{P}_1^{-1}\boldsymbol{P}_2^{-1}\cdots\boldsymbol{P}_s^{-1}\boldsymbol{Q}_t^{-1}\cdots\boldsymbol{Q}_2^{-1}\boldsymbol{Q}_1^{-1}$$

而 $\boldsymbol{P}_i^{-1}(i=1,2,\cdots,s)$ 与 $\boldsymbol{Q}_j^{-1}(j=1,2,\cdots,t)$ 均是初等矩阵．

充分性．若 $\boldsymbol{A}=\boldsymbol{P}_1\boldsymbol{P}_2\cdots\boldsymbol{P}_s$，其中 $\boldsymbol{P}_i(i=1,2,\cdots,s)$ 是初等矩阵，则

$$\det\boldsymbol{A}=\det\boldsymbol{P}_1\det\boldsymbol{P}_2\cdots\det\boldsymbol{P}_s\neq 0$$

故 $\boldsymbol{A}$ 可逆．

证毕

当 $\det\boldsymbol{A}\neq 0$ 时，由定理 3.7 有 $\boldsymbol{A}=\boldsymbol{P}_1\boldsymbol{P}_2\cdots\boldsymbol{P}_s$，其中 $\boldsymbol{P}_i(i=1,2,\cdots,s)$ 是初等矩阵，于是

$$\begin{cases}\boldsymbol{P}_s^{-1}\cdots\boldsymbol{P}_2^{-1}\boldsymbol{P}_1^{-1}\boldsymbol{A}=\boldsymbol{E}\\\boldsymbol{P}_s^{-1}\cdots\boldsymbol{P}_2^{-1}\boldsymbol{P}_1^{-1}\boldsymbol{E}=\boldsymbol{A}^{-1}\end{cases}$$

上面第一式表明，可逆矩阵$\boldsymbol{A}$经过一系列初等行变换可以变成单位矩阵$\boldsymbol{E}$；而第二式表明，把$\boldsymbol{A}$化成单位矩阵$\boldsymbol{E}$的那些初等行变换可以把$\boldsymbol{E}$化成$\boldsymbol{A}$的逆矩阵$\boldsymbol{A}^{-1}$．由此得到下述用初等变换求逆矩阵的方法：

$$(\boldsymbol{A}\mid\boldsymbol{E})\xrightarrow{\text{初等行变换}}(\boldsymbol{E}\mid\boldsymbol{A}^{-1})$$

即以$\boldsymbol{A}$和$\boldsymbol{E}$这两个n阶方阵化成一个$n\times 2n$的矩阵$(\boldsymbol{A}\mid\boldsymbol{E})$，对这个矩阵做初等行变换，当把其左边一半$\boldsymbol{A}$变成单位矩阵$\boldsymbol{E}$时，右边一半$\boldsymbol{E}$就变成$\boldsymbol{A}^{-1}$．

这个方法和以前通过伴随矩阵求逆矩阵的方法相比较，当阶数较大时，计算量要小得多．因此求逆矩阵常用初等变换的方法．另外，用初等变换求逆矩阵时，不必先考虑逆矩阵是否存在，只要注意在初等变换的过程中，如果发现矩阵不是满秩的，它就没有逆矩阵了．

例 3.5　已知$\boldsymbol{A}=\begin{pmatrix}1&2&3\\2&1&2\\1&3&4\end{pmatrix}$，求$\boldsymbol{A}^{-1}$．

解　$$(\boldsymbol{A}\mid\boldsymbol{E})=\left(\begin{array}{ccc:ccc}1&2&3&1&0&0\\2&1&2&0&1&0\\1&3&4&0&0&1\end{array}\right)\xrightarrow[r_3-r_1]{r_2-2r_1}$$

$$\left(\begin{array}{ccc:ccc}1&2&3&1&0&0\\0&-3&-4&-2&1&0\\0&1&1&-1&0&1\end{array}\right)\xrightarrow[r_2+r_3]{r_1-2r_3}$$

$$\left(\begin{array}{ccc:ccc}1&0&1&3&0&-2\\0&0&-1&-5&1&3\\0&1&1&-1&0&1\end{array}\right)\xrightarrow[r_3+r_2]{r_1+r_2}$$

$$\left(\begin{array}{ccc:ccc}1&0&0&-2&1&1\\0&0&-1&-5&1&3\\0&1&0&-6&1&4\end{array}\right)\xrightarrow[r_2\leftrightarrow r_3]{r_2\times(-1)}$$

$$\left(\begin{array}{ccc:ccc}1&0&0&-2&1&1\\0&1&0&-6&1&4\\0&0&1&5&-1&-3\end{array}\right)$$

所以
$$\boldsymbol{A}^{-1}=\begin{pmatrix}-2&1&1\\-6&1&4\\5&-1&-3\end{pmatrix}$$

例 3.6 求 n 阶方阵 $\boldsymbol{A}=\begin{pmatrix}1 & & & & \\ a & 1 & & & \\ a^2 & a & 1 & & \\ \vdots & \ddots & \ddots & \ddots & \\ a^{n-1} & \cdots & a^2 & a & 1\end{pmatrix}$ 的逆矩阵．

解

$$(\boldsymbol{A}\,\vdots\,\boldsymbol{E})=\left(\begin{array}{ccccc:ccccc}1 & & & & & 1 & & & & \\ a & 1 & & & & & 1 & & & \\ a^2 & a & 1 & & & & & 1 & & \\ \vdots & \ddots & \ddots & \ddots & & & & & \ddots & \\ a^{n-1} & \cdots & a^2 & a & 1 & & & & & 1\end{array}\right)\xrightarrow[i=n,n-1,\cdots,2]{r_i-ar_{i-1}}$$

$$\left(\begin{array}{ccc:ccccc}1 & & & 1 & & & & \\ & 1 & & -a & 1 & & & \\ & & \ddots & & \ddots & \ddots & & \\ & & 1 & & & & -a & 1\end{array}\right)$$

所以

$$\boldsymbol{A}^{-1}=\begin{pmatrix}1 & & & \\ -a & 1 & & \\ & \ddots & \ddots & \\ & & -a & 1\end{pmatrix}$$

定理 3.3 的推论 2 给出了两个矩阵等价的充分必要条件．利用初等矩阵可以得到另一个充分必要条件．

定理 3.8 设 $\boldsymbol{A},\boldsymbol{B}$ 均是 $m\times n$ 矩阵，则 $\boldsymbol{A}$ 与 $\boldsymbol{B}$ 等价的充分必要条件是存在 m 阶可逆矩阵 $\boldsymbol{P}$ 和 n 阶可逆矩阵 $\boldsymbol{Q}$，使得 $\boldsymbol{PAQ}=\boldsymbol{B}$.

证 必要性．若 $\boldsymbol{A}\cong\boldsymbol{B}$，则存在 m 阶初等矩阵 $\boldsymbol{P}_1,\boldsymbol{P}_2,\cdots,\boldsymbol{P}_s$ 和 n 阶初等矩阵 $\boldsymbol{Q}_1,\boldsymbol{Q}_2,\cdots,\boldsymbol{Q}_t$ 使得

$$\boldsymbol{P}_s\cdots\boldsymbol{P}_2\boldsymbol{P}_1\boldsymbol{A}\boldsymbol{Q}_1\boldsymbol{Q}_2\cdots\boldsymbol{Q}_t=\boldsymbol{B}\tag{3.9}$$

令 $\boldsymbol{P}=\boldsymbol{P}_s\cdots\boldsymbol{P}_2\boldsymbol{P}_1$ 和 $\boldsymbol{Q}=\boldsymbol{Q}_1\boldsymbol{Q}_2\cdots\boldsymbol{Q}_t$，即得 $\boldsymbol{PAQ}=\boldsymbol{B}$.

充分性．若 $\boldsymbol{PAQ}=\boldsymbol{B}$，由定理 3.7 知存在 m 阶初等矩阵 $\boldsymbol{P}_1,\boldsymbol{P}_2,\cdots,\boldsymbol{P}_s$ 和 n 阶初等矩阵 $\boldsymbol{Q}_1,\boldsymbol{Q}_2,\cdots,\boldsymbol{Q}_t$，使得 $\boldsymbol{P}=\boldsymbol{P}_s\cdots\boldsymbol{P}_2\boldsymbol{P}_1$ 和 $\boldsymbol{Q}=\boldsymbol{Q}_1\boldsymbol{Q}_2\cdots\boldsymbol{Q}_t$，于是式 (3.9) 成立，故 $\boldsymbol{A}\cong\boldsymbol{B}$.

证毕

* §3.5 分块初等矩阵及其应用

初等矩阵的概念可以推广到分块矩阵的情形．在此，仅对四分块矩阵的情形进行讨论．

将单位矩阵如下分块

$$\begin{pmatrix} E_m & O \\ O & E_n \end{pmatrix}$$

并按分块进行变换，如交换两行(列)，某一行(列)加上另一行(列)的 P 或 Q 倍(P,Q 为矩阵)，就可得到如下类型的**分块初等矩阵**：

$$\begin{pmatrix} O & E_n \\ E_m & O \end{pmatrix},\quad \begin{pmatrix} E_m & P \\ O & E_n \end{pmatrix},\quad \begin{pmatrix} E_m & O \\ Q & E_n \end{pmatrix}$$

其中 P 是 $m\times n$ 矩阵，而 Q 是 $n\times m$ 矩阵．如同初等矩阵与初等变换的关系一样，用这些矩阵左乘或右乘分块矩阵 $\begin{pmatrix} A & B \\ C & D \end{pmatrix}$，只要分块乘法能够进行，其结果就是对它进行相应的分块初等行或列变换，如：

$$\begin{pmatrix} O & E_n \\ E_m & O \end{pmatrix}\begin{pmatrix} A & B \\ C & D \end{pmatrix}=\begin{pmatrix} C & D \\ A & B \end{pmatrix}$$

$$\begin{pmatrix} E_m & O \\ Q & E_n \end{pmatrix}\begin{pmatrix} A & B \\ C & D \end{pmatrix}=\begin{pmatrix} A & B \\ C+QA & D+QB \end{pmatrix} \tag{3.10}$$

等．在式(3.10)中，适当选择 Q，可使 $C+QA=O$ 或 $D+QB=O$. 如 A 可逆时，选 $Q=-CA^{-1}$，则式(3.10)右端成为

$$\begin{pmatrix} A & B \\ O & D-CA^{-1}B \end{pmatrix}$$

这种形状的矩阵在求行列式、逆矩阵和解决其它问题时是比较方便的．举例说明如下．

例 3.7　已知 A,B 均为 n 阶方阵，证明：

$$\det\begin{pmatrix} A & B \\ B & A \end{pmatrix}=\det(A+B)\det(A-B)$$

证　因为

$$\begin{pmatrix} E & E \\ O & E \end{pmatrix}\begin{pmatrix} A & B \\ B & A \end{pmatrix}\begin{pmatrix} E & -E \\ O & E \end{pmatrix}=\begin{pmatrix} A+B & O \\ B & A-B \end{pmatrix}$$

两边取行列式即得

$$\det\begin{pmatrix} A & B \\ B & A \end{pmatrix}=\det\begin{pmatrix} A+B & O \\ B & A-B \end{pmatrix}=\det(A+B)\det(A-B)$$

例 3.8　设 A,B,C,D 均为 n 阶方阵，且 $\det A\neq 0$，$AC=CA$. 证明

$$\det\begin{pmatrix} A & B \\ C & D \end{pmatrix}=\det(AD-CB)$$

证 因为

$$\begin{pmatrix} E & O \\ -CA^{-1} & E \end{pmatrix}\begin{pmatrix} A & B \\ C & D \end{pmatrix}=\begin{pmatrix} A & B \\ O & D-CA^{-1}B \end{pmatrix}$$

所以

$$\det\begin{pmatrix} A & B \\ C & D \end{pmatrix}=\det\begin{pmatrix} A & B \\ O & D-CA^{-1}B \end{pmatrix}=\det A\ \det(D-CA^{-1}B)=$$

$$\det(A(D-CA^{-1}B))=\det(AD-ACA^{-1}B)=$$

$$\det(AD-CAA^{-1}B)=\det(AD-CB)$$

例 3.9 设 A 是 $m\times n$ 矩阵，B 是 $n\times m$ 矩阵．证明

$$\det(E_m-AB)=\det(E_n-BA)$$

证 构造矩阵 $\begin{pmatrix} E_m & A \\ B & E_n \end{pmatrix}$．因为

$$\begin{pmatrix} E_m & O \\ -B & E_n \end{pmatrix}\begin{pmatrix} E_m & A \\ B & E_n \end{pmatrix}=\begin{pmatrix} E_m & A \\ O & E_n-BA \end{pmatrix}$$

$$\begin{pmatrix} E_m & -A \\ O & E_n \end{pmatrix}\begin{pmatrix} E_m & A \\ B & E_n \end{pmatrix}=\begin{pmatrix} E_m-AB & O \\ B & E_n \end{pmatrix}$$

取行列式得

$$\det\begin{pmatrix} E_m & A \\ B & E_n \end{pmatrix}=\det\begin{pmatrix} E_m & A \\ O & E_n-BA \end{pmatrix}=\det(E_n-BA)$$

$$\det\begin{pmatrix} E_m & A \\ B & E_n \end{pmatrix}=\det\begin{pmatrix} E_m-AB & O \\ B & E_n \end{pmatrix}=\det(E_m-AB)$$

故 $\det(E_m-AB)=\det(E_n-BA)$．

例 3.10 设 $T=\begin{pmatrix} A & B \\ C & D \end{pmatrix}$，其中 A 是 m 阶可逆矩阵，D 是 n 阶方阵．证明 T 可逆的充分必要条件是矩阵 $P=D-CA^{-1}B$ 可逆．在 T 可逆时，求其逆矩阵．

证 因为

$$\begin{pmatrix} E_m & O \\ -CA^{-1} & E_n \end{pmatrix}\begin{pmatrix} A & B \\ C & D \end{pmatrix}\begin{pmatrix} E_m & -A^{-1}B \\ O & E_n \end{pmatrix}=\begin{pmatrix} A & O \\ O & P \end{pmatrix} \tag{3.11}$$

取行列式得 $\det T=\det A\ \det P$，由 $\det A\neq 0$ 知 T 可逆的充分必要条件是 P 可逆．对式(3.11)求逆得

$$\begin{pmatrix} E_m & -A^{-1}B \\ O & E_n \end{pmatrix}^{-1}T^{-1}\begin{pmatrix} E_m & O \\ -CA^{-1} & E_n \end{pmatrix}^{-1}=\begin{pmatrix} A & O \\ O & P \end{pmatrix}^{-1}$$

于是

$$T^{-1}=\begin{pmatrix}E_m & -A^{-1}B\\ O & E_n\end{pmatrix}\begin{pmatrix}A^{-1} & O\\ O & P^{-1}\end{pmatrix}\begin{pmatrix}E_m & O\\ -CA^{-1} & E_n\end{pmatrix}=$$

$$\begin{pmatrix}A^{-1}+A^{-1}BP^{-1}CA^{-1} & -A^{-1}BP^{-1}\\ -P^{-1}CA^{-1} & P^{-1}\end{pmatrix}$$

习　题　三

1. 求下列矩阵的秩：

(1) $A=\begin{pmatrix}3 & 1 & 0 & 2\\ 1 & -1 & 2 & -1\\ 1 & 3 & -4 & 4\end{pmatrix}$；(2) $B=\begin{pmatrix}1 & 2 & 3\\ 3 & 6 & 10\\ 2 & 5 & 7\\ 1 & 2 & 4\end{pmatrix}$；

(3) $C=\begin{pmatrix}1 & 1 & 1 & 1\\ 0 & 1 & -1 & b\\ 2 & 3 & a & 4\\ 3 & 5 & 1 & 7\end{pmatrix}$；(4) $D=\begin{pmatrix}1 & a & \cdots & a\\ a & 1 & \cdots & a\\ \vdots & \vdots & \ddots & \vdots\\ a & a & \cdots & 1\end{pmatrix}_{n\times n}$.

2. 在秩是 r 的矩阵中，有没有等于 0 的 $r-1$ 阶子式？有没有等于 0 的 r 阶子式？

3. 求一个秩为 4 的方阵，它的前两行是

$$(1,0,1,0,0),\qquad (1,-1,0,0,0)$$

4. 求解下列线性方程组：

(1) $\begin{cases}x_1-2x_2+3x_3-4x_4-4\\ x_2-x_3+x_4=-3\\ x_1+3x_2+x_4=1\\ -7x_2+3x_3+x_4=-3\end{cases}$；(2) $\begin{cases}x_1-2x_2+x_3+x_4=1\\ x_1-2x_2+x_3-x_4=-1\\ x_1-2x_2+x_3+5x_4=5\end{cases}$；

(3) $\begin{cases}2x_1+x_2+2x_3-2x_4=3\\ x_1-2x_2+3x_3-x_4=1\\ 3x_1-x_2+5x_3-3x_4=2\end{cases}$；(4) $\begin{cases}2x_1-x_2+5x_3=15\\ x_1+3x_2-x_3=4\\ x_1-4x_2+6x_3=11\\ 3x_1+9x_2-3x_3=12\end{cases}$.

5. λ 取何值时，线性方程组

$$\begin{cases}-2x_1+x_2+x_3=-2\\ x_1-2x_2+x_3=\lambda\\ x_1+x_2-2x_3=\lambda^2\end{cases}$$

有解？并求出它的全部解．

6. λ 取何值时，线性方程组

$$\begin{cases}(2-\lambda)x_1 + 2x_2 - 2x_3 = 1 \\ 2x_1 + (5-\lambda)x_2 - 4x_3 = 2 \\ -2x_1 - 4x_2 + (5-\lambda)x_3 = -\lambda - 1\end{cases}$$

有唯一解、无解或有无穷多解？在有无穷多解时求通解．

7. 试用初等变换求下列矩阵的逆矩阵：

(1) $\boldsymbol{A} = \begin{pmatrix} 1 & 1 & -1 \\ 2 & 1 & 0 \\ 1 & -1 & 0 \end{pmatrix}$； (2) $\boldsymbol{B} = \begin{pmatrix} 3 & -2 & 0 & -1 \\ 0 & 2 & 2 & 1 \\ 1 & -2 & -3 & -2 \\ 0 & 1 & 2 & 1 \end{pmatrix}$.

8. 设 $\boldsymbol{A}$ 是 n 阶可逆矩阵，将 $\boldsymbol{A}$ 的第 i 行与第 j 行对换后得到的矩阵记为 $\boldsymbol{B}$.

(1) 证明 $\boldsymbol{B}$ 可逆； (2) 求 $\boldsymbol{AB}^{-1}$.

9. 证明：线性方程组

$$\begin{cases} x_1 - x_2 = a_1 \\ x_2 - x_3 = a_2 \\ x_3 - x_4 = a_3 \\ x_4 - x_5 = a_4 \\ x_5 - x_1 = a_5 \end{cases}$$

有解的充分必要条件是

$$a_1 + a_2 + a_3 + a_4 + a_5 = 0$$

在有解的情况下，求出它的通解．

*10. 设 $\boldsymbol{A},\boldsymbol{B}$ 均为 n 阶可逆矩阵．令

$$\boldsymbol{M} = \begin{pmatrix} \boldsymbol{A} & \boldsymbol{A} \\ \boldsymbol{C}-\boldsymbol{B} & \boldsymbol{C} \end{pmatrix}$$

证明 $\boldsymbol{M}$ 可逆，并求 $\boldsymbol{M}^{-1}$.

第四章　向量组的线性相关性

本章讨论向量组的线性相关性，并利用矩阵的秩研究向量组的秩和极大无关组．在此基础上，建立向量空间的概念，并讨论向量空间中的基变换与坐标变换．最后利用向量组与向量空间的理论，研究线性方程组的解的结构.

§4.1　向量及其运算

定义 4.1　n个有顺序的数$a_1,a_2,\cdots,a_n$所组成的数组

$$\boldsymbol{\alpha}=(a_1,a_2,\cdots,a_n)$$

称为**n维向量**．数a_j称为向量$\boldsymbol{\alpha}$的第j个**分量**（或**坐标**）.

向量$\boldsymbol{\alpha}$的分量都是实数时称为**实向量**，分量中有复数时称为**复向量**．本章仅讨论实向量.

例如，次数小于n的多项式$f(t)=a_1+a_2t+\cdots+a_nt^{n-1}$的系数可以构成$n$维向量$\boldsymbol{\alpha}=(a_1,a_2,\cdots,a_n)$，而且$f(t)$与$\boldsymbol{\alpha}$之间有着一一对应的关系；线性方程组式(3.1)中第i个方程的未知数的系数可以构成n维向量.

$$\boldsymbol{\alpha}_i=(a_{i1},a_{i2},\cdots,a_{in})$$

而第i个方程与$n+1$维向量

$$\boldsymbol{\beta}_i=(a_{i1},a_{i2},\cdots,a_{in},b_i)$$

之间有着一一对应的关系.

如果两个n维向量$\boldsymbol{\alpha}=(a_1,a_2,\cdots,a_n)$与$\boldsymbol{\beta}=(b_1,b_2,\cdots,b_n)$满足$a_i=b_i$ $(i=1,2,\cdots,n)$，称向量$\boldsymbol{\alpha}$与$\boldsymbol{\beta}$**相等**，记作$\boldsymbol{\alpha}=\boldsymbol{\beta}$.

分量都是0的向量称为**零向量**，记作$\mathbf{0}$，即$\mathbf{0}=(0,0,\cdots,0)$.

定义 4.2　设n维向量$\boldsymbol{\alpha}=(a_1,a_2,\cdots,a_n)$，$\boldsymbol{\beta}=(b_1,b_2,\cdots,b_n)$，$k$是实数，则将向量$\boldsymbol{\alpha}$与$\boldsymbol{\beta}$的对应分量相加后得到的向量称为向量$\boldsymbol{\alpha}$与$\boldsymbol{\beta}$的**和**，记作$\boldsymbol{\alpha}+\boldsymbol{\beta}$，即

$$\boldsymbol{\alpha}+\boldsymbol{\beta}=(a_1+b_1,a_2+b_2,\cdots,a_n+b_n)$$

给向量$\boldsymbol{\alpha}$的分量都乘k后得到的向量称为**数k与向量$\boldsymbol{\alpha}$的乘积**，简称**数乘运算**．记作$k\boldsymbol{\alpha}$或$\boldsymbol{\alpha}k$，即

$$k\boldsymbol{\alpha}=\boldsymbol{\alpha}k=(ka_1,ka_2,\cdots,ka_n)$$

给向量$\boldsymbol{\alpha}=(a_1,a_2,\cdots,a_n)$的分量都乘$-1$后得到的向量称为$\boldsymbol{\alpha}$的**负向量**，记作$-\boldsymbol{\alpha}$，即$-\boldsymbol{\alpha}=(-a_1,-a_2,\cdots,-a_n)$.

利用负向量,可以定义向量 $\boldsymbol{\alpha}$ 与 $\boldsymbol{\beta}$ 的**减法**为

$$\boldsymbol{\alpha}-\boldsymbol{\beta}=\boldsymbol{\alpha}+(-\boldsymbol{\beta})=(a_1-b_1,a_2-b_2,\cdots,a_n-b_n)$$

向量的加法运算和数乘运算统称为向量的**线性运算**,它满足以下 8 条运算律(设 $\boldsymbol{\alpha},\boldsymbol{\beta},\boldsymbol{\gamma}$ 都是 n 维向量,k 和 l 都是实数):

(1) $\boldsymbol{\alpha}+\boldsymbol{\beta}=\boldsymbol{\beta}+\boldsymbol{\alpha}$;

(2) $(\boldsymbol{\alpha}+\boldsymbol{\beta})+\boldsymbol{\gamma}=\boldsymbol{\alpha}+(\boldsymbol{\beta}+\boldsymbol{\gamma})$;

(3) $\boldsymbol{\alpha}+\mathbf{0}=\boldsymbol{\alpha}$;

(4) $\boldsymbol{\alpha}+(-\boldsymbol{\alpha})=\mathbf{0}$;

(5) $1\boldsymbol{\alpha}=\boldsymbol{\alpha}$;

(6) $k(l\boldsymbol{\alpha})=(kl)\boldsymbol{\alpha}$;

(7) $k(\boldsymbol{\alpha}+\boldsymbol{\beta})=k\boldsymbol{\alpha}+k\boldsymbol{\beta}$;

(8) $(k+l)\boldsymbol{\alpha}=k\boldsymbol{\alpha}+l\boldsymbol{\alpha}$.

在定义 4.1 中,n 个有序数 $a_1,a_2,\cdots,a_n$ 按行组成的数组 $\boldsymbol{\alpha}=(a_1,a_2,\cdots,a_n)$ 称为 n 维**行向量**. 若将它们按列组成数组

$$\boldsymbol{\beta}=\begin{pmatrix}a_1\\a_2\\\vdots\\a_n\end{pmatrix}$$

则称为 n 维**列向量**. 关于列向量,也可以按照定义 4.2 引进加法运算和数乘运算,相应的 8 条运算律仍然成立.

若将 n 维行向量看做 $1\times n$ 矩阵(行矩阵),将 n 维列向量看做 $n\times 1$ 矩阵(列矩阵),则向量的加法运算和数乘运算就是矩阵的加法运算和数乘运算. 利用转置矩阵的概念,列向量的转置是行向量,而行向量的转置是列向量.

在空间直角坐标系 O-xyz 中,由坐标原点 O 到空间一点 $P(x,y,z)$ 的向量 $\overrightarrow{OP}$ 可以用 3 维向量 (x,y,z) 来描述. 空间中向量的长度,两个向量的内积和夹角等也可以通过 3 维向量的分量运算来表示. 下面将这些概念推广到一般的 n 维向量.

定义 4.3 设有 n 维向量 $\boldsymbol{\alpha}=(a_1,a_2,\cdots,a_n)$ 与 $\boldsymbol{\beta}=(b_1,b_2,\cdots,b_n)$,称数

$$[\boldsymbol{\alpha},\boldsymbol{\beta}]=a_1b_1+a_2b_2+\cdots+a_nb_n$$

为向量 $\boldsymbol{\alpha}$ 与 $\boldsymbol{\beta}$ 的**内积**.

根据矩阵的乘法规则,定义 4.3 中的内积可表示为 $[\boldsymbol{\alpha},\boldsymbol{\beta}]=\boldsymbol{\alpha}\boldsymbol{\beta}^{\mathrm{T}}$. 当 $\boldsymbol{\alpha}$ 与 $\boldsymbol{\beta}$ 都是 n 维列向量时,定义 $\boldsymbol{\alpha}$ 与 $\boldsymbol{\beta}$ 的内积为 $[\boldsymbol{\alpha},\boldsymbol{\beta}]=\boldsymbol{\alpha}^{\mathrm{T}}\boldsymbol{\beta}$. 向量的内积满足下列运算律(设 $\boldsymbol{\alpha},\boldsymbol{\beta},\boldsymbol{\gamma}$ 都是 n 维向量,k 为实数):

(1) $[\boldsymbol{\alpha},\boldsymbol{\beta}]=[\boldsymbol{\beta},\boldsymbol{\alpha}]$;

(2) $[k\boldsymbol{\alpha},\boldsymbol{\beta}]=k[\boldsymbol{\alpha},\boldsymbol{\beta}]$;

(3) $[\boldsymbol{\alpha}+\boldsymbol{\beta},\boldsymbol{\gamma}]=[\boldsymbol{\alpha},\boldsymbol{\gamma}]+[\boldsymbol{\beta},\boldsymbol{\gamma}]$;

(4) $\boldsymbol{\alpha}\neq\mathbf{0}$ 时$[\boldsymbol{\alpha},\boldsymbol{\alpha}]>0$,$\boldsymbol{\alpha}=\mathbf{0}$ 时$[\boldsymbol{\alpha},\boldsymbol{\alpha}]=0$;

(5) $[\boldsymbol{\alpha},\boldsymbol{\beta}]^2\leqslant[\boldsymbol{\alpha},\boldsymbol{\alpha}][\boldsymbol{\beta},\boldsymbol{\beta}]$.

下面仅验证(5),事实上,对任意实数 t,由(4) 知$[\boldsymbol{\alpha}+t\boldsymbol{\beta},\boldsymbol{\alpha}+t\boldsymbol{\beta}]\geqslant 0$, 即

$$[\boldsymbol{\alpha},\boldsymbol{\alpha}]+2[\boldsymbol{\alpha},\boldsymbol{\beta}]t+[\boldsymbol{\beta},\boldsymbol{\beta}]t^2\geqslant 0$$

因为 t 任意,所以上式左端的二次三项式的判别式不大于零,即

$$4[\boldsymbol{\alpha},\boldsymbol{\beta}]^2-4[\boldsymbol{\alpha},\boldsymbol{\alpha}][\boldsymbol{\beta},\boldsymbol{\beta}]\leqslant 0$$

也就是(5) 成立.

定义 4.4　设有 n 维向量 $\boldsymbol{\alpha}=(a_1,a_2,\cdots,a_n)$,称数

$$\|\boldsymbol{\alpha}\|=\sqrt{[\boldsymbol{\alpha},\boldsymbol{\alpha}]}=\sqrt{a_1^2+a_2^2+\cdots+a_n^2}$$

为向量 $\boldsymbol{\alpha}$ 的**范数(模、长度)**.

向量的范数具有下列性质(设 $\boldsymbol{\alpha}$ 与 $\boldsymbol{\beta}$ 都是 n 维向量,k 为实数):

(1) $\boldsymbol{\alpha}\neq\mathbf{0}$ 时 $\|\boldsymbol{\alpha}\|>0$,$\boldsymbol{\alpha}=\mathbf{0}$ 时 $\|\boldsymbol{\alpha}\|=0$;

(2) $\|k\boldsymbol{\alpha}\|=|k|\,\|\boldsymbol{\alpha}\|$;

(3) $\|\boldsymbol{\alpha}+\boldsymbol{\beta}\|\leqslant\|\boldsymbol{\alpha}\|+\|\boldsymbol{\beta}\|$.

定义 4.5　设 $\boldsymbol{\alpha}$ 与 $\boldsymbol{\beta}$ 是 n 维非零向量,称

$$\varphi=\arccos\frac{[\boldsymbol{\alpha},\boldsymbol{\beta}]}{\|\boldsymbol{\alpha}\|\,\|\boldsymbol{\beta}\|}\quad(0\leqslant\varphi\leqslant\pi)$$

为向量 $\boldsymbol{\alpha}$ 与 $\boldsymbol{\beta}$ 的**夹角**.

当$[\boldsymbol{\alpha},\boldsymbol{\beta}]=0$ 时,称向量 $\boldsymbol{\alpha}$ 与 $\boldsymbol{\beta}$ **正交**,记作 $\boldsymbol{\alpha}\perp\boldsymbol{\beta}$. $\boldsymbol{\alpha}$ 与 $\boldsymbol{\beta}$ 都是非零向量时,"$\boldsymbol{\alpha}\perp\boldsymbol{\beta}$"和"$\boldsymbol{\alpha}$ 与 $\boldsymbol{\beta}$ 的夹角为$\frac{\pi}{2}$"是一致的,它是空间直角坐标系中向量垂直概念的推广.

范数为 1 的向量称为**单位向量**. 当 $\boldsymbol{\alpha}$ 是非零向量时,$\frac{1}{\|\boldsymbol{\alpha}\|}\boldsymbol{\alpha}$ 是单位向量,称之为 $\boldsymbol{\alpha}$ 的**单位化向量**.

§4.2　向量组的线性相关性

本节进一步研究向量之间的关系.

一、线性相关与线性无关

定义 4.6　设 $\boldsymbol{\alpha},\boldsymbol{\alpha}_1,\boldsymbol{\alpha}_2,\cdots,\boldsymbol{\alpha}_m$ 均为 n 维向量,如果存在一组数 $k_1,k_2,\cdots,k_m$,使

$$\boldsymbol{\alpha}=k_1\boldsymbol{\alpha}_1+k_2\boldsymbol{\alpha}_2+\cdots+k_m\boldsymbol{\alpha}_m\tag{4.1}$$

则称向量 $\boldsymbol{\alpha}$ 是 $\boldsymbol{\alpha}_1,\boldsymbol{\alpha}_2,\cdots,\boldsymbol{\alpha}_m$ 的**线性组合**，或称向量 $\boldsymbol{\alpha}$ 可由 $\boldsymbol{\alpha}_1,\boldsymbol{\alpha}_2,\cdots,\boldsymbol{\alpha}_m$ **线性表示**．

例如，对于向量组 $\boldsymbol{\alpha}_1=(1,2,-1)$，$\boldsymbol{\alpha}_2=(2,-3,1)$，$\boldsymbol{\alpha}_3=(4,1,-1)$，有 $\boldsymbol{\alpha}_3=2\boldsymbol{\alpha}_1+\boldsymbol{\alpha}_2$，即向量 $\boldsymbol{\alpha}_3$ 可由 $\boldsymbol{\alpha}_1,\boldsymbol{\alpha}_2$ 线性表示．

判断向量 $\boldsymbol{\alpha}$ 是否可由 $\boldsymbol{\alpha}_1,\boldsymbol{\alpha}_2,\cdots,\boldsymbol{\alpha}_m$ 线性表示的问题，可以转化为判断非齐次线性方程组是否有解的问题.

例 4.1 设向量组

$$\boldsymbol{\beta}_1=\begin{pmatrix}1\\0\\-1\end{pmatrix},\quad \boldsymbol{\beta}_2=\begin{pmatrix}1\\1\\1\end{pmatrix},\quad \boldsymbol{\beta}_3=\begin{pmatrix}3\\1\\-1\end{pmatrix},\quad \boldsymbol{\beta}_4=\begin{pmatrix}5\\3\\1\end{pmatrix}$$

试判断 $\boldsymbol{\beta}_4$ 是否可由 $\boldsymbol{\beta}_1,\boldsymbol{\beta}_2,\boldsymbol{\beta}_3$ 线性表示？如果可以的话，求出一个线性表示式.

解 设一组数 k_1,k_2,k_3，使 $\boldsymbol{\beta}_4=k_1\boldsymbol{\beta}_1+k_2\boldsymbol{\beta}_2+k_3\boldsymbol{\beta}_3$，即有

$$\begin{pmatrix}5\\3\\1\end{pmatrix}=\begin{pmatrix}k_1+k_2+3k_3\\k_2+k_3\\-k_1+k_2-k_3\end{pmatrix}$$

由向量相等的定义可得线性方程组

$$\begin{cases}k_1+k_2+3k_3=5\\k_2+k_3=3\\-k_1+k_2-k_3=1\end{cases}$$

该方程组的一个解为 $k_1=2,k_2=3,k_3=0$. 于是 $\boldsymbol{\beta}_4=2\boldsymbol{\beta}_1+3\boldsymbol{\beta}_2$，即 $\boldsymbol{\beta}_4$ 可由 $\boldsymbol{\beta}_1,\boldsymbol{\beta}_2,\boldsymbol{\beta}_3$ 线性表示．

定义 4.7 设 $\boldsymbol{\alpha}_1,\boldsymbol{\alpha}_2,\cdots,\boldsymbol{\alpha}_m$ 均为 n 维向量，如果存在一组不全为 0 的数 $k_1,k_2,\cdots,k_m$，使

$$k_1\boldsymbol{\alpha}_1+k_2\boldsymbol{\alpha}_2+\cdots+k_m\boldsymbol{\alpha}_m=\mathbf{0} \tag{4.2}$$

则称向量组 $\boldsymbol{\alpha}_1,\boldsymbol{\alpha}_2,\cdots,\boldsymbol{\alpha}_m$ **线性相关**．否则，称向量组 $\boldsymbol{\alpha}_1,\boldsymbol{\alpha}_2,\cdots,\boldsymbol{\alpha}_m$ **线性无关**.

向量组 $\boldsymbol{\alpha}_1,\boldsymbol{\alpha}_2,\cdots,\boldsymbol{\alpha}_m$ 线性无关的等价定义是：仅当一组数 $k_1,k_2,\cdots,k_m$ 全为 0 时，等式(4.2) 才成立，则称向量组 $\boldsymbol{\alpha}_1,\boldsymbol{\alpha}_2,\cdots,\boldsymbol{\alpha}_m$ 线性无关.

特别地，对于单个向量 $\boldsymbol{\alpha}$，当 $\boldsymbol{\alpha}=\mathbf{0}$ 时线性相关，$\boldsymbol{\alpha}\neq\mathbf{0}$ 时线性无关．

判断向量组 $\boldsymbol{\alpha}_1,\boldsymbol{\alpha}_2,\cdots,\boldsymbol{\alpha}_m$ 是否线性相关的问题，可以转化为判断齐次线性方程组是否有非零解的问题.

例 4.2 判断例 4.1 中向量组 $\boldsymbol{\beta}_1,\boldsymbol{\beta}_2,\boldsymbol{\beta}_3,\boldsymbol{\beta}_4$ 的线性相关性.

解 设一组数 k_1,k_2,k_3,k_4，使

$$k_1\boldsymbol{\beta}_1+k_2\boldsymbol{\beta}_2+k_3\boldsymbol{\beta}_3+k_4\boldsymbol{\beta}_4=\mathbf{0}$$

比较上式两端向量的对应分量，可得齐次线性方程组

$$\begin{cases} k_1 + k_2 + 3k_3 + 5k_4 = 0 \\ k_2 + k_3 + 3k_4 = 0 \\ -k_1 + k_2 - k_3 + k_4 = 0 \end{cases}$$

该方程组的一个非零解为 $k_1 = 2, k_2 = 3, k_3 = 0, k_4 = -1$，故向量组 $\boldsymbol{\beta}_1, \boldsymbol{\beta}_2, \boldsymbol{\beta}_3, \boldsymbol{\beta}_4$ 线性相关.

例 4.3　设向量组 $\boldsymbol{\alpha}_1, \boldsymbol{\alpha}_2, \boldsymbol{\alpha}_3$ 线性无关，判断向量组 $\boldsymbol{\beta}_1 = \boldsymbol{\alpha}_1 + \boldsymbol{\alpha}_2, \boldsymbol{\beta}_2 = \boldsymbol{\alpha}_2 + \boldsymbol{\alpha}_3, \boldsymbol{\beta}_3 = \boldsymbol{\alpha}_3 + \boldsymbol{\alpha}_1$ 的线性相关性.

解　设一组数 k_1, k_2, k_3，使 $k_1\boldsymbol{\beta}_1 + k_2\boldsymbol{\beta}_2 + k_3\boldsymbol{\beta}_3 = \mathbf{0}$，则有

$$k_1(\boldsymbol{\alpha}_1 + \boldsymbol{\alpha}_2) + k_2(\boldsymbol{\alpha}_2 + \boldsymbol{\alpha}_3) + k_3(\boldsymbol{\alpha}_3 + \boldsymbol{\alpha}_1) = \mathbf{0}$$

即
$$(k_1 + k_3)\boldsymbol{\alpha}_1 + (k_1 + k_2)\boldsymbol{\alpha}_2 + (k_2 + k_3)\boldsymbol{\alpha}_3 = \mathbf{0}$$

因为向量组 $\boldsymbol{\alpha}_1, \boldsymbol{\alpha}_2, \boldsymbol{\alpha}_3$ 线性无关，所以

$$\begin{cases} k_1 + k_3 = 0 \\ k_1 + k_2 = 0 \\ k_2 + k_3 = 0 \end{cases}$$

该方程组的系数行列式

$$D = \begin{vmatrix} 1 & 0 & 1 \\ 1 & 1 & 0 \\ 0 & 1 & 1 \end{vmatrix} = 2 \neq 0$$

故方程组只有零解 $k_1 = k_2 = k_3 = 0$，所以向量组 $\boldsymbol{\beta}_1, \boldsymbol{\beta}_2, \boldsymbol{\beta}_3$ 线性无关.

例 4.4　判断 n 维向量组 $\boldsymbol{\varepsilon}_1 = (1, 0, \cdots, 0), \boldsymbol{\varepsilon}_2 = (0, 1, \cdots, 0), \cdots, \boldsymbol{\varepsilon}_n = (0, 0, \cdots, 1)$ 的线性相关性.

解　设一组数 $k_1, k_2, \cdots, k_n$，使

$$k_1\boldsymbol{\varepsilon}_1 + k_2\boldsymbol{\varepsilon}_2 + \cdots + k_n\boldsymbol{\varepsilon}_n = \mathbf{0}$$

即
$$(k_1, k_2, \cdots, k_n) = (0, 0, \cdots, 0)$$

故只有 $k_1 = k_2 = \cdots = k_n = 0$，所以向量组 $\boldsymbol{\varepsilon}_1, \boldsymbol{\varepsilon}_2, \cdots, \boldsymbol{\varepsilon}_n$ 线性无关.

以后，总是用 $\boldsymbol{\varepsilon}_i$ 表示第 i 个分量为 1，其余分量为 0 的 n 维向量，称为第 i 个**单位坐标向量**.

例 4.5　设 $\boldsymbol{\alpha}_1, \boldsymbol{\alpha}_2, \cdots, \boldsymbol{\alpha}_m$ 是两两正交的非零向量组，证明该向量组线性无关.

证　设一组数 $k_1, k_2, \cdots, k_m$，使

$$k_1\boldsymbol{\alpha}_1 + k_2\boldsymbol{\alpha}_2 + \cdots + k_m\boldsymbol{\alpha}_m = \mathbf{0}$$

上式两端同时与 $\boldsymbol{\alpha}_i (i = 1, 2, \cdots, m)$ 做内积，并由正交性，得

$$k_i[\boldsymbol{\alpha}_i, \boldsymbol{\alpha}_i] = 0$$

因为 $\boldsymbol{\alpha}_i \neq \mathbf{0}$，所以 $[\boldsymbol{\alpha}_i, \boldsymbol{\alpha}_i] > 0$，从而 $k_i = 0 (i = 1, 2, \cdots, m)$. 故向量组 $\boldsymbol{\alpha}_1, \boldsymbol{\alpha}_2, \cdots, \boldsymbol{\alpha}_m$ 线性无关.

二、线性相关性的判别定理

利用向量组线性相关性的定义,可以得到下面的判别定理.

定理 4.1 向量组 $\boldsymbol{\alpha}_1,\boldsymbol{\alpha}_2,\cdots,\boldsymbol{\alpha}_m(m\geqslant 2)$ 线性相关的充分必要条件是其中至少有一个向量可由其余 $m-1$ 个向量线性表示.

证 必要性. 设 $\boldsymbol{\alpha}_1,\boldsymbol{\alpha}_2,\cdots,\boldsymbol{\alpha}_m$ 线性相关,由定义知,存在不全为0的一组数 $k_1,k_2,\cdots,k_m$,使

$$k_1\boldsymbol{\alpha}_1+k_2\boldsymbol{\alpha}_2+\cdots+k_m\boldsymbol{\alpha}_m=\mathbf{0}$$

不妨设 $k_1\neq 0$,则有

$$\boldsymbol{\alpha}_1=\left(-\frac{k_2}{k_1}\right)\boldsymbol{\alpha}_2+\cdots+\left(-\frac{k_m}{k_1}\right)\boldsymbol{\alpha}_m$$

即 $\boldsymbol{\alpha}_1$ 可由 $\boldsymbol{\alpha}_2,\cdots,\boldsymbol{\alpha}_m$ 线性表示.

充分性. 不妨设 $\boldsymbol{\alpha}_m$ 可由 $\boldsymbol{\alpha}_1,\cdots,\boldsymbol{\alpha}_{m-1}$ 线性表示,由定义知,存在一组数 $k_1,\cdots,k_{m-1}$,使

$$\boldsymbol{\alpha}_m=k_1\boldsymbol{\alpha}_1+\cdots+k_{m-1}\boldsymbol{\alpha}_{m-1}$$

即

$$k_1\boldsymbol{\alpha}_1+\cdots+k_{m-1}\boldsymbol{\alpha}_{m-1}+(-1)\boldsymbol{\alpha}_m=\mathbf{0}$$

因为 m 个数 $k_1,\cdots,k_{m-1},-1$ 不全为0,所以 $\boldsymbol{\alpha}_1,\boldsymbol{\alpha}_2,\cdots,\boldsymbol{\alpha}_m$ 线性相关. 证毕

推论 两个向量线性相关的充分必要条件是它们的对应分量成比例.

需要指出,向量组 $\boldsymbol{\alpha}_1,\boldsymbol{\alpha}_2,\cdots,\boldsymbol{\alpha}_m(m\geqslant 2)$ 线性相关时,一般不能肯定是哪个向量可由其余 $m-1$ 个向量线性表示,更不能理解为其中的任何一个向量都可由其余的 $m-1$ 个向量线性表示.

定理 4.2 设向量组 $\boldsymbol{\alpha}_1,\boldsymbol{\alpha}_2,\cdots,\boldsymbol{\alpha}_m$ 线性无关,而向量组 $\boldsymbol{\alpha}_1,\boldsymbol{\alpha}_2,\cdots,\boldsymbol{\alpha}_m,\boldsymbol{\beta}$ 线性相关,则向量 $\boldsymbol{\beta}$ 可由 $\boldsymbol{\alpha}_1,\boldsymbol{\alpha}_2,\cdots,\boldsymbol{\alpha}_m$ 线性表示,且表示式唯一.

证 由 $\boldsymbol{\alpha}_1,\cdots,\boldsymbol{\alpha}_m,\boldsymbol{\beta}$ 线性相关知,存在一组数 $k_1,\cdots,k_m,k_{m+1}$ 不全为0,使

$$k_1\boldsymbol{\alpha}_1+\cdots+k_m\boldsymbol{\alpha}_m+k_{m+1}\boldsymbol{\beta}=\mathbf{0}$$

假如 $k_{m+1}=0$,上式成为

$$k_1\boldsymbol{\alpha}_1+\cdots+k_m\boldsymbol{\alpha}_m=\mathbf{0}$$

此时 $k_1,\cdots,k_m$ 不全为0,得到 $\boldsymbol{\alpha}_1,\cdots,\boldsymbol{\alpha}_m$ 线性相关,这与题设矛盾. 因此 $k_{m+1}\neq 0$,于是有

$$\boldsymbol{\beta}=\left(-\frac{k_1}{k_{m+1}}\right)\boldsymbol{\alpha}_1+\cdots+\left(-\frac{k_m}{k_{m+1}}\right)\boldsymbol{\alpha}_m$$

再证唯一性. 设有两个表示式

$$\boldsymbol{\beta}=k_1\boldsymbol{\alpha}_1+\cdots+k_m\boldsymbol{\alpha}_m,\quad \boldsymbol{\beta}=l_1\boldsymbol{\alpha}_1+\cdots+l_m\boldsymbol{\alpha}_m$$

两式相减,可得

$$(k_1-l_1)\boldsymbol{\alpha}_1+\cdots+(k_m-l_m)\boldsymbol{\alpha}_m=\mathbf{0}$$

因为 $\boldsymbol{\alpha}_1,\cdots,\boldsymbol{\alpha}_m$ 线性无关，所以

$$k_1-l_1=0,\ \cdots,\ k_m-l_m=0$$

即 $k_1=l_1,\cdots,k_m=l_m$，故表示式唯一． 证毕

定理 4.3　如果向量组的部分向量线性相关，则这个向量组就线性相关.

证　设向量组为 $\boldsymbol{\alpha}_1,\cdots,\boldsymbol{\alpha}_r,\boldsymbol{\alpha}_{r+1},\cdots,\boldsymbol{\alpha}_m$，其中一部分向量，比如 $\boldsymbol{\alpha}_1,\cdots,\boldsymbol{\alpha}_r$ 线性相关，即有不全为 0 的一组数 $k_1,\cdots,k_r$，使

$$k_1\boldsymbol{\alpha}_1+\cdots+k_r\boldsymbol{\alpha}_r=\mathbf{0}$$

取 $k_{r+1}=\cdots=k_m=0$，则有

$$k_1\boldsymbol{\alpha}_1+\cdots+k_r\boldsymbol{\alpha}_r+k_{r+1}\boldsymbol{\alpha}_{r+1}+\cdots+k_m\boldsymbol{\alpha}_m=\mathbf{0}$$

由于 $k_1,\cdots,k_r,k_{r+1},\cdots,k_m$ 不全为 0，所以 $\boldsymbol{\alpha}_1,\cdots,\boldsymbol{\alpha}_r,\boldsymbol{\alpha}_{r+1},\cdots,\boldsymbol{\alpha}_m$ 线性相关．

证毕

推论 1　含零向量的向量组线性相关.

推论 2　若向量组线性无关，则其任一部分向量也线性无关.

利用矩阵的秩也可以判断向量组的线性相关性．首先给出矩阵与向量组的关系如下.

定义 4.8　设矩阵 $\boldsymbol{A}=(a_{ij})_{m\times n}$，称

$$\boldsymbol{\alpha}_i=(a_{i1},a_{i2},\cdots,a_{in})\qquad(i=1,2,\cdots,m)$$

和

$$\boldsymbol{\beta}_j=(a_{1j},a_{2j},\cdots,a_{mj})^{\mathrm{T}}\qquad(j=1,2,\cdots,n)$$

分别为 $\boldsymbol{A}$ 的**行向量组**和**列向量组**.

定理 4.4　设矩阵 $\boldsymbol{A}=(a_{ij})_{m\times n}$．则

(1) $\boldsymbol{A}$ 的行向量组线性相关的充分必要条件是 $\operatorname{rank}\boldsymbol{A}<m$；

(2) $\boldsymbol{A}$ 的列向量组线性相关的充分必要条件是 $\operatorname{rank}\boldsymbol{A}<n$.

证　对于 $\boldsymbol{A}$ 的行向量组

$$\boldsymbol{\alpha}_i=(a_{i1},a_{i2},\cdots,a_{in})\qquad(i=1,2,\cdots,m)$$

设一组数 $k_1,k_2,\cdots,k_m$，使

$$k_1\boldsymbol{\alpha}_1+k_2\boldsymbol{\alpha}_2+\cdots+k_m\boldsymbol{\alpha}_m=\mathbf{0}$$

写成分量形式，可得

$$\begin{cases}a_{11}k_1+a_{21}k_2+\cdots+a_{m1}k_m=0\\a_{12}k_1+a_{22}k_2+\cdots+a_{m2}k_m=0\\\quad\vdots\\a_{1n}k_1+a_{2n}k_2+\cdots+a_{mn}k_m=0\end{cases}$$

该方程组的系数矩阵为 $\boldsymbol{A}^{\mathrm{T}}$，由定理 3.5 知，该方程组有非零解的充分必要条件是 $\operatorname{rank}\boldsymbol{A}^{\mathrm{T}}<m$，也就是 $\operatorname{rank}\boldsymbol{A}<m$.

注意到 $\boldsymbol{A}$ 的列向量组就是 $\boldsymbol{A}^{\mathrm{T}}$ 的行向量组，而 $\boldsymbol{A}^{\mathrm{T}}$ 的行向量组线性相关的充分必要条件是 $\operatorname{rank}\boldsymbol{A}^{\mathrm{T}}<n$，故 $\boldsymbol{A}$ 的列向量组线性相关的充分必要条件是

$\text{rank}\boldsymbol{A}=\text{rank}\boldsymbol{A}^{\mathrm{T}}<n$. 证毕

推论 1 设 $\boldsymbol{A}$ 是 n 阶方阵,则 $\boldsymbol{A}$ 的行(或列)向量组线性相关的充分必要条件是 $\det\boldsymbol{A}=0$.

推论 2 当 $m>n$ 时,n 维向量组 $\boldsymbol{\alpha}_1,\boldsymbol{\alpha}_2,\cdots,\boldsymbol{\alpha}_m$ 一定线性相关.

推论 3 设两个向量组

$$T_1:\quad \boldsymbol{\alpha}_i=(a_{i1},a_{i2},\cdots,a_{ir})\qquad(i=1,2,\cdots,m)$$

$$T_2:\quad \boldsymbol{\beta}_i=(a_{i1},a_{i2},\cdots,a_{ir},a_{i,r+1},\cdots,a_{in})\qquad(i=1,2,\cdots,m)$$

则当向量组 T_1 线性无关时,向量组 T_2 也线性无关.

证 构造两个矩阵

$$\boldsymbol{A}=\begin{pmatrix}\boldsymbol{\alpha}_1\\\boldsymbol{\alpha}_2\\\vdots\\\boldsymbol{\alpha}_m\end{pmatrix}=\begin{pmatrix}a_{11}&\cdots&a_{1r}\\a_{21}&\cdots&a_{2r}\\\vdots&&\vdots\\a_{m1}&\cdots&a_{mr}\end{pmatrix},\quad \boldsymbol{B}=\begin{pmatrix}\boldsymbol{\beta}_1\\\boldsymbol{\beta}_2\\\vdots\\\boldsymbol{\beta}_m\end{pmatrix}=\begin{pmatrix}a_{11}&\cdots&a_{1r}&a_{1,r+1}&\cdots&a_{1n}\\a_{21}&\cdots&a_{2r}&a_{2,r+1}&\cdots&a_{2n}\\\vdots&&\vdots&\vdots&&\vdots\\a_{m1}&\cdots&a_{mr}&a_{m,r+1}&\cdots&a_{mn}\end{pmatrix}$$

易见,$\boldsymbol{A}$ 是 $\boldsymbol{B}$ 的子矩阵,且 $\boldsymbol{A}$ 与 $\boldsymbol{B}$ 的行数相同. 由定理 4.4 知,若 T_1 线性无关,则 $\text{rank}\boldsymbol{A}=m$,从而 $\text{rank}\boldsymbol{B}=m$,于是 T_2 线性无关. 证毕

在推论 3 中,$\boldsymbol{\beta}_i$ 可以看做是由 $\boldsymbol{\alpha}_i$ 添加后 $n-r$ 个分量得到的. 按这种观点,只要 $\boldsymbol{\alpha}_1,\boldsymbol{\alpha}_2,\cdots,\boldsymbol{\alpha}_m$ 线性无关,那么添加的分量无论在什么位置(对每个 $\boldsymbol{\alpha}_i$ 添加分量的对应位置必须相同),结论都成立. 另外,当推论 3 中向量组 T_1 与 T_2 都是列向量组时,相应的结论也成立.

例 4.6 判断向量组 $\boldsymbol{\alpha}_1=(2,2,-1,1,4)$,$\boldsymbol{\alpha}_2=(2,-1,2,0,3)$,$\boldsymbol{\alpha}_3=(-1,2,2,-4,2)$ 的线性相关性.

解 构造 3×5 矩阵并作初等行变换

$$\boldsymbol{A}=\begin{pmatrix}\boldsymbol{\alpha}_1\\\boldsymbol{\alpha}_2\\\boldsymbol{\alpha}_3\end{pmatrix}=\begin{pmatrix}2&2&-1&1&4\\2&-1&2&0&3\\-1&2&2&-4&2\end{pmatrix}\to\begin{pmatrix}-1&2&2&-4&2\\0&3&6&-8&7\\0&0&-9&9&-6\end{pmatrix}$$

可见 $\text{rank}\boldsymbol{A}=3$,故 $\boldsymbol{\alpha}_1,\boldsymbol{\alpha}_2,\boldsymbol{\alpha}_3$ 线性无关.

定理 4.5 设 $\boldsymbol{A}$ 是 $m\times n$ 矩阵,有以下结论:

(1) 若 $\boldsymbol{A}$ 中某个 r 阶子式 $D_r\neq0$,则 $\boldsymbol{A}$ 中含 D_r 的 r 个行(或列)向量线性无关;

(2) 若 $\boldsymbol{A}$ 中所有 r 阶子式等于 0,则 $\boldsymbol{A}$ 的任意 r 个行(或列)向量线性相关.

证 只证明列的情形.

(1) 设 D_r 位于 $\boldsymbol{A}$ 的 $i_1,i_2,\cdots,i_r$ 列,取这 r 个列 $\boldsymbol{\beta}_{i_1},\boldsymbol{\beta}_{i_2},\cdots,\boldsymbol{\beta}_{i_r}$ 构造 $m\times r$ 矩阵

$$\boldsymbol{B}=(\boldsymbol{\beta}_{i_1},\boldsymbol{\beta}_{i_2},\cdots,\boldsymbol{\beta}_{i_r})$$

由于 $\boldsymbol{B}$ 中有一个 r 阶子式 $D_r\neq0$,所以 $\text{rank}\boldsymbol{B}=r$,由定理 4.4 知向量组 $\boldsymbol{\beta}_{i_1}$,

$\boldsymbol{\beta}_{i_2}, \cdots, \boldsymbol{\beta}_{i_r}$ 线性无关.

(2) 任取$\boldsymbol{A}$的r个列向量$\boldsymbol{\beta}_{i_1}, \boldsymbol{\beta}_{i_2}, \cdots, \boldsymbol{\beta}_{i_r}$,并构成$m\times r$矩阵$\boldsymbol{B}$(同上). 因为 $\mathrm{rank}\boldsymbol{B} \leqslant \mathrm{rank}\boldsymbol{A} < r$,由定理 4.4 知,向量组$\boldsymbol{\beta}_{i_1}, \boldsymbol{\beta}_{i_2}, \cdots, \boldsymbol{\beta}_{i_r}$ 线性相关.

证毕

§4.3　向量组的秩与极大无关组

在含非零向量的向量组 T 中,一定有线性无关的部分组. 那么,一个线性无关的部分组中最多能含 T 中多少个向量呢? 本节就来讨论这个问题.

一、秩与极大无关组

定义 4.9　设有向量组 T,若

(1) T 中有 r 个向量 $\boldsymbol{\alpha}_1, \boldsymbol{\alpha}_2, \cdots, \boldsymbol{\alpha}_r$ 线性无关;

(2) T 中的任意 $r+1$ 个向量(如果有的话) 都线性相关,则称 $\boldsymbol{\alpha}_1, \boldsymbol{\alpha}_2, \cdots, \boldsymbol{\alpha}_r$ 为向量组 T 的一个**极大线性无关向量组**,简称为**极大无关组**. 称数 r 为向量组 T 的**秩**. 规定只含零向量的向量组的秩为 0.

由定义 4.9 知,如果向量组 T 的秩为 r,那么 T 中任何 r 个线性无关的向量都可以作为 T 的极大无关组.

定理 4.6　设 $\boldsymbol{A}$ 是 $m\times n$ 矩阵,且 $\mathrm{rank}\boldsymbol{A} = r\ (\geqslant 1)$,则 $\boldsymbol{A}$ 的行(或列) 向量组的秩等于 r;若 $\boldsymbol{A}$ 中的某个 r 阶子式 $D_r \neq 0$,则 $\boldsymbol{A}$ 中含 D_r 的 r 个行(或列) 向量是 $\boldsymbol{A}$ 的行(或列) 向量组的一个极大无关组.

证　由 $\mathrm{rank}\boldsymbol{A} = r$ 知,$\boldsymbol{A}$ 中至少有一个 r 阶子式 $D_r \neq 0$,且 $\boldsymbol{A}$ 中所有的 $r+1$ 阶子式(如果有的话) 都等于 0. 根据定理 4.5 可得,$\boldsymbol{A}$ 中含 D_r 的 r 个行(或列) 向量线性无关,且 $\boldsymbol{A}$ 中任意的 $r+1$ 个行(或列) 向量线性相关. 故定理成立.

证毕

定理 4.6 表明,计算向量组的秩可转化为计算矩阵的秩,而一般情况下后者的计算较为方便.

例 4.7　设有向量组 T:

$$\boldsymbol{\beta}_1 = \begin{pmatrix} 1 \\ 0 \\ -2 \end{pmatrix}, \quad \boldsymbol{\beta}_2 = \begin{pmatrix} 3 \\ 2 \\ 0 \end{pmatrix}, \quad \boldsymbol{\beta}_3 = \begin{pmatrix} -2 \\ -1 \\ 1 \end{pmatrix}, \quad \boldsymbol{\beta}_4 = \begin{pmatrix} 2 \\ 3 \\ 5 \end{pmatrix}$$

求 T 的秩及一个极大无关组.

解　构造 3×4 矩阵

$$\boldsymbol{A} = (\boldsymbol{\beta}_1, \boldsymbol{\beta}_2, \boldsymbol{\beta}_3, \boldsymbol{\beta}_4) = \begin{pmatrix} 1 & 3 & -2 & 2 \\ 0 & 2 & -1 & 3 \\ -2 & 0 & 1 & 5 \end{pmatrix}$$

容易求得 $\mathrm{rank}\boldsymbol{A}=2$，又 $\boldsymbol{A}$ 的左上角的 2 阶子式 $\begin{vmatrix}1&3\\0&2\end{vmatrix}=2\neq0$，故 T 的秩为 2，且 $\boldsymbol{\beta}_1,\boldsymbol{\beta}_2$ 是 T 的一个极大无关组.

设向量组 T 的秩为 r，按照定理 4.6 求 T 的一个极大无关组时，需要确定矩阵的一个 r 阶非零子式．当矩阵的阶数较高且 r 较大时，确定矩阵的 r 阶非零子式是比较麻烦的．下面介绍使用矩阵的初等变换求极大无关组的方法.

定理 4.7　设 $\boldsymbol{A}$ 是 $m\times n$ 矩阵，有以下结论：

(1) 若 $\boldsymbol{A}\xrightarrow{\text{初等行变换}}\boldsymbol{B}$，则 $\boldsymbol{A}$ 的任意 s 个列向量与 $\boldsymbol{B}$ 中对应的 s 个列向量有相同的线性相关性；

(2) 若 $\boldsymbol{A}\xrightarrow{\text{初等列变换}}\boldsymbol{C}$，则 $\boldsymbol{A}$ 的任意 s 个行向量与 $\boldsymbol{C}$ 中对应的 s 个行向量有相同的线性相关性.

证　设 $\boldsymbol{A}=(\boldsymbol{\alpha}_1,\boldsymbol{\alpha}_2,\cdots,\boldsymbol{\alpha}_n)$，$\boldsymbol{B}=(\boldsymbol{\beta}_1,\boldsymbol{\beta}_2,\cdots,\boldsymbol{\beta}_n)$．取 $\boldsymbol{A}$ 的 s 个列向量 $\boldsymbol{\alpha}_{j_1}$，$\boldsymbol{\alpha}_{j_2},\cdots,\boldsymbol{\alpha}_{j_s}$ 及 $\boldsymbol{B}$ 中对应的 s 个列向量 $\boldsymbol{\beta}_{j_1},\boldsymbol{\beta}_{j_2},\cdots,\boldsymbol{\beta}_{j_s}$，由于 $\boldsymbol{A}\xrightarrow{\text{初等行变换}}\boldsymbol{B}$，所以

$$(\boldsymbol{\alpha}_{j_1},\boldsymbol{\alpha}_{j_2},\cdots,\boldsymbol{\alpha}_{j_s})\xrightarrow{\text{初等行变换}}(\boldsymbol{\beta}_{j_1},\boldsymbol{\beta}_{j_2},\cdots,\boldsymbol{\beta}_{j_s})$$

从而线性方程组

$$(\boldsymbol{\alpha}_{j_1},\boldsymbol{\alpha}_{j_2},\cdots,\boldsymbol{\alpha}_{j_s})\begin{pmatrix}x_1\\x_2\\\vdots\\x_s\end{pmatrix}=\boldsymbol{0}\quad\text{与}\quad(\boldsymbol{\beta}_{j_1},\boldsymbol{\beta}_{j_2},\cdots,\boldsymbol{\beta}_{j_s})\begin{pmatrix}x_1\\x_2\\\vdots\\x_s\end{pmatrix}=\boldsymbol{0}$$

同解，故向量组 $\boldsymbol{\alpha}_{j_1},\boldsymbol{\alpha}_{j_2},\cdots,\boldsymbol{\alpha}_{j_s}$ 与向量组 $\boldsymbol{\beta}_{j_1},\boldsymbol{\beta}_{j_2},\cdots,\boldsymbol{\beta}_{j_s}$ 有相同的线性相关性.

类似地，可证另一结论．

证毕

例 4.8　用初等行变换方法求例 4.7 中列向量组 $\boldsymbol{\beta}_1,\boldsymbol{\beta}_2,\boldsymbol{\beta}_3,\boldsymbol{\beta}_4$ 的秩及一个极大无关组.

解　$\boldsymbol{A}=(\boldsymbol{\beta}_1,\boldsymbol{\beta}_2,\boldsymbol{\beta}_3,\boldsymbol{\beta}_4)=$

$$\begin{pmatrix}1&3&-2&2\\0&2&-1&3\\-2&0&1&5\end{pmatrix}\xrightarrow{\text{初等行变换}}\begin{pmatrix}1&3&-2&2\\0&2&-1&3\\0&0&0&0\end{pmatrix}=\boldsymbol{B}$$

易见 $\mathrm{rank}\boldsymbol{A}=\mathrm{rank}\boldsymbol{B}=2$，从而 T 的秩为 2；又 $\boldsymbol{B}$ 的第 1,2 列线性无关，所以 $\boldsymbol{A}$ 的 1,2 列也线性无关，故 $\boldsymbol{\beta}_1,\boldsymbol{\beta}_2$ 是向量组 T 的一个极大无关组.

二、等价向量组

定义 4.10　设有两个 n 维向量组

$$T_1:\ \boldsymbol{\alpha}_1,\boldsymbol{\alpha}_2,\cdots,\boldsymbol{\alpha}_r;\qquad T_2:\ \boldsymbol{\beta}_1,\boldsymbol{\beta}_2,\cdots,\boldsymbol{\beta}_s$$

如果 $\boldsymbol{\alpha}_i(i=1,2,\cdots,r)$ 可由 $\boldsymbol{\beta}_1,\boldsymbol{\beta}_2,\cdots,\boldsymbol{\beta}_s$ 线性表示，则称**向量组 T_1 可由向量组 T_2 线性表示**；如果向量组 T_1 与向量组 T_2 可以互相线性表示，则称**向量组 T_1 与向量组 T_2 等价**.

向量组之间的等价关系具有下述性质：

(i) 反身性：向量组 T_1 与向量组 T_1 自身等价；

(ii) 对称性：若向量组 T_1 与 T_2 等价，则向量组 T_2 与 T_1 等价；

(iii) 传递性：若向量组 T_1 与 T_2 等价，向量组 T_2 与 T_3 等价，则向量组 T_1 与 T_3 等价.

定理 4.8　向量组与它的任意一个极大无关组等价.

证　设向量组 T 的一个极大无关组为 $T_1:\boldsymbol{\alpha}_1,\boldsymbol{\alpha}_2,\cdots,\boldsymbol{\alpha}_r$. 因为 T_1 是 T 的一个部分组，所以 T_1 可由 T 线性表示.

另一方面，对于 T 中的任一向量 $\boldsymbol{\alpha}$，当 $\boldsymbol{\alpha}$ 在 T_1 中时，$\boldsymbol{\alpha}$ 可由 T_1 线性表示；当 $\boldsymbol{\alpha}$ 不在 T_1 中时，由于 $\boldsymbol{\alpha}_1,\boldsymbol{\alpha}_2,\cdots,\boldsymbol{\alpha}_r,\boldsymbol{\alpha}$ 是 T 中的 $r+1$ 个向量，所以线性相关，由定理 4.2 知，$\boldsymbol{\alpha}$ 可由 T_1 线性表示. 因此，T 可由 T_1 线性表示，故 T 与 T_1 等价.　　证毕

推论　向量组的任意两个极大无关组等价.

证　设向量组 T 的两个极大无关组为 T_1 和 T_2. 由 T 与 T_1 等价及 T 与 T_2 等价可得，T_1 可由 T 线性表示，且 T 可由 T_2 线性表示，从而 T_1 可由 T_2 线性表示. 同理可得 T_2 可由 T_1 线性表示. 故 T_1 与 T_2 等价.　　证毕

定理 4.9　设有两个 n 维向量组

$$T_1:\boldsymbol{\alpha}_1,\boldsymbol{\alpha}_2,\cdots,\boldsymbol{\alpha}_r;\qquad T_2:\boldsymbol{\beta}_1,\boldsymbol{\beta}_2,\cdots,\boldsymbol{\beta}_s$$

若 T_1 线性无关，且 T_1 可由 T_2 线性表示，则 $r\leqslant s$.

证　不妨设 T_1 与 T_2 都是列向量组，构造向量组

$$T:\quad \boldsymbol{\alpha}_1,\cdots,\boldsymbol{\alpha}_r,\boldsymbol{\beta}_1,\cdots,\boldsymbol{\beta}_s$$

及 $n\times(r+s)$ 矩阵

$$\boldsymbol{A}=(\boldsymbol{\alpha}_1,\cdots,\boldsymbol{\alpha}_r,\boldsymbol{\beta}_1,\cdots,\boldsymbol{\beta}_s)$$

因为 T_1 可由 T_2 线性表示，所以

$$\boldsymbol{A}\xrightarrow{\text{初等列变换}}(\boldsymbol{0},\cdots,\boldsymbol{0},\boldsymbol{\beta}_1,\cdots,\boldsymbol{\beta}_s)$$

于是可得 $\mathrm{rank}\boldsymbol{A}\leqslant s$，从而向量组 T 的秩不超过 s. 又由 T_1 线性无关知，向量组 T 的秩至少为 r，故 $r\leqslant s$.　　证毕

推论 1　设向量组 T_1 的秩为 r，向量组 T_2 的秩为 s，如果 T_1 可由 T_2 线性表示，则 $r\leqslant s$.

证　不妨设 T_1 与 T_2 的极大无关组分别为

$$(\text{Ⅰ}):\boldsymbol{\alpha}_1,\boldsymbol{\alpha}_2,\cdots,\boldsymbol{\alpha}_r;\qquad(\text{Ⅱ}):\boldsymbol{\beta}_1,\boldsymbol{\beta}_2,\cdots,\boldsymbol{\beta}_s$$

因为 T_1 可由 T_2 线性表示,T_2 可由(Ⅱ)线性表示,所以(Ⅰ)可由(Ⅱ)线性表示. 由定理 4.9 可得 $r \leqslant s$. 证毕

推论 2 等价向量组的秩相同.

例 4.9 设有矩阵 $\boldsymbol{A}_{m\times r}$ 与 $\boldsymbol{B}_{r\times n}$,证明

$$\operatorname{rank}(\boldsymbol{AB}) \leqslant \min\{\operatorname{rank}\boldsymbol{A}, \operatorname{rank}\boldsymbol{B}\} \tag{4.3}$$

证 设 $\boldsymbol{A}=(a_{ij})_{m\times r}$,$\boldsymbol{B}$ 的行向量组为 $\boldsymbol{b}_1,\boldsymbol{b}_2,\cdots,\boldsymbol{b}_r$, $\boldsymbol{C}=\boldsymbol{AB}$ 的行向量组为 $\boldsymbol{c}_1,\boldsymbol{c}_2,\cdots,\boldsymbol{c}_m$,则有

$$\boldsymbol{c}_i = a_{i1}\boldsymbol{b}_1 + a_{i2}\boldsymbol{b}_2 + \cdots + a_{ir}\boldsymbol{b}_r \qquad (i=1,2,\cdots,m)$$

即 $\boldsymbol{C}$ 的行向量组 $\boldsymbol{c}_1,\boldsymbol{c}_2,\cdots,\boldsymbol{c}_m$ 可由 $\boldsymbol{B}$ 的行向量组线性表示. 由定理 4.6 及定理 4.9 的推论 1 知,$\operatorname{rank}\boldsymbol{C} \leqslant \operatorname{rank}\boldsymbol{B}$. 又有

$$\operatorname{rank}\boldsymbol{C} = \operatorname{rank}\boldsymbol{C}^{\mathrm{T}} = \operatorname{rank}(\boldsymbol{B}^{\mathrm{T}}\boldsymbol{A}^{\mathrm{T}}) \leqslant \operatorname{rank}\boldsymbol{A}^{\mathrm{T}} = \operatorname{rank}\boldsymbol{A}$$

故式(4.3)成立.

§4.4 向量空间

本节讨论对加法和数乘运算封闭的 n 维向量的集合 —— 向量空间,及其所具有的基本性质.

一、向量空间的概念

定义 4.11 设 V 为非空的 n 维实向量集合,如果对向量的加法运算和数乘运算满足:

(1) 对任意 $\boldsymbol{\alpha} \in V, \boldsymbol{\beta} \in V$,有 $\boldsymbol{\alpha}+\boldsymbol{\beta} \in V$ (称为对加法封闭);

(2) 对任意 $\boldsymbol{\alpha} \in V, k \in \mathbf{R}$,有 $k\boldsymbol{\alpha} \in V$ (称为对数乘封闭).

则称集合 V 为**向量空间**.

例如,$\mathbf{R}^n = \{\boldsymbol{x}=(x_1,x_2,\cdots,x_n) \mid x_1,x_2,\cdots,x_n \in \mathbf{R}\}$ 是向量空间;$V_1 = \{\boldsymbol{x}=(0,x_2,\cdots,x_n) \mid x_2,\cdots,x_n \in \mathbf{R}\}$ 是向量空间;$V_2=\{\boldsymbol{x}=(1,x_2,\cdots,x_n) \mid x_2,\cdots,x_n \in \mathbf{R}\}$ 不是向量空间,因为 $\boldsymbol{\alpha}=(1,a_2,\cdots,a_n) \in V_2$ 时,$2\boldsymbol{\alpha}=(2,2a_2,\cdots,2a_n) \overline{\in} V_2$;单独一个零向量构成的集合是向量空间.

例 4.10 已知 n 维向量 $\boldsymbol{\alpha}_1,\boldsymbol{\alpha}_2,\cdots,\boldsymbol{\alpha}_m (m \geqslant 1)$,判断集合

$$V=\{\boldsymbol{x}=k_1\boldsymbol{\alpha}_1+k_2\boldsymbol{\alpha}_2+\cdots+k_m\boldsymbol{\alpha}_m \mid k_1,k_2,\cdots,k_m \in \mathbf{R}\} \tag{4.4}$$

是否为向量空间.

解 因为 $\boldsymbol{\alpha}_1 \in V$,所以 V 非空. 设 $\boldsymbol{\alpha} \in V, \boldsymbol{\beta} \in V$,则

$$\boldsymbol{\alpha}=k_1\boldsymbol{\alpha}_1+k_2\boldsymbol{\alpha}_2+\cdots+k_m\boldsymbol{\alpha}_m, \quad \boldsymbol{\beta}=l_1\boldsymbol{\alpha}_1+l_2\boldsymbol{\alpha}_2+\cdots+l_m\boldsymbol{\alpha}_m$$

于是有

$$\boldsymbol{\alpha}+\boldsymbol{\beta}=(k_1+l_1)\boldsymbol{\alpha}_1+(k_2+l_2)\boldsymbol{\alpha}_2+\cdots+(k_m+l_m)\boldsymbol{\alpha}_m \in V$$

$$k\boldsymbol{\alpha}=(kk_1)\boldsymbol{\alpha}_1+(kk_2)\boldsymbol{\alpha}_2+\cdots+(kk_m)\boldsymbol{\alpha}_m\in V\quad(k\in\mathbf{R})$$

故 V 是向量空间.

例 4.10 中的向量空间称为由**向量 $\boldsymbol{\alpha}_1,\boldsymbol{\alpha}_2,\cdots,\boldsymbol{\alpha}_m$ 生成的向量空间**,记作 $L(\boldsymbol{\alpha}_1,\boldsymbol{\alpha}_2,\cdots,\boldsymbol{\alpha}_m)$.

定义 4.12　设有两个 n 维向量集合 V_1 与 V_2,如果 $V_1\subset V_2$,且 V_1 与 V_2 都是向量空间,则称 V_1 是 V_2 的**子空间**.

例如,前面提到的向量空间 $L(\boldsymbol{\alpha}_1,\boldsymbol{\alpha}_2,\cdots,\boldsymbol{\alpha}_m)$ 是向量空间 $\mathbf{R}^n$ 的子空间.

例 4.11　设向量组 $\boldsymbol{\alpha}_1,\boldsymbol{\alpha}_2,\cdots,\boldsymbol{\alpha}_m$ 与向量组 $\boldsymbol{\beta}_1,\boldsymbol{\beta}_2,\cdots,\boldsymbol{\beta}_s$ 等价,记 $V_1=L(\boldsymbol{\alpha}_1,\boldsymbol{\alpha}_2,\cdots,\boldsymbol{\alpha}_m)$,$V_2=L(\boldsymbol{\beta}_1,\boldsymbol{\beta}_2,\cdots,\boldsymbol{\beta}_s)$,试证 $V_1=V_2$.

证　设 $\boldsymbol{\alpha}\in V_1$,则 $\boldsymbol{\alpha}$ 可由 $\boldsymbol{\alpha}_1,\boldsymbol{\alpha}_2,\cdots,\boldsymbol{\alpha}_m$ 线性表示. 因为 $\boldsymbol{\alpha}_1,\boldsymbol{\alpha}_2,\cdots,\boldsymbol{\alpha}_m$ 可由 $\boldsymbol{\beta}_1,\boldsymbol{\beta}_2,\cdots,\boldsymbol{\beta}_s$ 线性表示,所以 $\boldsymbol{\alpha}$ 可由 $\boldsymbol{\beta}_1,\boldsymbol{\beta}_2,\cdots,\boldsymbol{\beta}_s$ 线性表示,即 $\boldsymbol{\alpha}\in V_2$,于是 $V_1\subset V_2$.

类似地可得:若 $\boldsymbol{\alpha}\in V_2$,则 $\boldsymbol{\alpha}\in V_1$,从而 $V_2\subset V_1$. 故 $V_1=V_2$.

定义 4.13　设 V 为向量空间,若

(1) V 中有 r 个向量 $\boldsymbol{\alpha}_1,\boldsymbol{\alpha}_2,\cdots,\boldsymbol{\alpha}_r$ 线性无关;

(2) V 中任一向量 $\boldsymbol{\alpha}$ 都可由 $\boldsymbol{\alpha}_1,\boldsymbol{\alpha}_2,\cdots,\boldsymbol{\alpha}_r$ 线性表示,

则称 $\boldsymbol{\alpha}_1,\boldsymbol{\alpha}_2,\cdots,\boldsymbol{\alpha}_r$ 为 V 的一个**基**,称数 r 为 V 的**维数**,记作 $\dim V$,即 $\dim V=r$. 规定只含零向量的向量空间的维数为 0. 维数为 r 的向量空间 V 称为 **r 维向量空间**(注意 V 中向量的维数为 n).

容易验证,向量空间 $\mathbf{R}^n$ 的一个基为 $\boldsymbol{\varepsilon}_1,\boldsymbol{\varepsilon}_2,\cdots,\boldsymbol{\varepsilon}_n$,所以 $\dim\mathbf{R}^n=n$,即 $\mathbf{R}^n$ 是 n 维向量空间.

定义 4.13 中的条件(2) 保证了 V 中任意 $r+1$ 个向量一定线性相关. 因此,若 $\dim V-r$,则 V 中任意 r 个线性无关的向量都可以作为 V 的一个基(请读者自己验证).

例 4.12　设向量空间 V 的一个基为 $\boldsymbol{\alpha}_1,\boldsymbol{\alpha}_2,\cdots,\boldsymbol{\alpha}_r$,则 $V=L(\boldsymbol{\alpha}_1,\boldsymbol{\alpha}_2,\cdots,\boldsymbol{\alpha}_r)$.

证　对任意 $\boldsymbol{\alpha}\in V$,由定义 4.13 知,$\boldsymbol{\alpha}$ 可由 $\boldsymbol{\alpha}_1,\boldsymbol{\alpha}_2,\cdots,\boldsymbol{\alpha}_r$ 线性表示,即有

$$\boldsymbol{\alpha}=k_1\boldsymbol{\alpha}_1+k_2\boldsymbol{\alpha}_2+\cdots+k_r\boldsymbol{\alpha}_r\in L(\boldsymbol{\alpha}_1,\boldsymbol{\alpha}_2,\cdots,\boldsymbol{\alpha}_r)$$

所以 $V\subset L(\boldsymbol{\alpha}_1,\boldsymbol{\alpha}_2,\cdots,\boldsymbol{\alpha}_r)$.

显然 $L(\boldsymbol{\alpha}_1,\boldsymbol{\alpha}_2,\cdots,\boldsymbol{\alpha}_r)\subset V$,故 $V=L(\boldsymbol{\alpha}_1,\boldsymbol{\alpha}_2,\cdots,\boldsymbol{\alpha}_r)$.

V_1 是 V_2 的子空间时,由例 4.11 及定理 4.9 知,$\dim V_1\leqslant\dim V_2$. 注意到 $\dim\mathbf{R}^n=n$,可得:任何由 n 维向量构成的向量空间的维数都不超过 n.

定义 4.14　设向量空间 V 的一个基为 $\boldsymbol{\alpha}_1,\boldsymbol{\alpha}_2,\cdots,\boldsymbol{\alpha}_r$. 对 $\boldsymbol{\alpha}\in V$,有

$$\boldsymbol{\alpha}=x_1\boldsymbol{\alpha}_1+x_2\boldsymbol{\alpha}_2+\cdots+x_r\boldsymbol{\alpha}_r\quad(x_1,x_2,\cdots,x_r\in\mathbf{R})$$

称数组 $(x_1,x_2,\cdots,x_r)^{\mathrm{T}}$ 为向量 $\boldsymbol{\alpha}$ 在基 $\boldsymbol{\alpha}_1,\boldsymbol{\alpha}_2,\cdots,\boldsymbol{\alpha}_r$ 下的**坐标**.

注意,向量空间 V 中的向量 $\boldsymbol{\alpha}$ 是 n 维向量,而 $\boldsymbol{\alpha}$ 在给定基下的坐标构成 r 维向量,两者是不同的. 即使 $r=n$,它们一般也不相同.

例 4.13 在向量空间 $\mathbf{R}^3$ 中,给定基 $\boldsymbol{\alpha}_1=(1,1,1)$,$\boldsymbol{\alpha}_2=(1,1,-1)$,$\boldsymbol{\alpha}_3=(1,-1,-1)$. 求 $\boldsymbol{\alpha}=(1,2,1)$ 在基 $\boldsymbol{\alpha}_1,\boldsymbol{\alpha}_2,\boldsymbol{\alpha}_3$ 下的坐标.

解 设 $\boldsymbol{\alpha}=x_1\boldsymbol{\alpha}_1+x_2\boldsymbol{\alpha}_2+x_3\boldsymbol{\alpha}_3$,比较等号两端向量的对应分量,可得线性方程组

$$\begin{cases}x_1+x_2+x_3=1\\x_1+x_2-x_3=2\\x_1-x_2-x_3=1\end{cases}$$

解此方程组,得 $x_1=1,x_2=\dfrac{1}{2},x_3=-\dfrac{1}{2}$. 即 $\boldsymbol{\alpha}$ 在给定基下的坐标为 $\left(1,\dfrac{1}{2},-\dfrac{1}{2}\right)^{\mathrm{T}}$.

由定理 4.2 知,向量空间 V 中的向量 $\boldsymbol{\alpha}$ 在基 $\boldsymbol{\alpha}_1,\boldsymbol{\alpha}_2,\cdots,\boldsymbol{\alpha}_r$ 下的坐标 $(x_1,x_2,\cdots,x_r)^{\mathrm{T}}$ 是唯一的,因此在给定基下,向量 $\boldsymbol{\alpha}$ 与它的坐标 $(x_1,x_2,\cdots,x_r)^{\mathrm{T}}$ 是一一对应的.

二、正交基

定义 4.15 设向量空间 V 的一个基为 $\boldsymbol{\alpha}_1,\boldsymbol{\alpha}_2,\cdots,\boldsymbol{\alpha}_r$,如果

$$[\boldsymbol{\alpha}_i,\boldsymbol{\alpha}_j]=0 \quad (i\neq j;\ i,j=1,2,\cdots,r) \tag{4.5}$$

则称 $\boldsymbol{\alpha}_1,\boldsymbol{\alpha}_2,\cdots,\boldsymbol{\alpha}_r$ 为 V 的**正交基**. 如果还有

$$\|\boldsymbol{\alpha}_i\|=1 \quad (i=1,2,\cdots,r) \tag{4.6}$$

则称 $\boldsymbol{\alpha}_1,\boldsymbol{\alpha}_2,\cdots,\boldsymbol{\alpha}_r$ 为 V 的**标准正交基**.

例如,向量空间 $\mathbf{R}^n$ 中的单位坐标向量组 $\boldsymbol{\varepsilon}_1,\boldsymbol{\varepsilon}_2,\cdots,\boldsymbol{\varepsilon}_n$ 就是 $\mathbf{R}^n$ 的标准正交基.

给定了向量空间 V 的一个正交基 $\boldsymbol{\alpha}_1,\boldsymbol{\alpha}_2,\cdots,\boldsymbol{\alpha}_r$ 时,计算 V 中向量 $\boldsymbol{\alpha}$ 在该基下的坐标 $(x_1,x_2,\cdots,x_r)^{\mathrm{T}}$ 将会十分方便. 例如

$$\boldsymbol{\alpha}=x_1\boldsymbol{\alpha}_1+x_2\boldsymbol{\alpha}_2+\cdots+x_r\boldsymbol{\alpha}_r$$

两端与向量 $\boldsymbol{\alpha}_i$ 作内积,并利用条件式(4.5),可得

$$[\boldsymbol{\alpha},\boldsymbol{\alpha}_i]=x_i[\boldsymbol{\alpha}_i,\boldsymbol{\alpha}_i]$$

从而有

$$x_i=\frac{[\boldsymbol{\alpha},\boldsymbol{\alpha}_i]}{[\boldsymbol{\alpha}_i,\boldsymbol{\alpha}_i]} \quad (i=1,2,\cdots,r)$$

当 $\boldsymbol{\alpha}_1,\boldsymbol{\alpha}_2,\cdots,\boldsymbol{\alpha}_r$ 还是标准正交基时,利用条件式(4.6),可得

$$x_i=[\boldsymbol{\alpha},\boldsymbol{\alpha}_i] \quad (i=1,2,\cdots,r)$$

下面介绍从向量空间 V 的一个基出发，构造 V 的一个正交基的**施密特(Schmidt)正交化方法**. 设 V 的一个基为 $\boldsymbol{\alpha}_1,\boldsymbol{\alpha}_2,\cdots,\boldsymbol{\alpha}_r$，令

$$\boldsymbol{\beta}_1=\boldsymbol{\alpha}_1,\qquad \boldsymbol{\beta}_2=\boldsymbol{\alpha}_2+k_{21}\boldsymbol{\beta}_1$$

要求$[\boldsymbol{\beta}_2,\boldsymbol{\beta}_1]=0$，可得 $k_{21}=-\dfrac{[\boldsymbol{\alpha}_2,\boldsymbol{\beta}_1]}{[\boldsymbol{\beta}_1,\boldsymbol{\beta}_1]}$. 显然 $\boldsymbol{\beta}_2\neq\mathbf{0}$，否则 $\boldsymbol{\alpha}_1,\boldsymbol{\alpha}_2$ 线性相关，产生矛盾．再令

$$\boldsymbol{\beta}_3=\boldsymbol{\alpha}_3+k_{32}\boldsymbol{\beta}_2+k_{31}\boldsymbol{\beta}_1$$

要求$[\boldsymbol{\beta}_3,\boldsymbol{\beta}_j]=0$，可得 $k_{3j}=-\dfrac{[\boldsymbol{\alpha}_3,\boldsymbol{\beta}_j]}{[\boldsymbol{\beta}_j,\boldsymbol{\beta}_j]}\ (j=1,2)$. 同理可知 $\boldsymbol{\beta}_3\neq\mathbf{0}$. 如此下去 ……. 最后令

$$\boldsymbol{\beta}_r=\boldsymbol{\alpha}_r+k_{r,r-1}\boldsymbol{\beta}_{r-1}+\cdots+k_{r1}\boldsymbol{\beta}_1$$

要求$[\boldsymbol{\beta}_r,\boldsymbol{\beta}_j]=0$，可得 $k_{rj}=-\dfrac{[\boldsymbol{\alpha}_r,\boldsymbol{\beta}_j]}{[\boldsymbol{\beta}_j,\boldsymbol{\beta}_j]}\ (j=1,2,\cdots,r-1)$. 同理可知 $\boldsymbol{\beta}_r\neq\mathbf{0}$.
于是得到：

(1) $\boldsymbol{\beta}_1,\boldsymbol{\beta}_2,\cdots,\boldsymbol{\beta}_r$ 是两两正交的非零向量，从而线性无关；

(2) $\boldsymbol{\beta}_1,\boldsymbol{\beta}_2,\cdots,\boldsymbol{\beta}_r$ 与 $\boldsymbol{\alpha}_1,\boldsymbol{\alpha}_2,\cdots,\boldsymbol{\alpha}_r$ 等价(请读者自己验证)，从而 $\boldsymbol{\beta}_1,\boldsymbol{\beta}_2,\cdots,\boldsymbol{\beta}_r$ 是 V 的一个正交基；

(3) 令 $\boldsymbol{\gamma}_i=\dfrac{1}{\|\boldsymbol{\beta}_i\|}\boldsymbol{\beta}_i\,(i=1,2,\cdots,r)$，可得 V 的一个标准正交基 $\boldsymbol{\gamma}_1,\boldsymbol{\gamma}_2,\cdots,\boldsymbol{\gamma}_r$.

例 4.14　已知 $\boldsymbol{\alpha}_1=(1,1,0,0)$，$\boldsymbol{\alpha}_2=(1,0,1,0)$，$\boldsymbol{\alpha}_3=(-1,0,0,1)$，求向量空间 $V=L(\boldsymbol{\alpha}_1,\boldsymbol{\alpha}_2,\boldsymbol{\alpha}_3)$ 的一个正交基.

解　因为 $\boldsymbol{\alpha}_1,\boldsymbol{\alpha}_2,\boldsymbol{\alpha}_3$ 线性无关，所以可取 $\boldsymbol{\alpha}_1,\boldsymbol{\alpha}_2,\boldsymbol{\alpha}_3$ 为 V 的基．进行正交化，可得

$$\boldsymbol{\beta}_1=\boldsymbol{\alpha}_1=(1,1,0,0)$$

$$\boldsymbol{\beta}_2=\boldsymbol{\alpha}_2-\frac{[\boldsymbol{\alpha}_2,\boldsymbol{\beta}_1]}{[\boldsymbol{\beta}_1,\boldsymbol{\beta}_1]}\boldsymbol{\beta}_1=\boldsymbol{\alpha}_2-\frac{1}{2}\boldsymbol{\beta}_1=\left(\frac{1}{2},-\frac{1}{2},1,0\right)$$

$$\boldsymbol{\beta}_3=\boldsymbol{\alpha}_3-\frac{[\boldsymbol{\alpha}_3,\boldsymbol{\beta}_2]}{[\boldsymbol{\beta}_2,\boldsymbol{\beta}_2]}\boldsymbol{\beta}_2-\frac{[\boldsymbol{\alpha}_3,\boldsymbol{\beta}_1]}{[\boldsymbol{\beta}_1,\boldsymbol{\beta}_1]}\boldsymbol{\beta}_1=\boldsymbol{\alpha}_3+\frac{1}{3}\boldsymbol{\beta}_2+\frac{1}{2}\boldsymbol{\beta}_1=\left(-\frac{1}{3},\frac{1}{3},\frac{1}{3},1\right)$$

即 $\boldsymbol{\beta}_1,\boldsymbol{\beta}_2,\boldsymbol{\beta}_3$ 为 V 的正交基.

三、基变换与坐标变换

由上面的讨论已经知道，向量空间 V 的基不是唯一的．V 中的向量 $\boldsymbol{\alpha}$ 在两个不同基下的坐标一般也不相同．下面主要研究 V 中两个不同基之间的关系及向量 $\boldsymbol{\alpha}$ 在不同基下坐标之间的关系.

设向量空间 V 的两个基为

$$(\text{Ⅰ}):\boldsymbol{\alpha}_1,\boldsymbol{\alpha}_2,\cdots,\boldsymbol{\alpha}_r;\quad(\text{Ⅱ}):\boldsymbol{\beta}_1,\boldsymbol{\beta}_2,\cdots,\boldsymbol{\beta}_r$$

由于基(Ⅱ)可由基(Ⅰ)线性表示,所以有

$$\left.\begin{aligned}\boldsymbol{\beta}_1&=c_{11}\boldsymbol{\alpha}_1+c_{21}\boldsymbol{\alpha}_2+\cdots+c_{r1}\boldsymbol{\alpha}_r\\\boldsymbol{\beta}_2&=c_{12}\boldsymbol{\alpha}_1+c_{22}\boldsymbol{\alpha}_2+\cdots+c_{r2}\boldsymbol{\alpha}_r\\&\vdots\\\boldsymbol{\beta}_r&=c_{1r}\boldsymbol{\alpha}_1+c_{2r}\boldsymbol{\alpha}_2+\cdots+c_{rr}\boldsymbol{\alpha}_r\end{aligned}\right\}\tag{4.7}$$

令矩阵 $\boldsymbol{C}=(c_{ij})_{r\times r}$,称 $\boldsymbol{C}$ 为由基(Ⅰ)到基(Ⅱ)的**过渡矩阵**.

引入矩阵的形式运算(按矩阵的乘法运算规则),可将式(4.7)写为

$$(\boldsymbol{\beta}_1,\boldsymbol{\beta}_2,\cdots,\boldsymbol{\beta}_r)=(\boldsymbol{\alpha}_1,\boldsymbol{\alpha}_2,\cdots,\boldsymbol{\alpha}_r)\boldsymbol{C}\tag{4.8}$$

称式(4.7)或式(4.8)为由基(Ⅰ)到基(Ⅱ)的**基变换公式**.

注意,式(4.8)的右端在作矩阵乘法运算之前,只能将 $\boldsymbol{\alpha}_i$ 当作一个"量"看待,无论它本身是行向量,还是列向量,都不能直接代入进行运算.式(4.8)的右端按矩阵乘法规则运算之后,比较等号两端的对应"分量"(也将 $\boldsymbol{\beta}_i$ 当做一个"量"看待),可得式(4.7).

定理 4.10 过渡矩阵 $\boldsymbol{C}$ 是可逆的.

证 采用反证法.如果 $\det\boldsymbol{C}=0$,则存在 r 维非零列向量 $\boldsymbol{x}=(k_1,k_2,\cdots,k_r)^{\mathrm{T}}$,使得 $\boldsymbol{Cx}=\boldsymbol{0}$. 于是

$$k_1\boldsymbol{\beta}_1+k_2\boldsymbol{\beta}_2+\cdots+k_r\boldsymbol{\beta}_r=(\boldsymbol{\beta}_1,\boldsymbol{\beta}_2,\cdots,\boldsymbol{\beta}_r)\boldsymbol{x}=(\boldsymbol{\alpha}_1,\boldsymbol{\alpha}_2,\cdots,\boldsymbol{\alpha}_r)\boldsymbol{Cx}=\boldsymbol{0}$$

即 $\boldsymbol{\beta}_1,\boldsymbol{\beta}_2,\cdots,\boldsymbol{\beta}_r$ 线性相关,这与 $\boldsymbol{\beta}_1,\boldsymbol{\beta}_2,\cdots,\boldsymbol{\beta}_r$ 是基矛盾. 故 $\det\boldsymbol{C}\neq0$,即 $\boldsymbol{C}$ 可逆.

证毕

式(4.8)两端右乘 $\boldsymbol{C}^{-1}$,可得由基(Ⅱ)到基(Ⅰ)的基变换公式

$$(\boldsymbol{\alpha}_1,\boldsymbol{\alpha}_2,\cdots,\boldsymbol{\alpha}_r)=(\boldsymbol{\beta}_1,\boldsymbol{\beta}_2,\cdots,\boldsymbol{\beta}_r)\boldsymbol{C}^{-1}$$

由基(Ⅱ)到基(Ⅰ)的过渡矩阵为 $\boldsymbol{C}^{-1}$.

设 V 中的向量 $\boldsymbol{\alpha}$ 在基(Ⅰ)与基(Ⅱ)下的坐标分别为 $(x_1,x_2,\cdots,x_r)^{\mathrm{T}}$ 与 $(y_1,y_2,\cdots,y_r)^{\mathrm{T}}$,则有

$$\boldsymbol{\alpha}=x_1\boldsymbol{\alpha}_1+x_2\boldsymbol{\alpha}_2+\cdots+x_r\boldsymbol{\alpha}_r=(\boldsymbol{\alpha}_1,\boldsymbol{\alpha}_2,\cdots,\boldsymbol{\alpha}_r)\begin{pmatrix}x_1\\x_2\\\vdots\\x_r\end{pmatrix}$$

$$\boldsymbol{\alpha}=y_1\boldsymbol{\beta}_1+y_2\boldsymbol{\beta}_2+\cdots+y_r\boldsymbol{\beta}_r=$$

$$(\boldsymbol{\beta}_1,\boldsymbol{\beta}_2,\cdots,\boldsymbol{\beta}_r)\begin{pmatrix}y_1\\y_2\\\vdots\\y_r\end{pmatrix}=(\boldsymbol{\alpha}_1,\boldsymbol{\alpha}_2,\cdots,\boldsymbol{\alpha}_r)\boldsymbol{C}\begin{pmatrix}y_1\\y_2\\\vdots\\y_r\end{pmatrix}$$

由于 $\boldsymbol{\alpha}$ 在基(Ⅰ)下的坐标唯一，所以

$$\begin{pmatrix} x_1 \\ x_2 \\ \vdots \\ x_r \end{pmatrix} = \boldsymbol{C} \begin{pmatrix} y_1 \\ y_2 \\ \vdots \\ y_r \end{pmatrix} \quad 或 \quad \begin{pmatrix} y_1 \\ y_2 \\ \vdots \\ y_r \end{pmatrix} = \boldsymbol{C}^{-1} \begin{pmatrix} x_1 \\ x_2 \\ \vdots \\ x_r \end{pmatrix} \tag{4.9}$$

称式(4.9)为向量 $\boldsymbol{\alpha}$ 在基(Ⅰ)与基(Ⅱ)下的**坐标变换公式**.

例 4.15　已知 $\mathbf{R}^4$ 的两个基

$$(\text{Ⅰ}):\begin{cases} \boldsymbol{\alpha}_1 = (1,1,2,1) \\ \boldsymbol{\alpha}_2 = (0,1,1,2) \\ \boldsymbol{\alpha}_3 = (0,0,3,1) \\ \boldsymbol{\alpha}_4 = (0,0,1,0) \end{cases} \qquad (\text{Ⅱ}):\begin{cases} \boldsymbol{\beta}_1 = (1,-1,0,0) \\ \boldsymbol{\beta}_2 = (1,0,0,0) \\ \boldsymbol{\beta}_3 = (0,0,3,2) \\ \boldsymbol{\beta}_4 = (0,0,1,1) \end{cases}$$

(1) 求由基(Ⅰ)到基(Ⅱ)的过渡矩阵；

(2) 求 $\boldsymbol{\beta} = \boldsymbol{\beta}_1 + \boldsymbol{\beta}_2 + \boldsymbol{\beta}_3 - 5\boldsymbol{\beta}_4$ 在基(Ⅰ)下的坐标.

解　直接按式(4.7)确定过渡矩阵比较麻烦，本题采用"中介基"法求过渡矩阵．取 $\mathbf{R}^4$ 的基 $\boldsymbol{\varepsilon}_1,\boldsymbol{\varepsilon}_2,\boldsymbol{\varepsilon}_3,\boldsymbol{\varepsilon}_4$，则有

$$(\boldsymbol{\alpha}_1,\boldsymbol{\alpha}_2,\boldsymbol{\alpha}_3,\boldsymbol{\alpha}_4) = (\boldsymbol{\varepsilon}_1,\boldsymbol{\varepsilon}_2,\boldsymbol{\varepsilon}_3,\boldsymbol{\varepsilon}_4)\boldsymbol{A}, \quad (\boldsymbol{\beta}_1,\boldsymbol{\beta}_2,\boldsymbol{\beta}_3,\boldsymbol{\beta}_4) = (\boldsymbol{\varepsilon}_1,\boldsymbol{\varepsilon}_2,\boldsymbol{\varepsilon}_3,\boldsymbol{\varepsilon}_4)\boldsymbol{B}$$

其中

$$\boldsymbol{A} = \begin{pmatrix} 1 & 0 & 0 & 0 \\ 1 & 1 & 0 & 0 \\ 2 & 1 & 3 & 1 \\ 1 & 2 & 1 & 0 \end{pmatrix}, \quad \boldsymbol{B} = \begin{pmatrix} 1 & 1 & 0 & 0 \\ -1 & 0 & 0 & 0 \\ 0 & 0 & 3 & 1 \\ 0 & 0 & 2 & 1 \end{pmatrix}$$

从而 $(\boldsymbol{\beta}_1,\boldsymbol{\beta}_2,\boldsymbol{\beta}_3,\boldsymbol{\beta}_4) = (\boldsymbol{\alpha}_1,\boldsymbol{\alpha}_2,\boldsymbol{\alpha}_3,\boldsymbol{\alpha}_4)\boldsymbol{A}^{-1}\boldsymbol{B}$，即由基(Ⅰ)到基(Ⅱ)的过渡矩阵为

$$\boldsymbol{C} = \boldsymbol{A}^{-1}\boldsymbol{B} = \begin{pmatrix} 1 & 0 & 0 & 0 \\ -1 & 1 & 0 & 0 \\ 1 & -2 & 0 & 1 \\ -4 & 5 & 1 & -3 \end{pmatrix}\boldsymbol{B} = \begin{pmatrix} 1 & 1 & 0 & 0 \\ -2 & -1 & 0 & 0 \\ 3 & 1 & 2 & 1 \\ -9 & -4 & -3 & -2 \end{pmatrix}$$

又 $\boldsymbol{\beta}$ 在基(Ⅱ)下的坐标为

$$(y_1,y_2,y_3,y_4)^{\mathrm{T}} = (1,1,1,-5)^{\mathrm{T}}$$

由坐标变换公式求得

$$\begin{pmatrix} x_1 \\ x_2 \\ x_3 \\ x_4 \end{pmatrix} = \boldsymbol{C} \begin{pmatrix} y_1 \\ y_2 \\ y_3 \\ y_4 \end{pmatrix} = \begin{pmatrix} 1 & 1 & 0 & 0 \\ -2 & -1 & 0 & 0 \\ 3 & 1 & 2 & 1 \\ -9 & -4 & -3 & -2 \end{pmatrix} \begin{pmatrix} 1 \\ 1 \\ 1 \\ -5 \end{pmatrix} = \begin{pmatrix} 2 \\ -3 \\ 1 \\ -6 \end{pmatrix}$$

即 $\boldsymbol{\beta}$ 在基(Ⅰ)下的坐标为 $(2,-3,1,-6)^{\mathrm{T}}$.

§4.5 线性方程组解的结构

在 §3.3 中讨论了求解线性方程组式(3.1) 的消元法．若令

$$\boldsymbol{A}=\begin{pmatrix} a_{11} & a_{12} & \cdots & a_{1n} \\ a_{21} & a_{22} & \cdots & a_{2n} \\ \vdots & \vdots & & \vdots \\ a_{m1} & a_{m2} & \cdots & a_{mn} \end{pmatrix},\quad \boldsymbol{b}=\begin{pmatrix} b_1 \\ b_2 \\ \vdots \\ b_m \end{pmatrix},\quad \boldsymbol{x}=\begin{pmatrix} x_1 \\ x_2 \\ \vdots \\ x_n \end{pmatrix}$$

则线性方程组式(3.1) 可写成矩阵形式

$$\boldsymbol{Ax}=\boldsymbol{b} \tag{4.10}$$

对应的齐次线性方程组为

$$\boldsymbol{Ax}=\boldsymbol{0} \tag{4.11}$$

前面已经得到下列结论：

(1) 若$(\boldsymbol{A} \vdots \boldsymbol{b}) \xrightarrow{\text{初等行变换}} (\boldsymbol{B} \vdots \boldsymbol{d})$，则 $\boldsymbol{Ax}=\boldsymbol{b}$ 与 $\boldsymbol{Bx}=\boldsymbol{d}$ 同解；

(2) $\boldsymbol{Ax}=\boldsymbol{0}$ 有非零解的充分必要条件是 $\operatorname{rank}\boldsymbol{A}<n$；

(3) $\boldsymbol{Ax}=\boldsymbol{b}$ 有解的充分必要条件是 $\operatorname{rank}\boldsymbol{A}=\operatorname{rank}\hat{\boldsymbol{A}}$，其中 $\hat{\boldsymbol{A}}=(\boldsymbol{A} \vdots \boldsymbol{b})$；

(4) 若 $\operatorname{rank}\boldsymbol{A}=\operatorname{rank}\hat{\boldsymbol{A}}=r$，即 $\boldsymbol{Ax}=\boldsymbol{b}$ 有解，则 $r=n$ 时，$\boldsymbol{Ax}=\boldsymbol{b}$ 有唯一解；$r<n$ 时，$\boldsymbol{Ax}=\boldsymbol{b}$ 有无穷多解.

将线性方程组的解排成的列向量称为**解向量**．本节将用向量形式研究线性方程组解的性质与结构.

一、齐次线性方程组

构造齐次线性方程组式(4.11) 的解向量集合

$$S=\{\boldsymbol{x} \mid \boldsymbol{Ax}=\boldsymbol{0}, \boldsymbol{x} \in \mathbf{R}^n\}$$

因为 $\boldsymbol{0} \in S$，所以 S 非空．当 $\boldsymbol{x} \in S, \boldsymbol{y} \in S, k \in \mathbf{R}$ 时，由 $\boldsymbol{A}(\boldsymbol{x}+\boldsymbol{y})=\boldsymbol{Ax}+\boldsymbol{Ay}=\boldsymbol{0}$ 及 $\boldsymbol{A}(k\boldsymbol{x})=k(\boldsymbol{Ax})=\boldsymbol{0}$ 知，$\boldsymbol{x}+\boldsymbol{y} \in S, k\boldsymbol{x} \in S$. 因此，$S$ 是向量空间，称之为齐次线性方程组式(4.11) 的**解空间**．S 的基称为齐次线性方程组式(4.11) 的**基础解系**.

设 $\operatorname{rank}\boldsymbol{A}=r<n$，且不妨设齐次线性方程组式(4.11) 的通解为(见式(3.6))

$$\left.\begin{aligned}
x_1 &= -b_{1,r+1}k_1 - b_{1,r+2}k_2 - \cdots - b_{1n}k_{n-r} \\
&\ \ \vdots \\
x_r &= -b_{r,r+1}k_1 - b_{r,r+2}k_2 - \cdots - b_{rn}k_{n-r} \\
x_{r+1} &= \qquad k_1 \\
x_{r+2} &= \qquad\qquad k_2 \\
&\ \ \vdots \\
x_n &= \qquad\qquad\qquad k_{n-r}
\end{aligned}\right\} \tag{4.12}$$

其中 $k_1,k_2,\cdots,k_{n-r}$ 为任意常数．依次取

$$\begin{pmatrix} k_1 \\ k_2 \\ \vdots \\ k_{n-r} \end{pmatrix} = \begin{pmatrix} 1 \\ 0 \\ \vdots \\ 0 \end{pmatrix}, \begin{pmatrix} 0 \\ 1 \\ \vdots \\ 0 \end{pmatrix}, \cdots, \begin{pmatrix} 0 \\ 0 \\ \vdots \\ 1 \end{pmatrix} \tag{4.13}$$

可得齐次线性方程组式(4.11)的 $n-r$ 个解向量

$$\boldsymbol{\xi}_1 = \begin{pmatrix} -b_{1,r+1} \\ \vdots \\ -b_{r,r+1} \\ 1 \\ 0 \\ \vdots \\ 0 \end{pmatrix}, \quad \boldsymbol{\xi}_2 = \begin{pmatrix} -b_{1,r+2} \\ \vdots \\ -b_{r,r+2} \\ 0 \\ 1 \\ \vdots \\ 0 \end{pmatrix}, \quad \cdots, \quad \boldsymbol{\xi}_{n-r} = \begin{pmatrix} -b_{1n} \\ \vdots \\ -b_{rn} \\ 0 \\ 0 \\ \vdots \\ 1 \end{pmatrix} \tag{4.14}$$

于是式(4.12)可改写为

$$\boldsymbol{x} = k_1\boldsymbol{\xi}_1 + k_2\boldsymbol{\xi}_2 + \cdots + k_{n-r}\boldsymbol{\xi}_{n-r} \tag{4.15}$$

式(4.15)表明，齐次线性方程组式(4.11)的任意解向量都可由 $\boldsymbol{\xi}_1,\boldsymbol{\xi}_2,\cdots,\boldsymbol{\xi}_{n-r}$ 线性表示，又向量组 $\boldsymbol{\xi}_1,\boldsymbol{\xi}_2,\cdots,\boldsymbol{\xi}_{n-r}$ 线性无关，所以 $\boldsymbol{\xi}_1,\boldsymbol{\xi}_2,\cdots,\boldsymbol{\xi}_{n-r}$ 是解空间 S 的一个基，也就是齐次线性方程组式(4.11)的一个基础解系．于是，解空间的维数 $\dim S = n-r$，即基础解系中所含解向量的个数，等于方程组中未知数的个数减去系数矩阵的秩．

例 4.16　设 $\boldsymbol{A} = \begin{pmatrix} 1 & 2 & 2 & 0 \\ 1 & 3 & 4 & -2 \\ 1 & 1 & 0 & 2 \end{pmatrix}$，求齐次线性方程组 $\boldsymbol{Ax}=\boldsymbol{0}$ 的一个基础解系．

解　$\boldsymbol{A} \xrightarrow{\text{初等行变换}} \begin{pmatrix} 1 & 0 & -2 & 4 \\ 0 & 1 & 2 & -2 \\ 0 & 0 & 0 & 0 \end{pmatrix}$

$\operatorname{rank}\boldsymbol{A}=2$，基础解系中含有 $4-2=2$ 个解向量．同解方程组为

$$\begin{cases} x_1 = 2x_3 - 4x_4 \\ x_2 = -2x_3 + 2x_4 \end{cases}$$

依次取 $\begin{pmatrix} x_3 \\ x_4 \end{pmatrix} = \begin{pmatrix} 1 \\ 0 \end{pmatrix}, \begin{pmatrix} 0 \\ 1 \end{pmatrix}$，求得 $\begin{pmatrix} x_1 \\ x_2 \end{pmatrix} = \begin{pmatrix} 2 \\ -2 \end{pmatrix}, \begin{pmatrix} -4 \\ 2 \end{pmatrix}$. 故 $\boldsymbol{Ax} = \boldsymbol{0}$ 的基础解系为

$$\boldsymbol{\xi}_1 = \begin{pmatrix} 2 \\ -2 \\ 1 \\ 0 \end{pmatrix}, \quad \boldsymbol{\xi}_2 = \begin{pmatrix} -4 \\ 2 \\ 0 \\ 1 \end{pmatrix}$$

实际上，式(4.13) 中 $k_1, k_2, \cdots, k_{n-r}$ 的取法有许多种，只要使式(4.13) 的 $n-r$ 个列向量线性无关，则由式(4.12) 求得的 $n-r$ 个解向量就是齐次线性方程组式(4.11) 的基础解系. 不过按式(4.13) 的取法比较简单.

二、非齐次线性方程组

当非齐次线性方程组 $\boldsymbol{Ax} = \boldsymbol{b}$ 有解时，设 $\boldsymbol{\eta}^*$ 是它的一个解向量(称为**特解**)，$\boldsymbol{\eta}$ 是它的任一解向量. 由于

$$\boldsymbol{A}(\boldsymbol{\eta} - \boldsymbol{\eta}^*) = \boldsymbol{A\eta} - \boldsymbol{A\eta}^* = \boldsymbol{b} - \boldsymbol{b} = \boldsymbol{0}$$

所以 $\boldsymbol{\eta} - \boldsymbol{\eta}^*$ 是对应的齐次方程组 $\boldsymbol{Ax} = \boldsymbol{0}$ 的解，从而可由 $\boldsymbol{Ax} = \boldsymbol{0}$ 的基础解系线性表示，即

$$\boldsymbol{\eta} - \boldsymbol{\eta}^* = k_1\boldsymbol{\xi}_1 + k_2\boldsymbol{\xi}_2 + \cdots + k_{n-r}\boldsymbol{\xi}_{n-r}$$

也即

$$\boldsymbol{\eta} = \boldsymbol{\eta}^* + k_1\boldsymbol{\xi}_1 + k_2\boldsymbol{\xi}_2 + \cdots + k_{n-r}\boldsymbol{\xi}_{n-r} \tag{4.16}$$

其中 $k_1, k_2, \cdots, k_{n-r}$ 是任意常数. 另外易验证上式右端向量是 $\boldsymbol{Ax} = \boldsymbol{b}$ 的解向量，故式(4.16) 给出了 $\boldsymbol{Ax} = \boldsymbol{b}$ 的通解.

式(4.16) 表明，非齐次线性方程组 $\boldsymbol{Ax} = \boldsymbol{b}$ 的通解可以表示为它的一个特解与对应的齐次线性方程组 $\boldsymbol{Ax} = \boldsymbol{0}$ 的通解之和.

例 4.17 设 $\boldsymbol{A} = \begin{pmatrix} 1 & 2 & 2 & 0 \\ 1 & 3 & 4 & -2 \\ 1 & 1 & 0 & 2 \end{pmatrix}$，$\boldsymbol{b} = \begin{pmatrix} 5 \\ 6 \\ 4 \end{pmatrix}$，求线性方程组 $\boldsymbol{Ax} = \boldsymbol{b}$ 的通解.

解 $$\hat{\boldsymbol{A}} = \left(\begin{array}{cccc:c} 1 & 2 & 2 & 0 & 5 \\ 1 & 3 & 4 & -2 & 6 \\ 1 & 1 & 0 & 2 & 4 \end{array}\right) \xrightarrow{\text{初等行变换}} \left(\begin{array}{cccc:c} 1 & 0 & -2 & 4 & 3 \\ 0 & 1 & 2 & -2 & 1 \\ 0 & 0 & 0 & 0 & 0 \end{array}\right)$$

可见 $\mathrm{rank}\boldsymbol{A} = \mathrm{rank}\hat{\boldsymbol{A}} = 2$，线性方程组 $\boldsymbol{Ax} = \boldsymbol{b}$ 有解，同解线性方程组为

$$\begin{cases} x_1 = 3 + 2x_3 - 4x_4 \\ x_2 = 1 - 2x_3 + 2x_4 \end{cases}$$

取 $x_3=x_4=0$ 得一个特解 $\boldsymbol{\eta}^*=(3,1,0,0)^{\mathrm{T}}$. 例 4.16 已求得齐次线性方程组 $\boldsymbol{Ax}=\boldsymbol{0}$ 的一个基础解系为 $\boldsymbol{\xi}_1=(2,-2,1,0)^{\mathrm{T}},\boldsymbol{\xi}_2=(-4,2,0,1)^{\mathrm{T}}$. 于是线性方程组 $\boldsymbol{Ax}=\boldsymbol{b}$ 的通解为

$$\boldsymbol{x}=\boldsymbol{\eta}^*+k_1\boldsymbol{\xi}_1+k_2\boldsymbol{\xi}_2 \quad (k_1,k_2\text{ 为任意常数})$$

例 4.18　设有 3 元非齐次线性方程组 $\boldsymbol{Ax}=\boldsymbol{b}$, 且 $\mathrm{rank}\boldsymbol{A}=2$, 又它的三个解向量 $\boldsymbol{\eta}_1,\boldsymbol{\eta}_2,\boldsymbol{\eta}_3$ 满足

$$\boldsymbol{\eta}_1+\boldsymbol{\eta}_2=(2,0,-2)^{\mathrm{T}},\quad \boldsymbol{\eta}_1+\boldsymbol{\eta}_3=(3,1,-1)^{\mathrm{T}}$$

求线性方程组 $\boldsymbol{Ax}=\boldsymbol{b}$ 的通解.

解　由 $\mathrm{rank}\boldsymbol{A}=2$ 知, 齐次线性方程组 $\boldsymbol{Ax}=\boldsymbol{0}$ 的基础解系含一个解向量. 因为

$$\boldsymbol{A}[(\boldsymbol{\eta}_1+\boldsymbol{\eta}_3)-(\boldsymbol{\eta}_1+\boldsymbol{\eta}_2)]=\boldsymbol{A}(\boldsymbol{\eta}_1+\boldsymbol{\eta}_3)-\boldsymbol{A}(\boldsymbol{\eta}_1+\boldsymbol{\eta}_2)=(\boldsymbol{b}+\boldsymbol{b})-(\boldsymbol{b}+\boldsymbol{b})=\boldsymbol{0}$$

所以
$$\boldsymbol{\xi}=(\boldsymbol{\eta}_1+\boldsymbol{\eta}_3)-(\boldsymbol{\eta}_1+\boldsymbol{\eta}_2)=(1,1,1)^{\mathrm{T}}$$
是 $\boldsymbol{Ax}=\boldsymbol{0}$ 的一个基础解系. 又

$$\boldsymbol{A}\left[\frac{1}{2}(\boldsymbol{\eta}_1+\boldsymbol{\eta}_2)\right]=\frac{1}{2}(\boldsymbol{b}+\boldsymbol{b})=\boldsymbol{b}$$

所以
$$\boldsymbol{\eta}^*=\frac{1}{2}(\boldsymbol{\eta}_1+\boldsymbol{\eta}_2)=(1,0,-1)^{\mathrm{T}}$$
是 $\boldsymbol{Ax}=\boldsymbol{b}$ 的一个特解. 于是可得 $\boldsymbol{Ax}=\boldsymbol{b}$ 的通解为

$$\boldsymbol{x}=\begin{pmatrix}1\\0\\-1\end{pmatrix}+k\begin{pmatrix}1\\1\\1\end{pmatrix}\quad (k\text{ 为任意常数})$$

例 4.19　设 $\boldsymbol{A}$ 是 $m\times n$ 矩阵, 且 $\mathrm{rank}\boldsymbol{A}=n-2$. 若非齐次线性方程组 $\boldsymbol{Ax}=\boldsymbol{b}$ 的解向量 $\boldsymbol{\eta}_0,\boldsymbol{\eta}_1,\boldsymbol{\eta}_2$ 线性无关, 证明: $\boldsymbol{\eta}_1-\boldsymbol{\eta}_0,\boldsymbol{\eta}_2-\boldsymbol{\eta}_0$ 是齐次线性方程组 $\boldsymbol{Ax}=\boldsymbol{0}$ 的一个基础解系.

证　由 $\mathrm{rank}\boldsymbol{A}=n-2$ 知, $\boldsymbol{Ax}=\boldsymbol{0}$ 的基础解系含两个解向量. 容易验证, $\boldsymbol{\xi}_1=\boldsymbol{\eta}_1-\boldsymbol{\eta}_0$ 和 $\boldsymbol{\xi}_2=\boldsymbol{\eta}_2-\boldsymbol{\eta}_0$ 都是 $\boldsymbol{Ax}=\boldsymbol{0}$ 的解向量. 下面证明 $\boldsymbol{\xi}_1,\boldsymbol{\xi}_2$ 线性无关. 设一组数 k_1,k_2 使 $k_1\boldsymbol{\xi}_1+k_2\boldsymbol{\xi}_2=\boldsymbol{0}$, 即

$$-(k_1+k_2)\boldsymbol{\eta}_0+k_1\boldsymbol{\eta}_1+k_2\boldsymbol{\eta}_2=\boldsymbol{0}$$

因为 $\boldsymbol{\eta}_0,\boldsymbol{\eta}_1,\boldsymbol{\eta}_2$ 线性无关, 所以 $k_1+k_2=0,k_1=0,k_2=0$. 故 $\boldsymbol{\xi}_1,\boldsymbol{\xi}_2$ 线性无关, 从而可作为 $\boldsymbol{Ax}=\boldsymbol{0}$ 的一个基础解系.

利用线性方程组的理论, 还可以证明与矩阵的秩有关的一些结论.

例 4.20　设 $\boldsymbol{A}$ 是 $m\times n$ 矩阵, $\boldsymbol{B}$ 是 $n\times l$ 矩阵, 且 $\boldsymbol{AB}=\boldsymbol{O}$, 证明:

$$\mathrm{rank}\boldsymbol{A}+\mathrm{rank}\boldsymbol{B}\leqslant n.$$

证　设 $\boldsymbol{B}=(\boldsymbol{\beta}_1,\boldsymbol{\beta}_2,\cdots,\boldsymbol{\beta}_l)$, 其中 $\boldsymbol{\beta}_1,\boldsymbol{\beta}_2,\cdots,\boldsymbol{\beta}_l$ 是 $\boldsymbol{B}$ 的列向量组, 则由

$$AB = A(\boldsymbol{\beta}_1, \boldsymbol{\beta}_2, \cdots, \boldsymbol{\beta}_l) = O$$

得 $A\boldsymbol{\beta}_i = \mathbf{0}(i=1,2,\cdots,l)$，即 $\boldsymbol{\beta}_i(i=1,2,\cdots,l)$ 是齐次线性方程组 $A\boldsymbol{x}=\mathbf{0}$ 的解向量，从而它们都可由 $A\boldsymbol{x}=\mathbf{0}$ 的基础解系线性表示．但 $A\boldsymbol{x}=\mathbf{0}$ 的基础解系含有 $n-\mathrm{rank}A$ 个解向量，于是

$$\mathrm{rank}B - \mathrm{rank}\{\boldsymbol{\beta}_1, \boldsymbol{\beta}_2, \cdots \boldsymbol{\beta}_l\} \leqslant n - \mathrm{rank}A$$

故得 $\mathrm{rank}A + \mathrm{rank}B \leqslant n$.

例 4.21 设 $A=(a_{ij})_{n\times n}$ 是 n 阶方阵，证明

$$\mathrm{rank}A^* = \begin{cases} n, & \mathrm{rank}A = n \\ 1, & \mathrm{rank}A = n-1 \\ 0, & \mathrm{rank}A < n-1 \end{cases}$$

证 当 $\mathrm{rank}A=n$ 时，$\det A \neq 0$. 由 $AA^* = (\det A)E$ 得 $\det A \det A^* = (\det A)^n$，即 $\det A^* = (\det A)^{n-1} \neq 0$，故 $\mathrm{rank}A^* = n$.

当 $\mathrm{rank}A < n-1$ 时，A 的每一个 $n-1$ 阶子式均为 0，从而元素 a_{ij} 的代数余子式 $A_{ij}=0$，故 $A^* = (A_{ji})_{n\times n} = O$，即 $\mathrm{rank}A^*=0$.

当 $\mathrm{rank}A=n-1$ 时，$\det A=0$，于是 $AA^*=(\det A)E=O$，从而由例 4.20 的结果知 $\mathrm{rank}A+\mathrm{rank}A^* \leqslant n$，即

$$\mathrm{rank}A^* \leqslant n - \mathrm{rank}A = n-(n-1) = 1$$

但 A 中至少有一个 $n-1$ 阶的非零子式，即某个 $A_{ij} \neq 0$，从而 $\mathrm{rank}A^* \geqslant 1$，故 $\mathrm{rank}A^*=1$.

习 题 四

1. 已知 $\boldsymbol{\alpha}_1=(1,1,0)$，$\boldsymbol{\alpha}_2=(0,1,1)$，$\boldsymbol{\alpha}_3=(1,1,1)$，向量 $\boldsymbol{\alpha}$ 满足

$$2(\boldsymbol{\alpha}-\boldsymbol{\alpha}_1)+3(\boldsymbol{\alpha}_2-\boldsymbol{\alpha})=5(\boldsymbol{\alpha}+\boldsymbol{\alpha}_3)$$

求 $\boldsymbol{\alpha}$.

2. k 取何值时，向量 $\boldsymbol{\alpha}=(1,2,k,k)$ 与 $\boldsymbol{\beta}=(2,k,k,1)$ 正交？

3. 将向量 $\boldsymbol{\alpha}=(1,9,2,6)$ 表示成 $\boldsymbol{\alpha}_1=(-1,2,0,3)$，$\boldsymbol{\alpha}_2=(2,3,0,1)$，$\boldsymbol{\alpha}_3=(-2,1,2,1)$ 的线性组合．

4. 判断下列向量组的线性相关性：

(1) $\boldsymbol{\alpha}_1=(1,2,1,4)$，$\boldsymbol{\alpha}_2=(1,1,1,1)$，$\boldsymbol{\alpha}_3=(3,2,3,0)$；

(2) $\boldsymbol{\alpha}_1=(3,1,0,2)$，$\boldsymbol{\alpha}_2=(-1,1,2,1)$，$\boldsymbol{\alpha}_3=(1,3,4,1)$；

(3) $\boldsymbol{\alpha}_1=\begin{pmatrix}1\\2\\-1\\-1\end{pmatrix}$，$\boldsymbol{\alpha}_2=\begin{pmatrix}2\\-1\\-1\\1\end{pmatrix}$，$\boldsymbol{\alpha}_3=\begin{pmatrix}0\\2\\1\\3\end{pmatrix}$；

(4) $\boldsymbol{\alpha}_1=\begin{pmatrix}1\\1\\0\end{pmatrix},\boldsymbol{\alpha}_2=\begin{pmatrix}1\\1\\1\end{pmatrix},\boldsymbol{\alpha}_3=\begin{pmatrix}2\\a\\b\end{pmatrix}$,这里 a,b 都是实数.

5. 设 $\boldsymbol{\alpha}_1,\boldsymbol{\alpha}_2,\cdots,\boldsymbol{\alpha}_m$ 为 n 维向量组,令 $\boldsymbol{\beta}_1=\boldsymbol{\alpha}_1+\boldsymbol{\alpha}_2,\boldsymbol{\beta}_2=\boldsymbol{\alpha}_2+\boldsymbol{\alpha}_3,\cdots,\boldsymbol{\beta}_m=\boldsymbol{\alpha}_m+\boldsymbol{\alpha}_1$,证明:

(1) 当 m 为偶数时,$\boldsymbol{\beta}_1,\boldsymbol{\beta}_2,\cdots,\boldsymbol{\beta}_m$ 线性相关;

(2) 当 m 为奇数时,若 $\boldsymbol{\alpha}_1,\boldsymbol{\alpha}_2,\cdots,\boldsymbol{\alpha}_m$ 线性无关,则 $\boldsymbol{\beta}_1,\boldsymbol{\beta}_2,\cdots,\boldsymbol{\beta}_m$ 线性无关.

6. 已知向量组(Ⅰ):$\boldsymbol{\alpha}_1,\boldsymbol{\alpha}_2,\boldsymbol{\alpha}_3,\boldsymbol{\alpha}_4$;讨论向量组(Ⅱ):$\boldsymbol{\beta}_1=\boldsymbol{\alpha}_1+\boldsymbol{\alpha}_2+\boldsymbol{\alpha}_3,\boldsymbol{\beta}_2=\boldsymbol{\alpha}_2+\boldsymbol{\alpha}_3+\boldsymbol{\alpha}_4,\boldsymbol{\beta}_3=\boldsymbol{\alpha}_1+\boldsymbol{\alpha}_3+\boldsymbol{\alpha}_4,\boldsymbol{\beta}_4=\boldsymbol{\alpha}_1+\boldsymbol{\alpha}_2+\boldsymbol{\alpha}_4$ 的线性相关性.

7. 求下列向量组的秩和一个极大无关组:

(1)$\boldsymbol{\alpha}_1=(1,0,1,0,1),\boldsymbol{\alpha}_2=(0,1,0,1,0),\boldsymbol{\alpha}_3=(2,1,2,1,2),\boldsymbol{\alpha}_4=(2,1,0,1,2)$;

(2) $\boldsymbol{\beta}_1=\begin{pmatrix}1\\1\\1\\k\end{pmatrix},\boldsymbol{\beta}_2=\begin{pmatrix}1\\1\\k\\1\end{pmatrix},\boldsymbol{\beta}_3=\begin{pmatrix}1\\2\\1\\1\end{pmatrix}$,这里 k 为实数.

8. 确定向量 $\boldsymbol{\beta}_3=(2,a,b)$,使向量组 $\boldsymbol{\beta}_1=(1,1,0),\boldsymbol{\beta}_2=(1,1,1),\boldsymbol{\beta}_3$ 与向量组 $\boldsymbol{\alpha}_1=(0,1,1),\boldsymbol{\alpha}_2=(1,2,1),\boldsymbol{\alpha}_3=(1,0,-1)$ 的秩相同,且 $\boldsymbol{\beta}_3$ 可由 $\boldsymbol{\alpha}_1,\boldsymbol{\alpha}_2,\boldsymbol{\alpha}_3$ 线性表示.

9. 设 n 维向量组(Ⅰ):$\boldsymbol{\alpha}_1,\boldsymbol{\alpha}_2,\cdots,\boldsymbol{\alpha}_m$ 与(Ⅱ):$\boldsymbol{\beta}_1,\boldsymbol{\beta}_2,\cdots,\boldsymbol{\beta}_s$ 的秩相同,且向量组(Ⅱ)可由向量组(Ⅰ)线性表示,证明向量组(Ⅰ)与(Ⅱ)等价.

10. 判断下列向量集合是否为向量空间?若是向量空间,试求其维数,并给出一个基.

(1) $V_1=\{\boldsymbol{x}=(x_1,x_2,\cdots,x_n)\mid x_1,x_2,\cdots,x_n\in\mathbf{R}$ 且 $x_1-x_n=0\}$

(2) $V_2=\{\boldsymbol{x}=(x_1,x_2,\cdots,x_n)\mid x_1,x_2,\cdots,x_n\in\mathbf{R}$ 且 $x_1-x_n=1\}$

11. 已知 n 维向量组 $\boldsymbol{\alpha}_1,\boldsymbol{\alpha}_2,\cdots,\boldsymbol{\alpha}_m$,证明:向量组 $\boldsymbol{\alpha}_1,\boldsymbol{\alpha}_2,\cdots,\boldsymbol{\alpha}_m$ 的极大无关组是向量空间 $L(\boldsymbol{\alpha}_1,\boldsymbol{\alpha}_2,\cdots,\boldsymbol{\alpha}_m)$ 的基.

12. 已知 $\boldsymbol{\alpha}_1=(1,1,0,0)^{\mathrm{T}},\boldsymbol{\alpha}_2=(1,0,1,0)^{\mathrm{T}},\boldsymbol{\alpha}_3=(-1,0,0,1)^{\mathrm{T}}$,求向量空间 $V=L(\boldsymbol{\alpha}_1,\boldsymbol{\alpha}_2,\boldsymbol{\alpha}_3)$ 的一个正交基.

13. 已知 $\boldsymbol{\alpha}_1=(1,1,0,0),\boldsymbol{\alpha}_2=(1,0,1,1),\boldsymbol{\beta}_1=(2,-1,3,3),\boldsymbol{\beta}_2=(0,1,-1,-1)$. 设 $V_1=L(\boldsymbol{\alpha}_1,\boldsymbol{\alpha}_2),V_2=L(\boldsymbol{\beta}_1,\boldsymbol{\beta}_2)$. 证明 $V_1=V_2$.

14. 设 $\mathbf{R}^4$ 的两个基为

(Ⅰ): $\boldsymbol{\alpha}_1=\begin{pmatrix}5\\2\\0\\0\end{pmatrix},\quad\boldsymbol{\alpha}_2=\begin{pmatrix}2\\1\\0\\0\end{pmatrix},\quad\boldsymbol{\alpha}_3=\begin{pmatrix}0\\0\\8\\5\end{pmatrix},\quad\boldsymbol{\alpha}_4=\begin{pmatrix}0\\0\\3\\2\end{pmatrix}$

$$(\text{Ⅱ}): \boldsymbol{\beta}_1=\begin{pmatrix}1\\0\\0\\0\end{pmatrix},\quad \boldsymbol{\beta}_2=\begin{pmatrix}0\\2\\0\\0\end{pmatrix},\quad \boldsymbol{\beta}_3=\begin{pmatrix}0\\1\\2\\0\end{pmatrix},\quad \boldsymbol{\beta}_4=\begin{pmatrix}1\\0\\1\\1\end{pmatrix}$$

(1) 求由基(Ⅰ)到基(Ⅱ)的过渡矩阵;

(2) 求 $\boldsymbol{\beta}=3\boldsymbol{\beta}_1+2\boldsymbol{\beta}_2+\boldsymbol{\beta}_3$ 在基(Ⅰ)下的坐标.

15. 设4维向量空间 V 的两个基(Ⅰ):$\boldsymbol{\alpha}_1,\boldsymbol{\alpha}_2,\boldsymbol{\alpha}_3,\boldsymbol{\alpha}_4$ 和(Ⅱ):$\boldsymbol{\beta}_1,\boldsymbol{\beta}_2,\boldsymbol{\beta}_3,\boldsymbol{\beta}_4$ 满足

$$\begin{cases}\boldsymbol{\alpha}_1+2\boldsymbol{\alpha}_2=\boldsymbol{\beta}_3\\ \boldsymbol{\alpha}_2+2\boldsymbol{\alpha}_3=\boldsymbol{\beta}_4\end{cases},\quad \begin{cases}\boldsymbol{\beta}_1+2\boldsymbol{\beta}_2=\boldsymbol{\alpha}_3\\ \boldsymbol{\beta}_2+2\boldsymbol{\beta}_3=\boldsymbol{\alpha}_4\end{cases}$$

(1) 求由基(Ⅰ)到基(Ⅱ)的过渡矩阵;

(2) 判断是否存在非零向量 $\boldsymbol{\alpha}\in V$,使 $\boldsymbol{\alpha}$ 在基(Ⅰ)与基(Ⅱ)下的坐标相同.

16. 求下列齐次线性方程组的一个基础解系:

(1) $\begin{cases}x_1+x_2+2x_3-x_4=0\\ 2x_1+x_2+x_3-x_4=0\\ 2x_1+2x_2+x_3+2x_4=0\end{cases}$;

(2) $\begin{cases}x_1+x_2+x_3+x_4+x_5=0\\ 3x_1+2x_2+x_3+x_4-3x_5=0\\ x_2+2x_3+2x_4+6x_5=0\\ 5x_1+4x_2+3x_3+3x_4-x_5=0\end{cases}$;

(3) $\begin{cases}2x_1+3x_2-x_3+5x_4=0\\ 3x_1+x_2+2x_3-7x_4=0\\ 4x_1+x_2-3x_3+6x_4=0\\ x_1-2x_2+4x_3-7x_4=0\end{cases}$.

17. 设 $\boldsymbol{A}=\begin{pmatrix}1&2&3&4\\c&1&1&c\\4&3&2&1\end{pmatrix}$, $\boldsymbol{b}=\begin{pmatrix}2k\\k\\3k\end{pmatrix}$ $(k\in\mathbf{R})$,求线性方程组 $\boldsymbol{Ax}=\boldsymbol{b}$ 的通解(用向量形式表示).

18. 已知 $\boldsymbol{\alpha}_1=\begin{pmatrix}1\\4\\0\\2\end{pmatrix}$, $\boldsymbol{\alpha}_2=\begin{pmatrix}2\\7\\1\\3\end{pmatrix}$, $\boldsymbol{\alpha}_3=\begin{pmatrix}0\\1\\-1\\a\end{pmatrix}$, $\boldsymbol{\beta}=\begin{pmatrix}3\\10\\b\\4\end{pmatrix}$

其中 $a,b\in\mathbf{R}$. 问:

(1) a,b 取何值时,$\boldsymbol{\beta}$ 不能由 $\boldsymbol{\alpha}_1,\boldsymbol{\alpha}_2,\boldsymbol{\alpha}_3$ 线性表示?

(2) a,b 取何值时，$\boldsymbol{\beta}$ 可以由 $\boldsymbol{\alpha}_1,\boldsymbol{\alpha}_2,\boldsymbol{\alpha}_3$ 线性表示？

(3) a,b 取何值时，$\boldsymbol{\beta}$ 可以由 $\boldsymbol{\alpha}_1,\boldsymbol{\alpha}_2,\boldsymbol{\alpha}_3$ 唯一线性表示？

19. 设四元非齐次线性方程组的系数矩阵的秩为 3，已知 $\boldsymbol{\eta}_1,\boldsymbol{\eta}_2,\boldsymbol{\eta}_3$ 是它的三个解向量，且

$$\boldsymbol{\eta}_1=(2,3,4,5)^{\mathrm{T}},\qquad \boldsymbol{\eta}_2+\boldsymbol{\eta}_3=(1,2,3,4)^{\mathrm{T}}$$

求该方程组的通解.

20. 设 $\boldsymbol{\eta}_0,\boldsymbol{\eta}_1,\cdots,\boldsymbol{\eta}_{n-r}$ 是非齐次线性方程组 $\boldsymbol{Ax}=\boldsymbol{b}$ 的 $n-r+1$ 个线性无关的解向量，其中 $\boldsymbol{A}$ 是秩为 r 的 $m\times n$ 矩阵．求证：$\boldsymbol{\eta}_1-\boldsymbol{\eta}_0,\boldsymbol{\eta}_2-\boldsymbol{\eta}_0,\cdots,\boldsymbol{\eta}_{n-r}-\boldsymbol{\eta}_0$ 是对应齐次线性方程组 $\boldsymbol{Ax}=\boldsymbol{0}$ 的一个基础解系.

21. 设 $\boldsymbol{A}$ 是 $m\times n$ 矩阵，$\boldsymbol{\eta}_1$ 与 $\boldsymbol{\eta}_2$ 是非齐次线性方程组 $\boldsymbol{Ax}=\boldsymbol{b}$ 的两个不同的解向量，$\boldsymbol{\xi}$ 是对应的齐次线性方程组 $\boldsymbol{Ax}=\boldsymbol{0}$ 的非零解向量．证明：若 $\operatorname{rank}\boldsymbol{A}=n-1$，则向量组 $\boldsymbol{\xi},\boldsymbol{\eta}_1,\boldsymbol{\eta}_2$ 线性相关．

第五章　矩阵的相似变换

相似变换是矩阵的一种重要变换．本章主要研究矩阵在相似变换下能否化为对角矩阵的问题，这一问题与矩阵的特征值和特征向量有着密切的联系．本章介绍的特征值与特征向量、矩阵的相似对角化等概念，在系统理论、控制理论以及经济规划理论等方面都有重要的应用.

§5.1　方阵的特征值与特征向量

定义 5.1　设 $\boldsymbol{A}$ 是 n 阶方阵，如果数 λ 和 n 维非零列向量 $\boldsymbol{x}$ 使关系式

$$\boldsymbol{A}\boldsymbol{x}=\lambda\boldsymbol{x} \tag{5.1}$$

成立，则称数 λ 为方阵 $\boldsymbol{A}$ 的**特征值**，非零向量 $\boldsymbol{x}$ 称为 $\boldsymbol{A}$ 的对应于特征值 λ 的**特征向量**.

下面来讨论如何求方阵 $\boldsymbol{A}$ 的特征值与相应的特征向量．式(5.1)可改写为

$$(\boldsymbol{A}-\lambda\boldsymbol{E})\boldsymbol{x}=\boldsymbol{0} \tag{5.2}$$

这是 n 个未知数 n 个方程的齐次线性方程组，它有非零解(要求特征向量 $\boldsymbol{x}\neq\boldsymbol{0}$)的充分必要条件是系数行列式

$$\det(\boldsymbol{A}-\lambda\boldsymbol{E})=0 \tag{5.3}$$

即

$$\begin{vmatrix} a_{11}-\lambda & a_{12} & \cdots & a_{1n} \\ a_{21} & a_{22}-\lambda & \cdots & a_{2n} \\ \vdots & \vdots & & \vdots \\ a_{n1} & a_{n2} & \cdots & a_{nn}-\lambda \end{vmatrix}=0$$

显然它是以 λ 为未知数的一元 n 次方程，称为方阵 $\boldsymbol{A}$ 的**特征方程**．n 次多项式 $\det(\boldsymbol{A}-\lambda\boldsymbol{E})$ 称为方阵 $\boldsymbol{A}$ 的**特征多项式**，而 $\boldsymbol{A}$ 的特征值就是特征方程的根．由于一元 n 次方程在复数范围内有 n 个根(重根按重数计算)，所以 n 阶方阵 $\boldsymbol{A}$ 有 n 个特征值.

由上述讨论可得到矩阵 $\boldsymbol{A}$ 的特征值与特征向量的求法：

(1) 计算 $\boldsymbol{A}$ 的特征多项式 $\det(\boldsymbol{A}-\lambda\boldsymbol{E})$；

(2) 求特征方程 $\det(\boldsymbol{A}-\lambda\boldsymbol{E})=0$ 的 n 个根 $\lambda_1,\lambda_2,\cdots,\lambda_n$，它们是 $\boldsymbol{A}$ 的全部

特征值；

(3) 对于特征值λ_i，求出齐次线性方程组$(\boldsymbol{A}-\lambda_i\boldsymbol{E})\boldsymbol{x}=\boldsymbol{0}$的非零解向量，即得$\boldsymbol{A}$的对应于$\lambda_i$的特征向量.

例 5.1　求矩阵$\boldsymbol{A}=\begin{pmatrix}1&2&2\\2&1&2\\2&2&1\end{pmatrix}$的特征值与特征向量.

解　$\boldsymbol{A}$的特征多项式

$$\det(\boldsymbol{A}-\lambda\boldsymbol{E})=\begin{vmatrix}1-\lambda&2&2\\2&1-\lambda&2\\2&2&1-\lambda\end{vmatrix}=-(\lambda-5)(\lambda+1)^2$$

所以$\boldsymbol{A}$的特征值为$\lambda_1=5,\lambda_2=\lambda_3=-1$.

对于特征值$\lambda_1=5$，解线性方程组$(\boldsymbol{A}-5\boldsymbol{E})\boldsymbol{x}=\boldsymbol{0}$. 由于

$$\boldsymbol{A}-5\boldsymbol{E}=\begin{pmatrix}-4&2&2\\2&-4&2\\2&2&-4\end{pmatrix}\xrightarrow{\text{初等行变换}}\begin{pmatrix}1&0&-1\\0&1&-1\\0&0&0\end{pmatrix}$$

得同解方程组$\begin{cases}x_1=x_3\\x_2=x_3\end{cases}$，故基础解系为

$$\boldsymbol{p}_1=(1,\ 1,\ 1)^{\mathrm{T}}$$

所以$k\boldsymbol{p}_1(k\neq 0)$是对应于$\lambda_1=5$的全部特征向量.

对于特征值$\lambda_2=\lambda_3=-1$，解线性方程组$(\boldsymbol{A}+\boldsymbol{E})\boldsymbol{x}=\boldsymbol{0}$. 由于

$$\boldsymbol{A}+\boldsymbol{E}=\begin{pmatrix}2&2&2\\2&2&2\\2&2&2\end{pmatrix}\xrightarrow{\text{初等行变换}}\begin{pmatrix}1&1&1\\0&0&0\\0&0&0\end{pmatrix}$$

得同解方程组$x_1=-x_2-x_3$，故基础解系为

$$\boldsymbol{p}_2=(-1,\ 1,\ 0)^{\mathrm{T}},\qquad \boldsymbol{p}_3=(-1,\ 0,\ 1)^{\mathrm{T}}$$

所以对应于$\lambda_2=\lambda_3=-1$的全部特征向量为

$$k_2\boldsymbol{p}_2+k_3\boldsymbol{p}_3\quad(k_2,k_3\text{ 不同时为 }0)$$

在这个例子中，特征值的重数恰好与对应的线性无关特征向量的个数相等，但一般而言不一定是这样，下面便是一例.

例 5.2　求矩阵$\boldsymbol{A}=\begin{pmatrix}-1&1&0\\-4&3&0\\1&0&2\end{pmatrix}$的特征值和特征向量.

解　$\boldsymbol{A}$的特征多项式为

$$\det(\boldsymbol{A}-\lambda\boldsymbol{E})=\begin{vmatrix}-1-\lambda&1&0\\-4&3-\lambda&0\\1&0&2-\lambda\end{vmatrix}=(2-\lambda)(1-\lambda)^2$$

所以 $\boldsymbol{A}$ 的特征值为 $\lambda_1=2$, $\lambda_2=\lambda_3=1$.

当 $\lambda_1=2$ 时,解线性方程组 $(\boldsymbol{A}-2\boldsymbol{E})\boldsymbol{x}=\boldsymbol{0}$. 由于

$$\boldsymbol{A}-2\boldsymbol{E}=\begin{pmatrix}-3&1&0\\-4&1&0\\1&0&0\end{pmatrix}\xrightarrow{\text{初等行变换}}\begin{pmatrix}1&0&0\\0&1&0\\0&0&0\end{pmatrix}$$

得同解线性方程组 $\begin{cases}x_1=0x_3\\x_2=0x_3\end{cases}$,故基础解系为

$$\boldsymbol{p}_1=(0,\ 0,\ 1)^{\mathrm{T}}$$

所以 $k\boldsymbol{p}_1(k\neq 0)$ 是对应于 $\lambda_1=2$ 的全部特征向量.

当 $\lambda_2=\lambda_3=1$ 时,解线性方程组 $(\boldsymbol{A}-\boldsymbol{E})\boldsymbol{x}=\boldsymbol{0}$. 由于

$$\boldsymbol{A}-\boldsymbol{E}=\begin{pmatrix}-2&1&0\\-4&2&0\\1&0&1\end{pmatrix}\xrightarrow{\text{初等行变换}}\begin{pmatrix}1&0&1\\0&1&2\\0&0&0\end{pmatrix}$$

得同解线性方程组 $\begin{cases}x_1=-x_3\\x_2=-2x_3\end{cases}$,故基础解系为

$$\boldsymbol{p}_2=(-1,\ -2,\ 1)^{\mathrm{T}}$$

所以 $k\boldsymbol{p}_2(k\neq 0)$ 是对应于 $\lambda_2=\lambda_3=1$ 的全部特征向量.

可见对应于 $\boldsymbol{A}$ 的 2 重特征值 $\lambda_2=\lambda_3=1$,只有 1 个线性无关的特征向量.

矩阵的特征值与特征向量有如下一些性质.

定理 5.1 设 n 阶方阵 $\boldsymbol{A}=(a_{ij})_{n\times n}$ 的特征值为 $\lambda_1,\lambda_2,\cdots,\lambda_n$,则

(1) $a_{11}+a_{22}+\cdots+a_{nn}=\lambda_1+\lambda_2+\cdots+\lambda_n$;

(2) $\det\boldsymbol{A}=\lambda_1\lambda_2\cdots\lambda_n$.

证 根据行列式定义可知,在 $\boldsymbol{A}$ 的特征多项式 $\det(\boldsymbol{A}-\lambda\boldsymbol{E})$ 的展开式中,有一项是主对角线上元素的乘积

$$(a_{11}-\lambda)(a_{22}-\lambda)\cdots(a_{nn}-\lambda)$$

而展开式中的其余各项,至多包含 $n-2$ 个主对角线上的元素,这是因为,如果某一项含有 $\det(\boldsymbol{A}-\lambda\boldsymbol{E})$ 中位于第 i 行第 j 列 $(i\neq j)$ 的元素 a_{ij},则该项就不可能含有元素 $a_{ii}-\lambda$ 与 $a_{jj}-\lambda$,因此这些项关于 λ 的次数最多是 $n-2$. 那么,特征多项式中含 λ 的 n 次与 $n-1$ 次的项只能在主对角线上各元素乘积中出现.于是

$$\det(\boldsymbol{A}-\lambda\boldsymbol{E})=(-1)^n\lambda^n+(-1)^{n-1}(a_{11}+a_{22}+\cdots+a_{nn})\lambda^{n-1}+\cdots \tag{5.4}$$

又因为 $\lambda_1,\lambda_2,\cdots,\lambda_n$ 是 $\det(\boldsymbol{A}-\lambda\boldsymbol{E})$ 的 n 个根,所以

$$\det(\boldsymbol{A}-\lambda\boldsymbol{E})=(\lambda_1-\lambda)(\lambda_2-\lambda)\cdots(\lambda_n-\lambda)=(-1)^n\lambda^n+(-1)^{n-1}(\lambda_1+\lambda_2+\cdots+\lambda_n)\lambda^{n-1}+\cdots+\lambda_1\lambda_2\cdots\lambda_n \tag{5.5}$$

比较式(5.4)与式(5.5)而得(1). 在式(5.5)中取$\lambda=0$即得(2). 证毕

推论　设$\boldsymbol{A}$是n阶方阵,则0是$\boldsymbol{A}$的特征值的充分必要条件是$\det\boldsymbol{A}=0$.

对于n阶方阵$\boldsymbol{A}=(a_{ij})_{n\times n}$,引入记号$\mathrm{tr}\boldsymbol{A}$表示$\boldsymbol{A}$的对角元素之和,即

$$\mathrm{tr}\boldsymbol{A}=a_{11}+a_{22}+\cdots+a_{nn}$$

称为方阵$\boldsymbol{A}$的**迹**. 定理5.1表明,$\boldsymbol{A}$的所有特征值的和等于$\boldsymbol{A}$的迹,而$\boldsymbol{A}$的全体特征值的积等于$\det\boldsymbol{A}$.

定义5.2　设$f(x)$是x的多项式

$$f(x)=a_sx^s+a_{s-1}x^{s-1}+\cdots+a_1x+a_0$$

对于方阵$\boldsymbol{A}$,规定

$$f(\boldsymbol{A})=a_s\boldsymbol{A}^s+a_{s-1}\boldsymbol{A}^{s-1}+\cdots+a_1\boldsymbol{A}+a_0\boldsymbol{E}$$

称$f(\boldsymbol{A})$为**矩阵多项式**.

定理5.2　设λ是方阵$\boldsymbol{A}$的一个特征值,对应的特征向量是$\boldsymbol{x}$. 又设$f(x)$是一个多项式,则$f(\lambda)$是$f(\boldsymbol{A})$的一个特征值,对应的特征向量仍是$\boldsymbol{x}$;若$f(\boldsymbol{A})=\boldsymbol{O}$,则$\boldsymbol{A}$的任一特征值$\lambda$满足$f(\lambda)=0$.

证　因为$\boldsymbol{Ax}=\lambda\boldsymbol{x}$,于是对正整数$k$,有

$$\boldsymbol{A}^k\boldsymbol{x}=\boldsymbol{A}^{k-1}(\boldsymbol{Ax})=\lambda\boldsymbol{A}^{k-1}\boldsymbol{x}=\cdots=\lambda^k\boldsymbol{x}$$

故

$$\begin{aligned}f(\boldsymbol{A})\boldsymbol{x}=(a_s\boldsymbol{A}^s+a_{s-1}\boldsymbol{A}^{s-1}+\cdots+a_1\boldsymbol{A}+a_0\boldsymbol{E})\boldsymbol{x}=\\a_s\boldsymbol{A}^s\boldsymbol{x}+a_{s-1}\boldsymbol{A}^{s-1}\boldsymbol{x}+\cdots+a_1\boldsymbol{Ax}+a_0\boldsymbol{x}=\\(a_s\lambda^s+a_{s-1}\lambda^{s-1}+\cdots+a_1\lambda+a_0)\boldsymbol{x}=f(\lambda)\boldsymbol{x}\end{aligned}$$

特别,当$f(\boldsymbol{A})=\boldsymbol{O}$时,上式左端为零向量,右端$f(\lambda)\boldsymbol{x}$中,$\boldsymbol{x}\neq\boldsymbol{0}$,从而$f(\lambda)=0$.

证毕

例5.3　设三阶方阵$\boldsymbol{A}$的特征值为1,2,-3,求

$$\det(\boldsymbol{A}^3-3\boldsymbol{A}+\boldsymbol{E})$$

解　设$f(x)=x^3-3x+1$,则$f(\boldsymbol{A})=\boldsymbol{A}^3-3\boldsymbol{A}+\boldsymbol{E}$,由定理5.2知$f(\boldsymbol{A})$的特征值为$f(1)=-1$,$f(2)=3$,$f(-3)=-17$. 又由定理5.1得

$$\det(\boldsymbol{A}^3-3\boldsymbol{A}+\boldsymbol{E})=(-1)\times3\times(-17)=51$$

定理5.3　设$\lambda_1,\lambda_2,\cdots,\lambda_m$是方阵$\boldsymbol{A}$的$m$个互不相同的特征值,$\boldsymbol{p}_1,\boldsymbol{p}_2,\cdots,\boldsymbol{p}_m$依次是与之对应的特征向量. 则$\boldsymbol{p}_1,\boldsymbol{p}_2,\cdots,\boldsymbol{p}_m$线性无关.

证　对m用数学归纳法证明之. 当$m=1$时,因为$\boldsymbol{p}_1\neq\boldsymbol{0}$,所以$\boldsymbol{p}_1$线性无关,即定理成立. 假定对$m-1$个互不相同的特征值定理成立,下证对$m$个互不相同的特征值定理也成立. 为此,设有一组数$k_1,k_2,\cdots,k_m$使

$$k_1\boldsymbol{p}_1+k_2\boldsymbol{p}_2+\cdots+k_m\boldsymbol{p}_m=\boldsymbol{0}\tag{5.6}$$

由于$\boldsymbol{Ap}_i=\lambda_i\boldsymbol{p}_i(i=1,2,\cdots,m)$,用$\boldsymbol{A}$左乘上式,得

$$\lambda_1k_1\boldsymbol{p}_1+\lambda_2k_2\boldsymbol{p}_2+\cdots+\lambda_mk_m\boldsymbol{p}_m=\boldsymbol{0}\tag{5.7}$$

式(5.6)乘数 λ_m 再与式(5.7)相减得

$$k_1(\lambda_m-\lambda_1)\boldsymbol{p}_1+\cdots+k_{m-1}(\lambda_m-\lambda_{m-1})\boldsymbol{p}_{m-1}=\boldsymbol{0}$$

由归纳假定 $\boldsymbol{p}_1,\boldsymbol{p}_2,\cdots,\boldsymbol{p}_{m-1}$ 已线性无关,从而

$$k_i(\lambda_m-\lambda_i)=0\qquad(i=1,2,\cdots,m-1)$$

又因为 $\lambda_m-\lambda_i\neq 0\ (i=1,2,\cdots,m-1)$,所以 $k_1=\cdots=k_{m-1}=0$,代入式(5.6)得 $k_m=0$,故 $\boldsymbol{p}_1,\boldsymbol{p}_2,\cdots,\boldsymbol{p}_m$ 线性无关. 证毕

定理 5.3 还可以推广为如下的定理.

定理 5.4 如果 $\lambda_1,\lambda_2,\cdots,\lambda_m$ 是方阵 $\boldsymbol{A}$ 的 m 个互不相同的特征值,$\boldsymbol{p}_{i1}$,$\boldsymbol{p}_{i2},\cdots,\boldsymbol{p}_{ir_i}$ 是对应 λ_i 的线性无关的特征向量($i=1,2,\cdots,m$),则向量组

$$\boldsymbol{p}_{11},\cdots\boldsymbol{p}_{1r_1},\boldsymbol{p}_{21},\cdots,\boldsymbol{p}_{2r_2},\cdots,\boldsymbol{p}_{m1},\cdots,\boldsymbol{p}_{mr_m}$$

也线性无关.

证明与定理 5.3 相仿,这里从略.

§5.2 相似对角化

一、相似矩阵

定义 5.3 设 $\boldsymbol{A},\boldsymbol{B}$ 都是 n 阶方阵,若存在 n 阶可逆矩阵 $\boldsymbol{P}$,使

$$\boldsymbol{P}^{-1}\boldsymbol{A}\boldsymbol{P}=\boldsymbol{B}\tag{5.8}$$

则称矩阵 $\boldsymbol{A}$ 与 $\boldsymbol{B}$ **相似**,记为 $\boldsymbol{A}\sim\boldsymbol{B}$. 对 $\boldsymbol{A}$ 进行运算 $\boldsymbol{P}^{-1}\boldsymbol{A}\boldsymbol{P}$ 称为对 $\boldsymbol{A}$ 做**相似变换**,称可逆矩阵 $\boldsymbol{P}$ 为把 $\boldsymbol{A}$ 变成 $\boldsymbol{B}$ 的**相似变换矩阵**.

例如,对于 2 阶方阵 $\boldsymbol{A}=\begin{pmatrix}1&1\\0&2\end{pmatrix}$,存在可逆矩阵 $\boldsymbol{P}=\begin{pmatrix}1&1\\0&1\end{pmatrix}$ 使得

$$\boldsymbol{P}^{-1}\boldsymbol{A}\boldsymbol{P}=\begin{pmatrix}1&-1\\0&1\end{pmatrix}\begin{pmatrix}1&1\\0&2\end{pmatrix}\begin{pmatrix}1&1\\0&1\end{pmatrix}=\begin{pmatrix}1&0\\0&2\end{pmatrix}$$

所以矩阵 $\begin{pmatrix}1&1\\0&2\end{pmatrix}$ 与 $\begin{pmatrix}1&0\\0&2\end{pmatrix}$ 相似.

相似矩阵具有以下性质:

(1) $\boldsymbol{A}\sim\boldsymbol{A}$(反身性);

(2) 若 $\boldsymbol{A}\sim\boldsymbol{B}$,则 $\boldsymbol{B}\sim\boldsymbol{A}$(对称性);

(3) 若 $\boldsymbol{A}\sim\boldsymbol{B}$,$\boldsymbol{B}\sim\boldsymbol{C}$,则 $\boldsymbol{A}\sim\boldsymbol{C}$(传递性);

(4) 若 $\boldsymbol{A}\sim\boldsymbol{B}$,则 $\det\boldsymbol{A}=\det\boldsymbol{B}$;

(5) 若 $\boldsymbol{A}\sim\boldsymbol{B}$,且 $\boldsymbol{A}$ 可逆,则 $\boldsymbol{B}$ 也可逆,且 $\boldsymbol{A}^{-1}\sim\boldsymbol{B}^{-1}$;

(6) 若 $\boldsymbol{A}\sim\boldsymbol{B}$,则 $l\boldsymbol{A}\sim l\boldsymbol{B}$,$\boldsymbol{A}^k\sim\boldsymbol{B}^k$,其中 l 为任一常数,k 为任一正整数;

(7) 若 $\boldsymbol{A}\sim\boldsymbol{B}$，$f(x)$ 是一多项式，则 $f(\boldsymbol{A})\sim f(\boldsymbol{B})$；

(8) 若 $\boldsymbol{A}\sim\boldsymbol{B}$，则 $\det(\boldsymbol{A}-\lambda\boldsymbol{E})=\det(\boldsymbol{B}-\lambda\boldsymbol{E})$，即 $\boldsymbol{A}$ 与 $\boldsymbol{B}$ 的特征多项式相同，从而特征值相同.

证　只证明性质(7) 和性质(8). 设

$$f(x)=a_sx^s+a_{s-1}x^{s-1}+\cdots+a_1x+a_0$$

因为 $\boldsymbol{A}\sim\boldsymbol{B}$，所以式(5.8) 成立，从而

$$f(\boldsymbol{B})=a_s\boldsymbol{B}^s+a_{s-1}\boldsymbol{B}^{s-1}+\cdots+a_1\boldsymbol{B}+a_0\boldsymbol{E}=$$
$$a_s(\boldsymbol{P}^{-1}\boldsymbol{AP})^s+a_{s-1}(\boldsymbol{P}^{-1}\boldsymbol{AP})^{s-1}+\cdots+a_1(\boldsymbol{P}^{-1}\boldsymbol{AP})+a_0\boldsymbol{E}=$$
$$\boldsymbol{P}^{-1}(a_s\boldsymbol{A}^s+a_{s-1}\boldsymbol{A}^{s-1}+\cdots+a_1\boldsymbol{A}+a_0\boldsymbol{E})\boldsymbol{P}=\boldsymbol{P}^{-1}f(\boldsymbol{A})\boldsymbol{P}$$

又有

$$\det(\boldsymbol{B}-\lambda\boldsymbol{E})=\det(\boldsymbol{P}^{-1}\boldsymbol{AP}-\lambda\boldsymbol{E})=\det(\boldsymbol{P}^{-1}(\boldsymbol{A}-\lambda\boldsymbol{E})\boldsymbol{P})=$$
$$\det\boldsymbol{P}^{-1}\det(\boldsymbol{A}-\lambda\boldsymbol{E})\det\boldsymbol{P}=\det(\boldsymbol{A}-\lambda\boldsymbol{E})$$

证毕

需要指出的是，当两个 n 阶方阵有相同的特征值时，它们并不一定相似. 例如，矩阵 $\boldsymbol{A}=\begin{pmatrix}1&2\\0&1\end{pmatrix}$ 与单位矩阵 $\boldsymbol{E}=\begin{pmatrix}1&0\\0&1\end{pmatrix}$ 的特征值相同，但是，对于任何二阶可逆矩阵 $\boldsymbol{P}$，恒有

$$\boldsymbol{P}^{-1}\boldsymbol{EP}=\boldsymbol{E}\neq\boldsymbol{A}$$

即单位矩阵 $\boldsymbol{E}$ 只能与其自身相似，而不能与矩阵 $\boldsymbol{A}$ 相似.

二、相似对角化

对角矩阵可以认为是最简单的矩阵之一. 现在的问题是，$\boldsymbol{A}$ 能否和一个对角矩阵相似？

定义 5.4　如果矩阵 $\boldsymbol{A}$ 相似于一个对角矩阵，则称矩阵 $\boldsymbol{A}$ **可对角化**.

定理 5.5　n 阶方阵 $\boldsymbol{A}$ 与对角矩阵相似的充分必要条件是 $\boldsymbol{A}$ 有 n 个线性无关的特征向量.

证　必要性. 设 $\boldsymbol{A}$ 与对角矩阵相似，即存在 n 阶可逆矩阵 $\boldsymbol{P}$，使得

$$\boldsymbol{P}^{-1}\boldsymbol{AP}=\mathrm{diag}\{\lambda_1,\lambda_2,\cdots,\lambda_n\}=\boldsymbol{\Lambda}\tag{5.9}$$

令矩阵 $\boldsymbol{P}$ 的 n 个列向量为 $\boldsymbol{p}_1,\boldsymbol{p}_2,\cdots,\boldsymbol{p}_n$，即 $\boldsymbol{P}=(\boldsymbol{p}_1,\boldsymbol{p}_2,\cdots,\boldsymbol{p}_n)$，由式(5.9) 得 $\boldsymbol{AP}=\boldsymbol{P\Lambda}$，即

$$\boldsymbol{A}(\boldsymbol{p}_1,\boldsymbol{p}_2,\cdots,\boldsymbol{p}_n)=(\boldsymbol{p}_1,\boldsymbol{p}_2,\cdots,\boldsymbol{p}_n)\mathrm{diag}\{\lambda_1,\lambda_2,\cdots,\lambda_n\}=$$
$$(\lambda_1\boldsymbol{p}_1,\lambda_2\boldsymbol{p}_2,\cdots,\lambda_n\boldsymbol{p}_n)$$

于是有

$$\boldsymbol{Ap}_i=\lambda_i\boldsymbol{p}_i\qquad(i=1,2,\cdots,n)$$

可见 λ_i 是 $\boldsymbol{A}$ 的特征值，而 $\boldsymbol{P}$ 的列向量 $\boldsymbol{p}_i$ 就是 $\boldsymbol{A}$ 的对应于特征值 λ_i 的特征向量. 再由 $\boldsymbol{P}$ 可逆知 $\boldsymbol{p}_1,\boldsymbol{p}_2,\cdots,\boldsymbol{p}_n$ 线性无关.

充分性．设 $\lambda_1,\lambda_2,\cdots,\lambda_n$ 是矩阵 $\boldsymbol{A}$ 的特征值，$\boldsymbol{p}_1,\boldsymbol{p}_2,\cdots,\boldsymbol{p}_n$ 是分别对应于 $\lambda_1,\lambda_2,\cdots,\lambda_n$ 的特征向量，即

$$\boldsymbol{A}\boldsymbol{p}_i=\lambda_i\boldsymbol{p}_i \qquad (i=1,2,\cdots,n)$$

并且 $\boldsymbol{p}_1,\boldsymbol{p}_2,\cdots,\boldsymbol{p}_n$ 线性无关．作矩阵 $\boldsymbol{P}=(\boldsymbol{p}_1,\boldsymbol{p}_2,\cdots,\boldsymbol{p}_n)$，则矩阵 $\boldsymbol{P}$ 可逆，且有

$$\begin{aligned}\boldsymbol{AP}=\boldsymbol{A}(\boldsymbol{p}_1,\boldsymbol{p}_2,\cdots,\boldsymbol{p}_n)=(\boldsymbol{Ap}_1,\boldsymbol{Ap}_2,\cdots,\boldsymbol{Ap}_n)=(\lambda_1\boldsymbol{p}_1,\lambda_2\boldsymbol{p}_2,\cdots,\lambda_n\boldsymbol{p}_n)=\\(\boldsymbol{p}_1,\boldsymbol{p}_2,\cdots,\boldsymbol{p}_n)\operatorname{diag}\{\lambda_1,\lambda_2,\cdots,\lambda_n\}=\boldsymbol{P\Lambda}\end{aligned}$$

于是 $\boldsymbol{P}^{-1}\boldsymbol{AP}=\boldsymbol{\Lambda}$，即 $\boldsymbol{A}$ 与 $\boldsymbol{\Lambda}$ 相似． 证毕

由定理的证明过程可以看到，若 n 阶方阵 $\boldsymbol{A}$ 与对角矩阵 $\boldsymbol{\Lambda}$ 相似，则 $\boldsymbol{\Lambda}$ 的主对角线上元素恰为 $\boldsymbol{A}$ 的 n 个特征值 $\lambda_1,\lambda_2,\cdots,\lambda_n$，而相似变换矩阵 $\boldsymbol{P}$ 的 n 个列向量是对应的特征向量 $\boldsymbol{p}_1,\boldsymbol{p}_2,\cdots,\boldsymbol{p}_n$．由于特征向量不是唯一的，所以 $\boldsymbol{P}$ 也不是唯一的，并且 $\boldsymbol{P}$ 还有可能是复矩阵．

由定理 5.3 可得以下推论．

推论 1 如果 n 阶方阵 $\boldsymbol{A}$ 的 n 个特征值互不相同，则 $\boldsymbol{A}$ 与对角矩阵相似．

当矩阵 $\boldsymbol{A}$ 有重特征值时，利用定理 5.4 可得以下推论．

推论 2 设 $\lambda_1,\lambda_2,\cdots,\lambda_m$ 是 n 阶方阵 $\boldsymbol{A}$ 的 m 个互不相同的特征值，其重数分别为 $r_1,r_2,\cdots,r_m$，且 $r_1+r_2+\cdots+r_m=n$．若对应 r_i 重特征值 λ_i 有 r_i 个线性无关的特征向量 $(i=1,2,\cdots,m)$，则 $\boldsymbol{A}$ 可相似于对角矩阵．

推论 1 和 2 是判断方阵 $\boldsymbol{A}$ 是否可对角化的常用条件，且推论 1 的条件是充分的，而推论 2 的条件是充分必要的(必要性的证明略)．

例 5.4 下列矩阵哪些可对角化，哪些不可对角化？对于可对角化的矩阵，求使之相似于对角矩阵的相似变换矩阵．

(1) $\boldsymbol{A}=\begin{pmatrix}0&1&0\\0&0&1\\-6&-11&-6\end{pmatrix}$；(2) $\boldsymbol{A}=\begin{pmatrix}1&2&2\\2&1&2\\2&2&1\end{pmatrix}$；(3) $\boldsymbol{A}=\begin{pmatrix}-1&1&0\\-4&3&0\\1&0&2\end{pmatrix}$．

解 (1) 因 $\det(\boldsymbol{A}-\lambda\boldsymbol{E})=-(\lambda+1)(\lambda+2)(\lambda+3)$，所以 $\boldsymbol{A}$ 的特征值为 $\lambda_1=-1,\lambda_2=-2,\lambda_3=-3$．

由于 $\boldsymbol{A}$ 的 3 个特征值互不相同，故 $\boldsymbol{A}$ 可对角化．可求得对应于特征值 $\lambda_1,\lambda_2,\lambda_3$ 的特征向量分别为

$$\boldsymbol{p}_1=(1,-1,1)^{\mathrm{T}},\quad \boldsymbol{p}_2=(1,-2,4)^{\mathrm{T}},\quad \boldsymbol{p}_3=(1,-3,9)^{\mathrm{T}}$$

因此相似变换矩阵

$$\boldsymbol{P}=\begin{pmatrix}1&1&1\\-1&-2&-3\\1&4&9\end{pmatrix}\text{ 使得 }\boldsymbol{P}^{-1}\boldsymbol{AP}=\begin{pmatrix}-1&0&0\\0&-2&0\\0&0&-3\end{pmatrix}$$

(2) 例 5.1 已求得 $\boldsymbol{A}$ 的特征值为 $\lambda_1=5,\ \lambda_2=\lambda_3=-1$，对应于 $\lambda_1=5$ 的特征向量为 $\boldsymbol{p}_1=(1,1,1)^{\mathrm{T}}$，而对应于 2 重特征值 $\lambda_2=\lambda_3=-1$ 有 2 个线性无关的

特征向量 $\boldsymbol{p}_2=(-1,1,0)^{\mathrm{T}}$，$\boldsymbol{p}_3=(-1,0,1)^{\mathrm{T}}$，故 $\boldsymbol{A}$ 可对角化．相似变换矩阵

$$\boldsymbol{P}=\begin{pmatrix}1&-1&-1\\1&1&0\\1&0&1\end{pmatrix}\text{使得 }\boldsymbol{P}^{-1}\boldsymbol{AP}=\begin{pmatrix}5&0&0\\0&-1&0\\0&0&-1\end{pmatrix}$$

(3) 例 5.2 已求得 $\boldsymbol{A}$ 的特征值为 $\lambda_1=2,\lambda_2=\lambda_3=1$．由于对应 2 重特征值 $\lambda_2=\lambda_3=1$ 只有 1 个线性无关的特征向量，故 $\boldsymbol{A}$ 不可对角化.

以下举一例说明可对角化矩阵的应用.

例 5.5　已知 $\boldsymbol{A}=\begin{pmatrix}1&2&2\\2&1&2\\2&2&1\end{pmatrix}$，求 $\boldsymbol{A}^k$(k 为正整数).

解　一般说来，求一个矩阵的方幂是一件比较困难的事情，尤其当矩阵的阶数或方幂的次数较高时，这项工作就十分烦杂．但是如果所给的矩阵可对角化，其方幂就比较好求了．例 5.4 已求得 $\boldsymbol{P}^{-1}\boldsymbol{AP}=\boldsymbol{\Lambda}$，其中

$$\boldsymbol{P}=\begin{pmatrix}1&-1&-1\\1&1&0\\1&0&1\end{pmatrix},\quad \boldsymbol{\Lambda}=\begin{pmatrix}5&0&0\\0&-1&0\\0&0&-1\end{pmatrix}$$

于是 $\boldsymbol{A}=\boldsymbol{P\Lambda P}^{-1}$，故有

$$\boldsymbol{A}^k=(\boldsymbol{P\Lambda P}^{-1})^k=\underbrace{(\boldsymbol{P\Lambda P}^{-1})(\boldsymbol{P\Lambda P}^{-1})\cdots(\boldsymbol{P\Lambda P}^{-1})}_{k\text{个}}=\boldsymbol{P\Lambda}^k\boldsymbol{P}^{-1}=$$

$$\begin{pmatrix}1&-1&-1\\1&1&0\\1&0&1\end{pmatrix}\begin{pmatrix}5^k&0&0\\0&(-1)^k&0\\0&0&(-1)^k\end{pmatrix}\frac{1}{3}\begin{pmatrix}1&1&1\\-1&2&-1\\-1&-1&2\end{pmatrix}=$$

$$\frac{1}{3}\begin{pmatrix}5^k+(-1)^k2&5^k-(-1)^k&5^k-(-1)^k\\5^k-(-1)^k&5^k+(-1)^k2&5^k-(-1)^k\\5^k-(-1)^k&5^k-(-1)^k&5^k+(-1)^k2\end{pmatrix}$$

例 5.6(求解微分方程组)　在电路网络、溶液扩散、振动理论等许多方面常会遇到线性常系数微分方程组的求解问题．如果利用矩阵相似对角化的理论，问题的求解就方便得多．求解微分方程组

$$\left.\begin{aligned}\frac{\mathrm{d}x_1}{\mathrm{d}t}&=x_1+2x_2+2x_3\\\frac{\mathrm{d}x_2}{\mathrm{d}t}&=2x_1+x_2+2x_3\\\frac{\mathrm{d}x_3}{\mathrm{d}t}&=2x_1+2x_2+x_3\end{aligned}\right\}\tag{5.10}$$

解　引入记号

$$\boldsymbol{x}=\begin{pmatrix}x_1\\x_2\\x_3\end{pmatrix},\quad \boldsymbol{A}=\begin{pmatrix}1&2&2\\2&1&2\\2&2&1\end{pmatrix},\quad \frac{d\boldsymbol{x}}{dt}=\begin{pmatrix}\frac{dx_1}{dt}\\\frac{dx_2}{dt}\\\frac{dx_3}{dt}\end{pmatrix}$$

则方程组式(5.10)可表示为

$$\frac{d\boldsymbol{x}}{dt}=\boldsymbol{Ax} \tag{5.11}$$

例5.4已求得

$$\boldsymbol{P}=\begin{pmatrix}1&-1&-1\\1&1&0\\1&0&1\end{pmatrix},\quad \boldsymbol{P}^{-1}\boldsymbol{AP}=\begin{pmatrix}5&0&0\\0&-1&0\\0&0&-1\end{pmatrix}=\boldsymbol{\Lambda}$$

令

$$\boldsymbol{x}=\boldsymbol{Py} \tag{5.12}$$

其中 $\boldsymbol{y}=(y_1,y_2,y_3)^{\mathrm{T}}$,则$\frac{d\boldsymbol{x}}{dt}=\boldsymbol{P}\frac{d\boldsymbol{y}}{dt}$,代入式(5.11)得$\boldsymbol{P}\frac{d\boldsymbol{y}}{dt}=\boldsymbol{APy}$,即$\frac{d\boldsymbol{y}}{dt}=\boldsymbol{\Lambda y}$,

写成分量形式有

$$\frac{dy_1}{dt}=5y_1,\quad \frac{dy_2}{dt}=-y_2,\quad \frac{dy_3}{dt}=-y_3$$

解出　　$y_1=k_1e^{5t},\quad y_2=k_2e^{-t},\quad y_3=k_3e^{-t}$

故由式(5.12)得原微分方程组的解

$$\begin{cases}x_1=k_1e^{5t}-k_2e^{-t}-k_3e^{-t}\\x_2=k_1e^{5t}+k_2e^{-t}\\x_3=k_1e^{5t}+k_3e^{-t}\end{cases}\quad (k_1,k_2,k_3\text{ 为任意实数})$$

例 5.7(Fibonacci数列)　1992年意大利数学家Fibonacci提了如下的兔子繁殖的问题:设有一对兔子,出生两个月后生下一对小兔子,以后每个月生下一对;新生的小兔也是这样繁殖后代．假定每生下一对小兔必是雌雄异性,且均无死亡．问从一对新生兔开始,此后每个月有多少对兔?

解　令 F_n 代表第 n 个月的兔子对数,则有

$$F_0=1,\quad F_1=1,\quad F_2=2,\quad F_3=3,\quad F_4=5,\quad F_5=8,\quad F_6=13,\quad \cdots$$

这个数列称为**Fibonacci数列**．问题是要求此数列的通项公式．注意到此数列满足递推关系

$$F_{n+1}=F_n+F_{n-1}\qquad (n=1,2,\cdots)$$

将其改写为

$$\begin{pmatrix}F_{n+1}\\F_n\end{pmatrix}=\begin{pmatrix}1&1\\1&0\end{pmatrix}\begin{pmatrix}F_n\\F_{n-1}\end{pmatrix}$$

记 $\boldsymbol{x}_n=\begin{pmatrix}F_n\\F_{n-1}\end{pmatrix}$，$\boldsymbol{A}=\begin{pmatrix}1&1\\1&0\end{pmatrix}$，则有

$$\boldsymbol{x}_n=\boldsymbol{A}\boldsymbol{x}_{n-1}=\boldsymbol{A}^2\boldsymbol{x}_{n-2}=\cdots=\boldsymbol{A}^n\boldsymbol{x}_0$$

因为 $\det(\boldsymbol{A}-\lambda\boldsymbol{E})=\lambda^2-\lambda-1$，所以 $\boldsymbol{A}$ 的特征值为 $\lambda_1=\frac{1+\sqrt{5}}{2}$，$\lambda_2=\frac{1-\sqrt{5}}{2}$.

可求得对应的特征向量为 $\boldsymbol{p}_1=\begin{pmatrix}\frac{1+\sqrt{5}}{2}\\1\end{pmatrix}$，$\boldsymbol{p}_2=\begin{pmatrix}\frac{1-\sqrt{5}}{2}\\1\end{pmatrix}$. 令

$$\boldsymbol{P}=(\boldsymbol{p}_1,\boldsymbol{p}_2)=\begin{pmatrix}\frac{1+\sqrt{5}}{2}&\frac{1-\sqrt{5}}{2}\\1&1\end{pmatrix}$$

则有
$$\boldsymbol{P}^{-1}\boldsymbol{A}\boldsymbol{P}=\boldsymbol{\Lambda}=\begin{pmatrix}\frac{1+\sqrt{5}}{2}&0\\0&\frac{1-\sqrt{5}}{2}\end{pmatrix}$$

于是

$$\boldsymbol{x}_n=\boldsymbol{A}^n\boldsymbol{x}_0=\boldsymbol{P}\boldsymbol{\Lambda}^n\boldsymbol{P}^{-1}\boldsymbol{x}_0=$$

$$\begin{pmatrix}\frac{1+\sqrt{5}}{2}&\frac{1-\sqrt{5}}{2}\\1&1\end{pmatrix}\begin{pmatrix}\left(\frac{1+\sqrt{5}}{2}\right)^n&0\\0&\left(\frac{1-\sqrt{5}}{2}\right)^n\end{pmatrix}\frac{1}{\sqrt{5}}\begin{pmatrix}1&-\frac{1-\sqrt{5}}{2}\\-1&\frac{1-\sqrt{5}}{2}\end{pmatrix}\begin{pmatrix}1\\1\end{pmatrix},$$

解得
$$F_n=\frac{1}{\sqrt{5}}\left[\left(\frac{1+\sqrt{5}}{2}\right)^{n+1}-\left(\frac{1-\sqrt{5}}{2}\right)^{n+1}\right]$$

§5.3　实对称矩阵的相似矩阵

在 §5.2 已看到，并不是每个方阵都能与对角矩阵相似．本节专门讨论实对称矩阵．这类矩阵不但可以相似于对角矩阵，而且可以正交相似于对角矩阵.

一、实对称矩阵的特征值与特征向量

实对称矩阵不但具备通常矩阵所有关于特征值、特征向量的性质，并且还具有一些特殊的性质.

定理 5.6　实对称矩阵的特征值为实数.

证　设 λ 为实对称矩阵 $\boldsymbol{A}$ 的特征值，$\boldsymbol{x}$ 为对应的特征向量，即 $\boldsymbol{A}\boldsymbol{x}=\lambda\boldsymbol{x}$，

$x \neq \mathbf{0}$. 用$\bar{\lambda}$表示λ的共轭复数,$\bar{x}$表示x的共轭复向量,则$A\bar{x}=\bar{A}\ \bar{x}=\overline{Ax}=\overline{\lambda x}=\bar{\lambda}\ \bar{x}$,于是有

$$\bar{x}^{\mathrm{T}}Ax=\bar{x}^{\mathrm{T}}(Ax)=\bar{x}^{\mathrm{T}}\lambda x=\lambda\bar{x}^{\mathrm{T}}x$$

及
$$\bar{x}^{\mathrm{T}}Ax=(\bar{x}^{\mathrm{T}}A^{\mathrm{T}})x=(A\bar{x})^{\mathrm{T}}x=\bar{\lambda}\ \bar{x}^{\mathrm{T}}x$$

两式相减得
$$(\lambda-\bar{\lambda})\bar{x}^{\mathrm{T}}x=0$$

但因为$x=(x_1,x_2,\cdots,x_n)^{\mathrm{T}}\neq\mathbf{0}$,所以

$$\bar{x}^{\mathrm{T}}x=\sum_{i=1}^{n}\bar{x}_i x_i=\sum_{i=1}^{n}|x_i|^2>0$$

故$\lambda-\bar{\lambda}=0$,即$\lambda=\bar{\lambda}$,这就说明λ是实数. 证毕

显然,当特征值λ_i为实数时,齐次线性方程组$(A-\lambda_i E)x=\mathbf{0}$是实系数方程组,所以对应的特征向量可以取实向量.

定理 5.7 设λ_1,λ_2是实对称矩阵A的两个特征值,p_1,p_2是对应的特征向量,若$\lambda_1\neq\lambda_2$,则p_1与p_2正交.

证 因为A是实对称矩阵,且$Ap_1=\lambda_1 p_1,Ap_2=\lambda_2 p_2$,所以

$$\lambda_1 p_1^{\mathrm{T}}=(\lambda_1 p_1)^{\mathrm{T}}=(Ap_1)^{\mathrm{T}}=p_1^{\mathrm{T}}A^{\mathrm{T}}=p_1^{\mathrm{T}}A$$

于是
$$\lambda_1 p_1^{\mathrm{T}}p_2=p_1^{\mathrm{T}}Ap_2=p_1^{\mathrm{T}}(\lambda_2 p_2)=\lambda_2 p_1^{\mathrm{T}}p_2$$

即有
$$(\lambda_1-\lambda_2)p_1^{\mathrm{T}}p_2=0$$

但$\lambda_1\neq\lambda_2$,从而$p_1^{\mathrm{T}}p_2=0$,即p_1与p_2正交. 证毕

例 5.8 已知三阶实对称矩阵A的特征值为$1,3,-3$,$p_1=(1,-1,0)^{\mathrm{T}}$,$p_2=(1,1,1)^{\mathrm{T}}$分别是对应特征值1和3的特征向量,求$A$.

解 设A对应于$\lambda_3=-3$的特征向量是$p_3=(x_1,x_2,x_3)^{\mathrm{T}}$,根据定理5.7,有$p_1\perp p_3,p_2\perp p_3$,即

$$[p_1,p_3]=x_1-x_2=0,\quad [p_2,p_3]x_1+x_2+x_3=0$$

解此线性方程组得$p_3=(-1,-1,2)^{\mathrm{T}}$,故相似变换矩阵$P=(p_1,p_2,p_3)$,使得

$$P^{-1}AP=\begin{bmatrix}1&0&0\\0&3&0\\0&0&-3\end{bmatrix}$$

于是
$$A=P\begin{bmatrix}1&0&0\\0&3&0\\0&0&-3\end{bmatrix}P^{-1}=\begin{bmatrix}1&0&2\\0&1&2\\2&2&-1\end{bmatrix}$$

二、正交矩阵

定义 5.5 如果n阶实方阵A满足

$$A^{\mathrm{T}}A=E,\quad(\text{即 }A^{-1}=A^{\mathrm{T}}\text{ 或 }AA^{\mathrm{T}}=E)$$

则称A为**正交矩阵**.

正交矩阵 $\boldsymbol{A}$ 有以下性质：

(1) $\det\boldsymbol{A}=\pm1$；

(2) 如果 $\boldsymbol{A}$ 为正交矩阵，则 $\boldsymbol{A}^{\mathrm{T}},\boldsymbol{A}^{-1},\boldsymbol{A}^{*}$ 也是正交矩阵；

(3) 如果 $\boldsymbol{A},\boldsymbol{B}$ 都是 n 阶正交矩阵，则 $\boldsymbol{AB}$ 也是正交矩阵；

(4) 实方阵 $\boldsymbol{A}$ 是正交矩阵的充分必要条件是 $\boldsymbol{A}$ 的列(行)向量是单位正交向量组．

性质(1)～(3)由读者自己证明，下面只证明性质(4).

证　设 $\boldsymbol{A}$ 的列向量是 $\boldsymbol{\alpha}_1,\boldsymbol{\alpha}_2,\cdots,\boldsymbol{\alpha}_n$，即 $\boldsymbol{A}=(\boldsymbol{\alpha}_1,\boldsymbol{\alpha}_2,\cdots,\boldsymbol{\alpha}_n)$ 则

$$\boldsymbol{A}^{\mathrm{T}}\boldsymbol{A}=\begin{pmatrix}\boldsymbol{\alpha}_1^{\mathrm{T}}\\\boldsymbol{\alpha}_2^{\mathrm{T}}\\\vdots\\\boldsymbol{\alpha}_n^{\mathrm{T}}\end{pmatrix}(\boldsymbol{\alpha}_1,\boldsymbol{\alpha}_2,\cdots,\boldsymbol{\alpha}_n)=\begin{pmatrix}\boldsymbol{\alpha}_1^{\mathrm{T}}\boldsymbol{\alpha}_1 & \boldsymbol{\alpha}_1^{\mathrm{T}}\boldsymbol{\alpha}_2 & \cdots & \boldsymbol{\alpha}_1^{\mathrm{T}}\boldsymbol{\alpha}_n\\\boldsymbol{\alpha}_2^{\mathrm{T}}\boldsymbol{\alpha}_1 & \boldsymbol{\alpha}_2^{\mathrm{T}}\boldsymbol{\alpha}_2 & \cdots & \boldsymbol{\alpha}_2^{\mathrm{T}}\boldsymbol{\alpha}_n\\\vdots & \vdots & & \vdots\\\boldsymbol{\alpha}_n^{\mathrm{T}}\boldsymbol{\alpha}_1 & \boldsymbol{\alpha}_n^{\mathrm{T}}\boldsymbol{\alpha}_2 & \cdots & \boldsymbol{\alpha}_n^{\mathrm{T}}\boldsymbol{\alpha}_n\end{pmatrix}$$

可见 $\boldsymbol{A}^{\mathrm{T}}\boldsymbol{A}=\boldsymbol{E}$ 的充分必要条件是

$$[\boldsymbol{\alpha}_i,\boldsymbol{\alpha}_j]=\boldsymbol{\alpha}_i^{\mathrm{T}}\boldsymbol{\alpha}_j=\begin{cases}1 & (i=j)\\0 & (i\neq j)\end{cases}\quad(i,j=1,\cdots,n)$$

即 $\boldsymbol{\alpha}_1,\boldsymbol{\alpha}_2,\cdots,\boldsymbol{\alpha}_n$ 是两两正交的单位向量.

同理，由 $\boldsymbol{A}\boldsymbol{A}^{\mathrm{T}}=\boldsymbol{E}$ 可推得 $\boldsymbol{A}$ 的行向量组是单位正交向量组．　　证毕

三、实对称矩阵正交相似于对角矩阵

定理 5.8　设 $\boldsymbol{A}$ 为 n 阶实对称矩阵，则必存在正交矩阵 $\boldsymbol{Q}$，使得

$$\boldsymbol{Q}^{-1}\boldsymbol{A}\boldsymbol{Q}=\boldsymbol{Q}^{\mathrm{T}}\boldsymbol{A}\boldsymbol{Q}=\mathrm{diag}\{\lambda_1,\lambda_2,\cdots,\lambda_n\}$$

其中 $\lambda_i(i=1,2,\cdots,n)$ 为 $\boldsymbol{A}$ 的特征值.

证　对实对称矩阵 $\boldsymbol{A}$ 的阶数 n 作数学归纳法.

当 $n=1$ 时，$\boldsymbol{A}$ 本身是对角矩阵，取正交矩阵 $\boldsymbol{Q}=(1)$ 知定理成立．假设对于 $n-1$ 阶实对称矩阵定理成立，下面证明对于 n 阶实对称矩阵 $\boldsymbol{A}$，定理也成立．设 $\boldsymbol{q}_1$ 是 $\boldsymbol{A}$ 的对应特征值 λ_1 的单位特征向量，即有

$$\boldsymbol{A}\boldsymbol{q}_1=\lambda_1\boldsymbol{q}_1,\quad 且\ \|\boldsymbol{q}_1\|=1$$

又设向量 $\boldsymbol{x}=(x_1,x_2,\cdots,x_n)^{\mathrm{T}}$ 与 $\boldsymbol{q}_1$ 正交，即

$$\boldsymbol{q}_1^{\mathrm{T}}\boldsymbol{x}=[\boldsymbol{q}_1,\boldsymbol{x}]=0$$

这是含有 n 个未知数 1 个方程的齐次线性方程组，由于该齐次线性方程组的系数矩阵 $\boldsymbol{q}_1^{\mathrm{T}}$ 的秩为 1，故基础解系含有 $n-1$ 个线性无关的解向量 $\boldsymbol{p}_2,\boldsymbol{p}_3,\cdots,\boldsymbol{p}_n$，利用施密特正交化方法将其正交化，再单位化得向量组 $\boldsymbol{q}_2,\boldsymbol{q}_3,\cdots,\boldsymbol{q}_n$，则 $\boldsymbol{q}_1,\boldsymbol{q}_2,\cdots,\boldsymbol{q}_n$ 是单位正交向量组，以它们为列向量构成的矩阵 $\boldsymbol{Q}_1=(\boldsymbol{q}_1,\boldsymbol{q}_2,\cdots,\boldsymbol{q}_n)$ 是正交矩阵．注意到

$$\boldsymbol{q}_1^{\mathrm{T}}\boldsymbol{A}\boldsymbol{q}_i=(\boldsymbol{q}_1^{\mathrm{T}}\boldsymbol{A}\boldsymbol{q}_i)^{\mathrm{T}}=\boldsymbol{q}_i^{\mathrm{T}}\boldsymbol{A}\boldsymbol{q}_1=\lambda_1\boldsymbol{q}_i^{\mathrm{T}}\boldsymbol{q}_1=\begin{cases}\lambda_1 & (i=1)\\ 0 & (i\neq 1)\end{cases}$$

则有

$$\boldsymbol{Q}_1^{-1}\boldsymbol{A}\boldsymbol{Q}_1=\boldsymbol{Q}_1^{\mathrm{T}}\boldsymbol{A}\boldsymbol{Q}_1=\begin{pmatrix}\boldsymbol{q}_1^{\mathrm{T}}\\ \boldsymbol{q}_2^{\mathrm{T}}\\ \vdots\\ \boldsymbol{q}_n^{\mathrm{T}}\end{pmatrix}\boldsymbol{A}(\boldsymbol{q}_1,\boldsymbol{q}_2,\cdots,\boldsymbol{q}_n)=$$

$$\begin{pmatrix}\boldsymbol{q}_1^{\mathrm{T}}\boldsymbol{A}\boldsymbol{q}_1 & \boldsymbol{q}_1^{\mathrm{T}}\boldsymbol{A}\boldsymbol{q}_2 & \cdots & \boldsymbol{q}_1^{\mathrm{T}}\boldsymbol{A}\boldsymbol{q}_n\\ \boldsymbol{q}_2^{\mathrm{T}}\boldsymbol{A}\boldsymbol{q}_1 & \boldsymbol{q}_2^{\mathrm{T}}\boldsymbol{A}\boldsymbol{q}_2 & \cdots & \boldsymbol{q}_2^{\mathrm{T}}\boldsymbol{A}\boldsymbol{q}_n\\ \vdots & \vdots & & \vdots\\ \boldsymbol{q}_n^{\mathrm{T}}\boldsymbol{A}\boldsymbol{q}_1 & \boldsymbol{q}_n^{\mathrm{T}}\boldsymbol{A}\boldsymbol{q}_2 & \cdots & \boldsymbol{q}_n^{\mathrm{T}}\boldsymbol{A}\boldsymbol{q}_n\end{pmatrix}=\begin{pmatrix}\lambda_1 & 0 & \cdots & 0\\ 0 & b_{22} & \cdots & b_{2n}\\ \vdots & \vdots & & \vdots\\ 0 & b_{n2} & \cdots & b_{nn}\end{pmatrix}$$

其中 $b_{ij}=\boldsymbol{q}_i^{\mathrm{T}}\boldsymbol{A}\boldsymbol{q}_j\,(i,j=2,3,\cdots,n)$，记

$$\boldsymbol{B}=\begin{pmatrix}b_{22} & \cdots & b_{2n}\\ \vdots & & \vdots\\ b_{n2} & \cdots & b_{nn}\end{pmatrix}$$

由于 b_{ij} 是实数且

$$b_{ij}=\boldsymbol{q}_i^{\mathrm{T}}\boldsymbol{A}\boldsymbol{q}_j=(\boldsymbol{q}_i^{\mathrm{T}}\boldsymbol{A}\boldsymbol{q}_j)^{\mathrm{T}}=\boldsymbol{q}_j^{\mathrm{T}}\boldsymbol{A}\boldsymbol{q}_i=b_{ji}$$

所以 $\boldsymbol{B}$ 为 $n-1$ 阶实对称矩阵，由归纳法假设，存在 $n-1$ 阶正交矩阵 $\widetilde{\boldsymbol{Q}}_2$，使

$$\widetilde{\boldsymbol{Q}}_2^{-1}\boldsymbol{B}\widetilde{\boldsymbol{Q}}_2=\widetilde{\boldsymbol{Q}}_2^{\mathrm{T}}\boldsymbol{B}\widetilde{\boldsymbol{Q}}_2=\mathrm{diag}\{\lambda_2,\cdots,\lambda_n\}$$

令

$$\boldsymbol{Q}_2=\begin{pmatrix}1 & \boldsymbol{0}^{\mathrm{T}}\\ \boldsymbol{0} & \widetilde{\boldsymbol{Q}}_2\end{pmatrix},\qquad \boldsymbol{Q}=\boldsymbol{Q}_1\boldsymbol{Q}_2$$

显然 $\boldsymbol{Q}_2$ 是 n 阶正交矩阵，从而 $\boldsymbol{Q}$ 是 n 阶正交矩阵，且有

$$\boldsymbol{Q}^{-1}\boldsymbol{A}\boldsymbol{Q}=\boldsymbol{Q}^{\mathrm{T}}\boldsymbol{A}\boldsymbol{Q}=\boldsymbol{Q}_2^{\mathrm{T}}(\boldsymbol{Q}_1^{\mathrm{T}}\boldsymbol{A}\boldsymbol{Q}_1)\boldsymbol{Q}_2=$$

$$\begin{pmatrix}1 & \boldsymbol{0}^{\mathrm{T}}\\ \boldsymbol{0} & \widetilde{\boldsymbol{Q}}_2^{\mathrm{T}}\end{pmatrix}\begin{pmatrix}\lambda_1 & \boldsymbol{0}^{\mathrm{T}}\\ \boldsymbol{0} & \boldsymbol{B}\end{pmatrix}\begin{pmatrix}1 & \boldsymbol{0}^{\mathrm{T}}\\ \boldsymbol{0} & \widetilde{\boldsymbol{Q}}_2\end{pmatrix}=\begin{pmatrix}\lambda_1 & \boldsymbol{0}^{\mathrm{T}}\\ \boldsymbol{0} & \widetilde{\boldsymbol{Q}}_2^{\mathrm{T}}\boldsymbol{B}\widetilde{\boldsymbol{Q}}_2\end{pmatrix}=\mathrm{diag}\{\lambda_1,\lambda_2,\cdots,\lambda_n\}$$

易知 $\lambda_1,\lambda_2,\cdots,\lambda_n$ 是 $\boldsymbol{A}$ 的全部特征值. 证毕

由定理 5.8 及定理 5.5 的推论 2 得以下推论.

推论 设 $\lambda_1,\lambda_2,\cdots,\lambda_m$ 是 n 阶实对称矩阵 $\boldsymbol{A}$ 的 m 个互不相同的特征值，其重数分别为 $r_1,r_2,\cdots,r_m$，且 $r_1+r_2+\cdots+r_m=n$，则对应 $\boldsymbol{A}$ 的 r_i 重特征值 λ_i 必有 r_i 个线性无关的特征向量($i=1,2,\cdots,m$).

根据定理 5.7 知实对称矩阵 $\boldsymbol{A}$ 对应于不同特征值的特征向量是彼此正交的，于是得到使 n 阶实对称矩阵 $\boldsymbol{A}$ 正交相似于对角矩阵的具体步骤如下：

(1) 求出 $\boldsymbol{A}$ 的全部特征值. 设 $\lambda_1,\lambda_2,\cdots,\lambda_m$ 是 $\boldsymbol{A}$ 的互不相同特征值，其重数分别为 $r_1,r_2,\cdots,r_m$，且 $r_1+r_2+\cdots+r_m=n$；

(2) 对于每个特征值 $\lambda_i(i=1,2,\cdots,m)$,求出对应的 r_i 个线性无关的特征向量 $\boldsymbol{p}_{i1},\boldsymbol{p}_{i2},\cdots,\boldsymbol{p}_{ir_i}(i=1,2,\cdots,m)$;

(3) 将 $\boldsymbol{p}_{i1},\boldsymbol{p}_{i2},\cdots,\boldsymbol{p}_{ir_i}(i=1,2,\cdots,m)$ 用施密特正交化方法正交化,再单位化得 $\boldsymbol{q}_{i1},\boldsymbol{q}_{i2},\cdots,\boldsymbol{q}_{ir_i}(i=1,2,\cdots,m)$,它们仍是 $\boldsymbol{A}$ 的对应于 λ_i 的特征向量;

(4) 写出正交矩阵

$$\boldsymbol{Q}=(\boldsymbol{q}_{11},\cdots,\boldsymbol{q}_{1r_1},\boldsymbol{q}_{21},\cdots,\boldsymbol{q}_{2r_2},\cdots,\boldsymbol{q}_{m1},\cdots,\boldsymbol{q}_{mr_m})$$

和对角矩阵

$$\boldsymbol{\Lambda}=\begin{pmatrix}\lambda_1\boldsymbol{E}_{r_1} & & & \\ & \lambda_2\boldsymbol{E}_{r_2} & & \\ & & \ddots & \\ & & & \lambda_m\boldsymbol{E}_{r_m}\end{pmatrix}$$

便有 $\boldsymbol{Q}^{-1}\boldsymbol{A}\boldsymbol{Q}=\boldsymbol{Q}^{\mathrm{T}}\boldsymbol{A}\boldsymbol{Q}=\boldsymbol{\Lambda}$.

例 5.9　对于下列实对称矩阵 $\boldsymbol{A}$,求正交矩阵 $\boldsymbol{Q}$,使 $\boldsymbol{Q}^{\mathrm{T}}\boldsymbol{A}\boldsymbol{Q}$ 为对角矩阵.

(1) $\boldsymbol{A}=\begin{pmatrix}1&0&1\\0&1&1\\1&1&2\end{pmatrix}$;　(2) $\boldsymbol{A}=\begin{pmatrix}1&2&2\\2&1&2\\2&2&1\end{pmatrix}$.

解　(1) 因为

$$\det(\boldsymbol{A}-\lambda\boldsymbol{E})=\begin{vmatrix}1-\lambda&0&1\\0&1-\lambda&1\\1&1&2-\lambda\end{vmatrix}=\lambda(1-\lambda)(\lambda-3)$$

所以 $\boldsymbol{A}$ 的特征值为 $\lambda_1=0,\lambda_2=1,\lambda_3=3$. 可求得对应的特征向量分别为

$$\boldsymbol{p}_1=(-1,-1,1)^{\mathrm{T}},\quad \boldsymbol{p}_2=(-1,1,0)^{\mathrm{T}},\quad \boldsymbol{p}_3=(1,1,2)^{\mathrm{T}}$$

它们应是两两正交的．单位化得

$$\boldsymbol{q}_1=\frac{\boldsymbol{p}_1}{\|\boldsymbol{p}_1\|}=\left(-\frac{1}{\sqrt{3}},-\frac{1}{\sqrt{3}},\frac{1}{\sqrt{3}}\right)^{\mathrm{T}},\boldsymbol{q}_2=\frac{\boldsymbol{p}_2}{\|\boldsymbol{p}_2\|}=\left(-\frac{1}{\sqrt{2}},\frac{1}{\sqrt{2}},0\right)^{\mathrm{T}},$$

$$\boldsymbol{q}_3=\frac{\boldsymbol{p}_3}{\|\boldsymbol{p}_3\|}=\left(\frac{1}{\sqrt{6}},\frac{1}{\sqrt{6}},\frac{2}{\sqrt{6}}\right)^{\mathrm{T}}$$

于是正交矩阵

$$\boldsymbol{Q}=(\boldsymbol{q}_1,\boldsymbol{q}_2,\boldsymbol{q}_2)=\begin{pmatrix}-\frac{1}{\sqrt{3}}&-\frac{1}{\sqrt{2}}&\frac{1}{\sqrt{6}}\\-\frac{1}{\sqrt{3}}&\frac{1}{\sqrt{2}}&\frac{1}{\sqrt{6}}\\\frac{1}{\sqrt{3}}&0&\frac{2}{\sqrt{6}}\end{pmatrix}$$

使得

$$\boldsymbol{Q}^{\mathrm{T}}\boldsymbol{A}\boldsymbol{Q}=\begin{pmatrix}0&0&0\\0&1&0\\0&0&3\end{pmatrix}$$

(2) 例 5.1 已求得 $\boldsymbol{A}$ 的特征值为 $\lambda_1=5$，$\lambda_2=\lambda_3=-1$，对应于 $\lambda_1=5$ 的特征向量为 $\boldsymbol{p}_1=(1,1,1)^{\mathrm{T}}$，单位化得

$$\boldsymbol{q}_1=\frac{\boldsymbol{p}_1}{\|\boldsymbol{p}_1\|}=\left(\frac{1}{\sqrt{3}},\frac{1}{\sqrt{3}},\frac{1}{\sqrt{3}}\right)^{\mathrm{T}}$$

对应于 $\lambda_2=\lambda_3=-1$ 的特征向量为

$$\boldsymbol{p}_2=(-1,\ 1,\ 0)^{\mathrm{T}},\quad \boldsymbol{p}_3=(-1,\ 0,\ 1)^{\mathrm{T}}$$

它们应与 $\boldsymbol{p}_1$（从而与 $\boldsymbol{q}_1$），但 $\boldsymbol{p}_2$ 与 $\boldsymbol{p}_3$ 不正交．正交化得

$$\boldsymbol{\alpha}_2=\boldsymbol{p}_2=(-1,\ 1,\ 0)^{\mathrm{T}},\quad \boldsymbol{\alpha}_3=\boldsymbol{p}_3-\frac{[\boldsymbol{p}_3,\boldsymbol{\alpha}_2]}{[\boldsymbol{\alpha}_2,\boldsymbol{\alpha}_2]}\boldsymbol{\alpha}_2=\left(-\frac{1}{2},-\frac{1}{2},1\right)^{\mathrm{T}}$$

再单位化得

$$\boldsymbol{q}_2=\frac{\boldsymbol{\alpha}_2}{\|\boldsymbol{\alpha}_2\|}=\left(-\frac{1}{\sqrt{2}},\ \frac{1}{\sqrt{2}},\ 0\right)^{\mathrm{T}},\quad \boldsymbol{q}_3=\frac{\boldsymbol{\alpha}_3}{\|\boldsymbol{\alpha}_3\|}=\left(-\frac{1}{\sqrt{6}},-\frac{1}{\sqrt{6}},\frac{2}{\sqrt{6}}\right)^{\mathrm{T}}$$

故正交矩阵

$$\boldsymbol{Q}=\begin{pmatrix}\frac{1}{\sqrt{3}} & -\frac{1}{\sqrt{2}} & -\frac{1}{\sqrt{6}}\\ \frac{1}{\sqrt{3}} & \frac{1}{\sqrt{2}} & -\frac{1}{\sqrt{6}}\\ \frac{1}{\sqrt{3}} & 0 & \frac{2}{\sqrt{6}}\end{pmatrix}$$

使得

$$\boldsymbol{Q}^{\mathrm{T}}\boldsymbol{A}\boldsymbol{Q}=\begin{pmatrix}5 & 0 & 0\\ 0 & -1 & 0\\ 0 & 0 & -1\end{pmatrix}$$

*§5.4　哈密尔顿-凯莱定理

本节给出特征多项式的一个重要性质，即每个方阵都是它的特征多项式的“根”，这就是著名的**哈密尔顿-凯莱**(Hamilton－Cayley)**定理**．在证明这个结论之前，首先指出一点：

如果一个方阵的元素是 λ 的多项式，则该方阵可以表为以常数矩阵为系数的 λ 的多项式．如：

$$\begin{pmatrix}\lambda^2+2\lambda & \lambda-3\\ -7 & 2\lambda^3+\lambda-5\end{pmatrix}=\begin{pmatrix}0 & 0\\ 0 & 2\end{pmatrix}\lambda^3+\begin{pmatrix}1 & 0\\ 0 & 0\end{pmatrix}\lambda^2+\begin{pmatrix}2 & 1\\ 0 & 1\end{pmatrix}\lambda+\begin{pmatrix}0 & -3\\ -7 & -5\end{pmatrix}$$

定理 5.9　设 $\boldsymbol{A}$ 是 n 阶方阵，$f(\lambda)=\det(\boldsymbol{A}-\lambda\boldsymbol{E})$ 是 $\boldsymbol{A}$ 的特征多项式，则 $f(\boldsymbol{A})=\boldsymbol{O}$.

证　设

$$f(\lambda)=\det(\boldsymbol{A}-\lambda\boldsymbol{E})=a_n\lambda^n+a_{n-1}\lambda^{n-1}+\cdots+a_1\lambda+a_0 \tag{5.13}$$

又设 $\boldsymbol{B}(\lambda)$ 是 $\boldsymbol{A}-\lambda\boldsymbol{E}$ 的伴随矩阵，则由式(2.10) 知

$$\boldsymbol{B}(\lambda)(\boldsymbol{A}-\lambda\boldsymbol{E})=(\det(\boldsymbol{A}-\lambda\boldsymbol{E}))\boldsymbol{E} \tag{5.14}$$

根据伴随矩阵的定义可知，$\boldsymbol{B}(\lambda)$ 的元素都是行列式 $\det(\boldsymbol{A}-\lambda\boldsymbol{E})$ 的元素的代数余子式，显然都是 λ 的多项式，并且其最高次数不超过 $n-1$，所以

$$\boldsymbol{B}(\lambda)=\boldsymbol{B}_{n-1}\lambda^{n-1}+\boldsymbol{B}_{n-2}\lambda^{n-2}+\cdots+\boldsymbol{B}_1\lambda+\boldsymbol{B}_0 \tag{5.15}$$

其中 $\boldsymbol{B}_{n-1},\boldsymbol{B}_{n-2},\cdots,\boldsymbol{B}_1,\boldsymbol{B}_0$ 都是 n 阶常数矩阵，将式(5.13) 与式(5.14) 代入式(5.15) 得

$$(\boldsymbol{B}_{n-1}\lambda^{n-1}+\boldsymbol{B}_{n-2}\lambda^{n-2}+\cdots+\boldsymbol{B}_1\lambda+\boldsymbol{B}_0)(\boldsymbol{A}-\lambda\boldsymbol{E})=$$
$$(a_n\lambda^n+a_{n-1}\lambda^{n-1}+\cdots+a_1\lambda+a_0)\boldsymbol{E}$$

比较两边 λ 的同次幂系数得

$$\begin{cases}-\boldsymbol{B}_{n-1}=a_n\boldsymbol{E}\\ \boldsymbol{B}_{n-1}\boldsymbol{A}-\boldsymbol{B}_{n-2}=a_{n-1}\boldsymbol{E}\\ \cdots\\ \boldsymbol{B}_1\boldsymbol{A}-\boldsymbol{B}_0=a_1\boldsymbol{E}\\ \boldsymbol{B}_0\boldsymbol{A}=a_0\boldsymbol{E}\end{cases}$$

分别以 $\boldsymbol{A}^n,\boldsymbol{A}^{n-1},\cdots,\boldsymbol{A},\boldsymbol{E}$ 右乘上式的第1式，第2式，…，第 $n+1$ 式，然后相加，得

$$\boldsymbol{O}=a_n\boldsymbol{A}^n+a_{n-1}\boldsymbol{A}^{n-1}+\cdots+a_1\boldsymbol{A}+a_0\boldsymbol{E}$$

即 $f(\boldsymbol{A})=\boldsymbol{O}$.　　证毕

以下用例子说明哈密尔顿-凯莱定理在简化矩阵计算中的应用.

例 5.10　已知矩阵

$$\boldsymbol{A}=\begin{pmatrix}-1&1&0\\-4&3&0\\1&0&2\end{pmatrix}$$

(1) 试计算 $\boldsymbol{A}^7-\boldsymbol{A}^5-19\boldsymbol{A}^4+28\boldsymbol{A}^3+6\boldsymbol{A}-4\boldsymbol{E}$;

(2) 试求 $\boldsymbol{A}^{-1}$.

解　(1) 令 $g(\lambda)=\lambda^7-\lambda^5-19\lambda^4+28\lambda^3+6\lambda-4$，需计算 $g(\boldsymbol{A})$. 因为 $\boldsymbol{A}$ 的特征多项式为

$$f(\lambda)=\det(\boldsymbol{A}-\lambda\boldsymbol{E})=(2-\lambda)(\lambda-1)^2=-\lambda^3+4\lambda^2-5\lambda+2$$

用 $f(\lambda)$ 除 $g(\lambda)$ 得

$$g(\lambda)=-(\lambda^4+4\lambda^3+10\lambda^2+3\lambda-2)f(\lambda)-3\lambda^2+22\lambda-8$$

由哈密尔顿-凯莱定理知 $f(\boldsymbol{A})=\boldsymbol{O}$，于是

$$g(\boldsymbol{A})=-3\boldsymbol{A}^2+22\boldsymbol{A}-8\boldsymbol{E}=\begin{pmatrix}-19&16&0\\-64&43&0\\19&-3&24\end{pmatrix}$$

(2) 由 $f(\boldsymbol{A})=-\boldsymbol{A}^3+4\boldsymbol{A}^2-5\boldsymbol{A}+2\boldsymbol{E}=\boldsymbol{O}$ 得

$$\boldsymbol{A}\left[\frac{1}{2}(\boldsymbol{A}^2-4\boldsymbol{A}+5\boldsymbol{E})\right]=\boldsymbol{E}$$

故 $$\boldsymbol{A}^{-1}=\frac{1}{2}(\boldsymbol{A}^2-4\boldsymbol{A}+5\boldsymbol{E})=\begin{pmatrix}3&-1&0\\4&-1&0\\-\frac{3}{2}&\frac{1}{2}&\frac{1}{2}\end{pmatrix}$$

习 题 五

1. 求下列矩阵的特征值和特征向量：

(1) $\begin{pmatrix}1&-1\\2&4\end{pmatrix}$； (2) $\begin{pmatrix}1&2&3\\2&1&3\\3&3&6\end{pmatrix}$.

并问它们的特征向量是否两两正交？

2. 如果 n 阶方阵 $\boldsymbol{A}$ 满足 $\boldsymbol{A}^2=2\boldsymbol{A}$，证明 $\boldsymbol{A}$ 的特征值只能是 0 和 2.

3. 如果 $\boldsymbol{A}\sim\boldsymbol{B},\boldsymbol{C}\sim\boldsymbol{D}$，证明 $\begin{pmatrix}\boldsymbol{A}&\\&\boldsymbol{C}\end{pmatrix}\sim\begin{pmatrix}\boldsymbol{B}&\\&\boldsymbol{D}\end{pmatrix}$.

4. 设 $\boldsymbol{A},\boldsymbol{B}$ 都是 n 阶方阵，且 $\det\boldsymbol{A}\neq 0$，证明 $\boldsymbol{AB}$ 与 $\boldsymbol{BA}$ 相似.

5. 设 3 阶方阵 $\boldsymbol{A}$ 的特征值为 $\lambda_1=1,\lambda_2=0,\lambda_3=-1$，对应的特征向量依次为

$$\boldsymbol{p}_1=\begin{pmatrix}1\\2\\2\end{pmatrix},\quad \boldsymbol{p}_2=\begin{pmatrix}2\\-2\\1\end{pmatrix},\quad \boldsymbol{p}_3=\begin{pmatrix}-2\\-1\\2\end{pmatrix}$$

求 $\boldsymbol{A}$.

6. 设 $\lambda_1,\lambda_2,\cdots,\lambda_n$ 是 n 阶方阵 $\boldsymbol{A}$ 的特征值，如果 $\boldsymbol{A}$ 是可逆矩阵，证明

(1) $\dfrac{1}{\lambda_i}$ $(i=1,2,\cdots,n)$ 是 $\boldsymbol{A}^{-1}$ 的特征值；

(2) $\dfrac{\det\boldsymbol{A}}{\lambda_i}$ $(i=1,2,\cdots,n)$ 是 $\boldsymbol{A}^*$ 的特征值.

7. 问下列矩阵能否与对角矩阵相似？若可以，试求相似变换矩阵 $\boldsymbol{P}$ 和相应的对角矩阵 $\boldsymbol{\Lambda}$.

(1) $\boldsymbol{A}=\begin{pmatrix}-2&0&-4\\1&2&1\\1&0&3\end{pmatrix}$； (2) $\boldsymbol{A}=\begin{pmatrix}3&1&0\\-4&-1&0\\4&-8&-2\end{pmatrix}$；

(3) $\boldsymbol{A}=\begin{pmatrix}1&0&1\\0&1&0\\1&0&1\end{pmatrix}$.

8. 设$A=\begin{pmatrix}-2&1&1\\0&2&0\\-4&1&3\end{pmatrix}$,求$A^{100}$.

9. 设$A=\begin{pmatrix}1&a&1\\a&1&b\\1&b&1\end{pmatrix}$,$B=\begin{pmatrix}0&0&0\\0&1&0\\0&0&2\end{pmatrix}$,且$A$与$B$相似.

(1) 求a,b；　(2) 求一可逆矩阵P,使$P^{-1}AP=B$.

10. 已知 3 阶方阵A的特征值为 1,1,−2,求$\det(A-E)$,$\det(A+2E)$,$\det(A^2+2A-3E)$.

11. 设λ_1,λ_2是方阵A的两个不同的特征值,p_1,p_2分别为对应于λ_1,λ_2的特征向量,证明p_1+p_2不是A的特征向量.

12. 设A是正交矩阵,证明:

(1) $\det A=\pm1$；　(2) A^T,A^{-1},A^*都是正交矩阵.

13. 设A,B均为n阶正交矩阵,证明AB也是正交矩阵.

14. 设A,B均为n阶正交矩阵,且$\det A=-\det B$,证明$\det(A+B)=0$.

15. 求正交矩阵Q,使$Q^{-1}AQ$为对角矩阵:

(1) $A=\begin{pmatrix}2&-2&0\\-2&1&-2\\0&-2&0\end{pmatrix}$；(2) $A=\begin{pmatrix}2&2&-2\\2&5&-4\\-2&-4&5\end{pmatrix}$.

16. 设 3 阶实对称矩阵A的特征值为 6,3,3,特征值 6 对应的特征向量为$p_1=(1,1,1)^T$,求A.

17. 已知向量$\alpha=(1,k,1)^T$是矩阵$A=\begin{pmatrix}2&1&1\\1&2&1\\1&1&2\end{pmatrix}$的逆矩阵$A^{-1}$的特征向量,试求常数$k$的值.

18. 设A是正交矩阵,证明A的实特征向量所对应的特征值的绝对值是 1.

19. 设A是n阶方阵,$1,2,\cdots,n$是A的n个特征值,E是n阶单位矩阵,计算行列式$\det(A-(n+1)E)$的值.

第六章　二　次　型

二次型理论起源于解析几何中的化二次曲线和二次曲面方程为标准形的问题，这一理论在数理统计、物理、力学及现代控制理论等诸多领域都有重要的应用．本章主要讨论化实二次型为标准形及正定二次型的判定等问题.

§6.1　二次型及其矩阵表示

在解析几何中，为了研究曲线的类型及性质，常把二次曲线方程化为标准形．例如二次曲线方程

$$5x^2+8xy+5y^2=9 \tag{6.1}$$

可经坐标旋转变换

$$\begin{cases} x=x'\cos\dfrac{\pi}{4}-y'\sin\dfrac{\pi}{4} \\ y=x'\sin\dfrac{\pi}{4}+y'\cos\dfrac{\pi}{4} \end{cases}$$

化为标准形

$$x'^2+\frac{1}{9}y'^2=1$$

对于二次曲面也有类似的化简问题．式(6.1)的左边是一个二次齐次多项式，把方程化为标准形的过程就是通过变量的线性变换，把二次齐次多项式化为变量的平方和形式．更一般地，这里讨论 n 个变量的二次齐次多项式的化简问题.

定义 6.1　含有 n 个变量 $x_1,x_2,\cdots,x_n$ 的二次齐次多项式

$$\begin{aligned} f(x_1,x_2,\cdots,x_n)=&a_{11}x_1^2+2a_{12}x_1x_2+\cdots+2a_{1n}x_1x_n+ \\ &a_{22}x_2^2+2a_{23}x_2x_3+\cdots+2a_{2n}x_2x_n+ \\ &\cdots+a_{nn}x_n^2 \end{aligned} \tag{6.2}$$

称为 ***n* 元二次型**，简称**二次型**．

当 a_{ij} 为实数时，称 f 为**实二次型**，当 a_{ij} 为复数时，称 f 为**复二次型**．本章仅讨论实二次型.

如果二次型中只含有变量的平方项，即

$$f(x_1,x_2,\cdots,x_n)=d_1x_1^2+d_2x_2^2+\cdots+d_nx_n^2$$

称为**标准形式的二次型**，简称为**标准形**.

取 $a_{ji}=a_{ij}$，便有

$$2a_{ij}x_ix_j=a_{ij}x_ix_j+a_{ji}x_jx_i$$

于是式(6.2)可以改写为

$$\begin{aligned} f= & a_{11}x_1^2+a_{12}x_1x_2+\cdots+a_{1n}x_1x_n+ \\ & a_{21}x_2x_1+a_{22}x_2^2+\cdots+a_{2n}x_2x_n+ \\ & \cdots+a_{n1}x_nx_1+a_{n2}x_nx_2+\cdots+a_{nn}x_n^2= \\ & x_1(a_{11}x_1+a_{12}x_2+\cdots+a_{1n}x_n)+ \\ & x_2(a_{21}x_1+a_{22}x_2+\cdots+a_{2n}x_n)+ \\ & \cdots+x_n(a_{n1}x_1+a_{n2}x_2+\cdots+a_{nn}x_n)= \\ & (x_1,x_2,\cdots,x_n)\begin{pmatrix} a_{11}x_1+a_{12}x_2+\cdots+a_{1n}x_n \\ a_{21}x_1+a_{22}x_2+\cdots+a_{2n}x_n \\ \vdots \\ a_{n1}x_1+a_{n2}x_2+\cdots+a_{nn}x_n \end{pmatrix}= \\ & (x_1,x_2,\cdots,x_n)\begin{pmatrix} a_{11} & a_{12} & \cdots & a_{1n} \\ a_{21} & a_{22} & \cdots & a_{2n} \\ \vdots & \vdots & & \vdots \\ a_{n1} & a_{n2} & \cdots & a_{nn} \end{pmatrix}\begin{pmatrix} x_1 \\ x_2 \\ \vdots \\ x_n \end{pmatrix} \end{aligned}$$

记

$$\boldsymbol{A}=\begin{pmatrix} a_{11} & a_{12} & \cdots & a_{1n} \\ a_{21} & a_{22} & \cdots & a_{2n} \\ \vdots & \vdots & & \vdots \\ a_{n1} & a_{n2} & \cdots & a_{nn} \end{pmatrix},\quad \boldsymbol{x}=\begin{pmatrix} x_1 \\ x_2 \\ \vdots \\ x_n \end{pmatrix}$$

则二次型可记作

$$f=\boldsymbol{x}^{\mathrm{T}}\boldsymbol{A}\boldsymbol{x} \tag{6.3}$$

其中 $\boldsymbol{A}$ 是实对称矩阵．称式(6.3)为**二次型的矩阵形式**.

例如，二次型

$$f(x_1,x_2,x_3)=x_1^2+2x_2^2+3x_3^2+x_1x_2+2x_1x_3-4x_2x_3$$

的矩阵形式为

$$f=(x_1,x_2,x_3)\begin{pmatrix} 1 & \frac{1}{2} & 1 \\ \frac{1}{2} & 2 & -2 \\ 1 & -2 & 3 \end{pmatrix}\begin{pmatrix} x_1 \\ x_2 \\ x_3 \end{pmatrix}$$

由式(6.3)知，任给一个二次型就唯一地确定一个实对称矩阵；反之，任给一个实对称矩阵．可唯一地确定一个二次型．因此，二次型与实对称矩阵之间有着一一对应的关系．把实对称矩阵 $\boldsymbol{A}$ 称为**二次型 f 的矩阵**，也把 f 称为**实对称矩阵 $\boldsymbol{A}$ 的二次型**．称实对称矩阵 $\boldsymbol{A}$ 的秩为**二次型 f 的秩**．

对于二次型，讨论的主要问题是：寻找实的可逆线性变换

$$\begin{cases} x_1 = c_{11}y_1 + c_{12}y_2 + \cdots + c_{1n}y_n \\ x_2 = c_{21}y_1 + c_{22}y_2 + \cdots + c_{2n}y_n \\ \quad\vdots \\ x_n = c_{n1}y_1 + c_{n2}y_2 + \cdots + c_{nn}y_n \end{cases}$$

其矩阵表示式为

$$\boldsymbol{x} = \boldsymbol{C}\boldsymbol{y} \quad (\boldsymbol{C} = (c_{ij})_{n\times n},\ \det\boldsymbol{C} \neq 0) \tag{6.4}$$

使二次型 f 为标准形，即把式(6.4)代入式(6.3)，能使

$$f = d_1y_1^2 + d_2y_2^2 + \cdots + d_ny_n^2$$

定义 6.2 设 $\boldsymbol{A},\boldsymbol{B}$ 为 n 阶方阵，若有 n 阶可逆矩阵 $\boldsymbol{C}$，使得

$$\boldsymbol{C}^{\mathrm{T}}\boldsymbol{A}\boldsymbol{C} = \boldsymbol{B}$$

则称矩阵 $\boldsymbol{A}$ 与 $\boldsymbol{B}$ 合同，记为 $\boldsymbol{A} \simeq \boldsymbol{B}$.

合同是矩阵之间的一种关系．容易验证，合同关系具有：

(1) 反身性：$\boldsymbol{A} \simeq \boldsymbol{A}$；

(2) 对称性：若 $\boldsymbol{A} \simeq \boldsymbol{B}$，则 $\boldsymbol{B} \simeq \boldsymbol{A}$；

(3) 传递性：若 $\boldsymbol{A} \simeq \boldsymbol{B}$，$\boldsymbol{B} \simeq \boldsymbol{D}$，则 $\boldsymbol{A} \simeq \boldsymbol{D}$.

定理 6.1 若 n 阶方阵 $\boldsymbol{A}$ 与 $\boldsymbol{B}$ 合同，且 $\boldsymbol{A}$ 为对称矩阵，则 $\boldsymbol{B}$ 也为对称矩阵，且 $\mathrm{rank}\boldsymbol{B} = \mathrm{rank}\boldsymbol{A}$.

证 $\boldsymbol{A}$ 与 $\boldsymbol{B}$ 合同，即存在 n 阶可逆矩阵 $\boldsymbol{C}$，使得

$$\boldsymbol{C}^{\mathrm{T}}\boldsymbol{A}\boldsymbol{C} = \boldsymbol{B}$$

又 $\boldsymbol{A}$ 为对称矩阵，即 $\boldsymbol{A}^{\mathrm{T}} = \boldsymbol{A}$，于是

$$\boldsymbol{B}^{\mathrm{T}} = (\boldsymbol{C}^{\mathrm{T}}\boldsymbol{A}\boldsymbol{C})^{\mathrm{T}} = \boldsymbol{C}^{\mathrm{T}}\boldsymbol{A}^{\mathrm{T}}\boldsymbol{C} = \boldsymbol{C}^{\mathrm{T}}\boldsymbol{A}\boldsymbol{C} = \boldsymbol{B}$$

即 $\boldsymbol{B}$ 为对称矩阵.

若 $\boldsymbol{A}$ 与 $\boldsymbol{B}$ 合同，由定理 3.8 知 $\boldsymbol{A}$ 与 $\boldsymbol{B}$ 等价，故 $\mathrm{rank}\boldsymbol{B} = \mathrm{rank}\boldsymbol{A}$. 证毕

把可逆线性变换(6.4)代入二次型(6.3)得

$$f = (\boldsymbol{C}\boldsymbol{y})^{\mathrm{T}}\boldsymbol{A}(\boldsymbol{C}\boldsymbol{y}) = \boldsymbol{y}^{\mathrm{T}}(\boldsymbol{C}^{\mathrm{T}}\boldsymbol{A}\boldsymbol{C})\boldsymbol{y} = \boldsymbol{y}^{\mathrm{T}}\boldsymbol{B}\boldsymbol{y}$$

其中 $\boldsymbol{B}=\boldsymbol{C}^{\mathrm{T}}\boldsymbol{A}\boldsymbol{C}$. 由于 $\boldsymbol{A}$ 是实对称矩阵，由定理 6.1 知，$\boldsymbol{B}$ 也是实对称矩阵，这表明可逆线性变换将二次型仍变为二次型，且变换前后二次型的矩阵是合同的．若 $\boldsymbol{B}$ 是对角阵，则 $\boldsymbol{y}^{\mathrm{T}}\boldsymbol{B}\boldsymbol{y}$ 就是标准形．因此，把二次型化为标准形的问题其实质是：对于实对称矩阵 $\boldsymbol{A}$，寻找可逆矩阵 $\boldsymbol{C}$，使得 $\boldsymbol{C}^{\mathrm{T}}\boldsymbol{A}\boldsymbol{C}$ 为对角矩阵．

§6.2 化二次型为标准形

本节介绍三种把二次型化为标准形的方法.

一、正交变换法

由定理 5.8,对于 n 阶实对称矩阵 $\boldsymbol{A}$,一定存在 n 阶正交矩阵 $\boldsymbol{Q}$,使

$$\boldsymbol{Q}^{\mathrm{T}}\boldsymbol{A}\boldsymbol{Q}=\boldsymbol{Q}^{-1}\boldsymbol{A}\boldsymbol{Q}=\boldsymbol{\Lambda}=\mathrm{diag}\{\lambda_1,\lambda_2,\cdots,\lambda_n\}$$

其中 $\lambda_i(i=1,2,\cdots,n)$ 是 $\boldsymbol{A}$ 的特征值,即实对称矩阵 $\boldsymbol{A}$ 一定与对角矩阵合同.取可逆线性变换,也称为**正交变换**

$$\boldsymbol{x}=\boldsymbol{Q}\boldsymbol{y} \tag{6.5}$$

则二次型化为

$$f=\boldsymbol{x}^{\mathrm{T}}\boldsymbol{A}\boldsymbol{x}=\boldsymbol{y}^{\mathrm{T}}(\boldsymbol{Q}^{\mathrm{T}}\boldsymbol{A}\boldsymbol{Q})\boldsymbol{y}=\boldsymbol{y}^{\mathrm{T}}\boldsymbol{\Lambda}\boldsymbol{y}=\sum_{i=1}^{n}\lambda_i y_i^2$$

这种用正交变换化二次型为标准形的方法称为**正交变换法**. 于是有下面的重要定理.

定理 6.2(主轴定理) 对于任何一个 n 元实二次型 $f=\boldsymbol{x}^{\mathrm{T}}\boldsymbol{A}\boldsymbol{x}$,存在正交变换 $\boldsymbol{x}=\boldsymbol{Q}\boldsymbol{y}$,使二次型 f 化为标准形

$$f=\lambda_1 y_1^2+\lambda_2 y_2^2+\cdots+\lambda_n y_n^2 \tag{6.6}$$

其中 $\lambda_1,\lambda_2,\cdots,\lambda_n$ 为实对称矩阵 $\boldsymbol{A}$ 的特征值,$\boldsymbol{Q}$ 的列向量是 $\boldsymbol{A}$ 的 n 个特征值对应的 n 个单位正交的特征向量,称式(6.6)为**实二次型在正交变换下的标准形**.

例 6.1 用正交变换化二次型

$$f(x_1,x_2,x_3)=2x_1^2+5x_2^2+5x_3^2+4x_1x_2-4x_1x_3-8x_2x_3$$

为标准形,并写出所用的正交变换.

解 二次型的矩阵为

$$\boldsymbol{A}=\begin{pmatrix}2 & 2 & -2\\ 2 & 5 & -4\\ -2 & -4 & 5\end{pmatrix}$$

因为 $\det(\boldsymbol{A}-\lambda\boldsymbol{E})=(1-\lambda)^2(10-\lambda)$,所以 $\boldsymbol{A}$ 的特征值为

$$\lambda_1=\lambda_2=1,\quad \lambda_3=10$$

可求得对应的特征向量分别为

$$\boldsymbol{p}_1=(-2,1,0)^{\mathrm{T}},\quad \boldsymbol{p}_2=(2,0,1)^{\mathrm{T}},\quad \boldsymbol{p}_3=(-1,-2,2)^{\mathrm{T}}$$

将 $\boldsymbol{p}_1,\boldsymbol{p}_2$ 正交化

$$\boldsymbol{\eta}_1=\boldsymbol{p}_1=(-2,1,0)^{\mathrm{T}},\quad \boldsymbol{\eta}_2=\boldsymbol{p}_1-\frac{[\boldsymbol{p}_2,\boldsymbol{\eta}_1]}{[\boldsymbol{\eta}_1,\boldsymbol{\eta}_1]}\boldsymbol{\eta}_1=\left(\frac{2}{5},\frac{4}{5},1\right)^{\mathrm{T}}$$

再将 $\boldsymbol{\eta}_1,\boldsymbol{\eta}_2,\boldsymbol{p}_3$ 单位化

$$\boldsymbol{q}_1=\left(-\frac{2}{\sqrt{5}},\frac{1}{\sqrt{5}},0\right)^{\mathrm{T}},\ \boldsymbol{q}_2=\left(\frac{2}{3\sqrt{5}},\frac{4}{3\sqrt{5}},\frac{5}{3\sqrt{5}}\right)^{\mathrm{T}},\ \boldsymbol{q}_3=\left(-\frac{1}{3},-\frac{2}{3},\frac{2}{3}\right)^{\mathrm{T}}$$

于是正交变换
$$\begin{pmatrix} x_1 \\ x_2 \\ x_3 \end{pmatrix} = \begin{pmatrix} -\frac{2}{\sqrt{5}} & \frac{2}{3\sqrt{5}} & -\frac{1}{3} \\ \frac{2}{\sqrt{5}} & \frac{4}{3\sqrt{5}} & -\frac{2}{3} \\ 0 & \frac{5}{3\sqrt{5}} & \frac{2}{3} \end{pmatrix} \begin{pmatrix} y_1 \\ y_2 \\ y_3 \end{pmatrix}$$
化二次型为
$$f = y_1^2 + y_2^2 + 10y_3^2$$

式(6.5)的正交变换不改变向量的内积,这是因为:若列向量 $\boldsymbol{y}_1$ 和 $\boldsymbol{y}_2$ 经过正交变换变为 $\boldsymbol{x}_1$ 和 $\boldsymbol{x}_2$,则
$$[\boldsymbol{x}_1, \boldsymbol{x}_2] = \boldsymbol{x}_1^{\mathrm{T}}\boldsymbol{x}_2 = (\boldsymbol{Q}\boldsymbol{y}_1)^{\mathrm{T}}(\boldsymbol{Q}\boldsymbol{y}_2) = \boldsymbol{y}_1^{\mathrm{T}}(\boldsymbol{Q}^{\mathrm{T}}\boldsymbol{Q})\boldsymbol{y}_2 = \boldsymbol{y}_1^{\mathrm{T}}\boldsymbol{y}_2 = [\boldsymbol{y}_1, \boldsymbol{y}_2]$$
从而正交变换不改变向量的长度与夹角. 这是正交变换的优良特性,是它得以广泛应用的重要原因. 在解析几何中化简二次曲线或二次曲面方程时,要用到正交变换(如转轴公式).

由解析几何知道,二次方程
$$a_{11}x_1^2 + a_{22}x_2^2 + a_{33}x_3^2 + 2a_{12}x_1x_2 + 2a_{13}x_1x_3 + 2a_{23}x_2x_3 + b_1x_1 + b_2x_2 + b_3x_3 + c = 0$$
一般来说表示空间二次曲面. 要判断该二次曲面的类型,需要用直角坐标变换将其中三元二次型部分的交叉项消去,即变成标准形,再通过坐标平移,即可得到二次曲面的标准方程.

注意到在一般的可逆线性变换 $\boldsymbol{x} = \boldsymbol{P}\boldsymbol{y}$ 之下,向量的长度要改变(即 $\|\boldsymbol{x}\| \neq \|\boldsymbol{y}\|$),但正交变换 $\boldsymbol{x} = \boldsymbol{Q}\boldsymbol{y}$ 却具有保持向量长度及夹角等度量不变的性质,因此正交变换 $\boldsymbol{x} = \boldsymbol{Q}\boldsymbol{y}$ 是直角坐标变换,它符合解析几何的要求. 通过下例加以说明.

例 6.2 试用直角坐标变换化简二次曲面方程
$$6x_1^2 + 5x_2^2 + 7x_3^2 - 4x_1x_2 + 4x_1x_3 + 12x_1 + 6x_2 + 18x_3 = 0 \tag{6.6}$$
并判明它是何种曲面.

解 方程左端二次型部分对应的矩阵为
$$\boldsymbol{A} = \begin{pmatrix} 6 & -2 & 2 \\ -2 & 5 & 0 \\ 2 & 0 & 7 \end{pmatrix}$$
可求得特征多项式 $\det(\boldsymbol{A} - \lambda\boldsymbol{E}) = -(\lambda - 3)(\lambda - 6)(\lambda - 9)$,于是 $\boldsymbol{A}$ 的特征值 $\lambda_1 = 3,\ \lambda_2 = 6,\ \lambda_3 = 9$,对应的特征向量分别为
$$\boldsymbol{p}_1 = (2, 2, -1)^{\mathrm{T}},\quad \boldsymbol{p}_2 = (-1, 2, 2)^{\mathrm{T}},\quad \boldsymbol{p}_3 = (2, -1, 2)^{\mathrm{T}}$$
将它们分别单位化以后便得正交矩阵

$$Q=\frac{1}{3}\begin{pmatrix}2 & -1 & 2\\ 2 & 2 & -1\\ -1 & 2 & 2\end{pmatrix}$$

令 $x=Qy$，代入曲面方程式(6.6)，便得

$$3y_1^2+6y_2^2+9y_3^2+6y_1+12y_2+18y_3=0$$

再令 $\begin{cases}z_1=y_1+1\\ z_2=y_2+1\\ z_3=y_3+1\end{cases}$，得曲面的标准方程

$$3z_1^2+6z_2^2+9z_3^2=18 \quad 即 \quad \frac{z_1^2}{6}+\frac{z_2^2}{3}+\frac{z_3^2}{2}=1$$

这是椭球面，所用的直角坐标变换为

$$\begin{cases}x_1=\frac{1}{3}(2z_1-z_2+2z_3)-1\\ x_2=\frac{1}{3}(2z_1+2z_2-z_3)-1\\ x_3=\frac{1}{3}(-z_1+2z_2+2z_3)-1\end{cases}$$

二、配方法

如果不限于正交变换，那么还可以有多种方法（对应有多个可逆的线性变换）把二次型化为标准形．以下仅介绍配方法和初等变换法．

配方法又称为**拉格朗日**(Lagrange)**配方法**，其基本思想是配平方．下面举例说明这种方法．

例 6.3 用配方法化二次型

$$f(x_1,x_2,x_3)=x_1^2+2x_2^2+5x_3^2+2x_1x_2+2x_1x_3+6x_2x_3$$

为标准形，并写出所用的可逆线性变换．

解 先集中所有含 x_1 的项并配方，得

$$\begin{aligned}f&=x_1^2+2x_1(x_2+x_3)+2x_2^2+5x_3^2+6x_2x_3=\\&(x_1+x_2+x_3)^2-(x_2+x_3)^2+2x_2^2+5x_3^2+6x_2x_3=\\&(x_1+x_2+x_3)^2+x_2^2+4x_2x_3+4x_3^2\end{aligned}$$

令 $\begin{cases}y_1=x_1+x_2+x_3\\ y_2=x_2\\ y_3=x_3\end{cases}$，即 $\begin{cases}x_1=y_1-y_2-y_3\\ x_2=y_2\\ x_3=y_3\end{cases}$，得

$$f=y_1^2+y_2^2+4y_2y_3+4y_3^2$$

上式右端除第一项外已不再含 y_1．继续配方，可得

$$f=y_1^2+(y_2+2y_3)^2$$

令$\begin{cases} z_1 = y_1 \\ z_2 = y_2 + 2y_3 \\ z_3 = y_3 \end{cases}$,即$\begin{cases} y_1 = z_1 \\ y_3 = z_2 - 2z_3 \\ y_3 = z_3 \end{cases}$,得标准形

$$f = z_1^2 + z_2^2$$

所用的可逆线性变换为

$$\begin{cases} x_1 = z_1 - z_2 + z_3 \\ x_2 = z_2 - 2z_3 \\ x_3 = z_3 \end{cases}$$

例 6.4 用配方法把二次型

$$f(x_1, x_2, x_3) = 2x_1x_2 + 2x_1x_3 - 6x_2x_3$$

化为标准形,并写出所用的可逆线性变换.

解 因为 f 中不含平方项而含 x_1x_2 乘积项,故令

$$\begin{cases} x_1 = y_1 + y_2 \\ x_2 = y_1 - y_2 \\ x_3 = y_3 \end{cases} \tag{6.7}$$

代入二次型,得

$$f = 2(y_1 + y_2)(y_1 - y_2) + 2(y_1 + y_2)y_3 - 6(y_1 - y_2)y_3 = \\ 2y_1^2 - 2y_2^2 - 4y_1y_3 + 8y_2y_3$$

再按例 6.2 的方法配方

$$f = 2(y_1 - y_3)^2 - 2(y_2 - 2y_3)^2 + 6y_3^2$$

令$\begin{cases} z_1 = y_1 - y_3 \\ z_2 = y_2 - 2y_3 \\ z_3 = y_3 \end{cases}$,即$\begin{cases} y_1 = z_1 + z_3 \\ y_2 = z_2 + 2z_3 \\ y_3 = z_3 \end{cases}$ (6.8)

则二次型化为 $f = 2z_1^2 - 2z_2^2 + 6z_3^2$

将式(6.8)代入式(6.7),得可逆线性变换

$$\begin{cases} x_1 = z_1 + z_2 + 3z_3 \\ x_2 = z_1 - z_2 - z_3 \\ x_3 = z_3 \end{cases}$$

如果再作实的可逆线性变换

$\begin{cases} u_1 = \sqrt{2}\, z_1 \\ u_2 = \sqrt{6}\, z_3 \\ u_3 = \sqrt{2}\, z_2 \end{cases}$, 即$\begin{cases} x_1 = \dfrac{1}{\sqrt{2}}u_1 + \dfrac{3}{\sqrt{6}}u_2 + \dfrac{1}{\sqrt{2}}u_3 \\ x_2 = \dfrac{1}{\sqrt{2}}u_1 - \dfrac{1}{\sqrt{6}}u_2 - \dfrac{1}{\sqrt{2}}u_3 \\ x_3 = \dfrac{1}{\sqrt{6}}u_2 \end{cases}$

则二次型进一步化为

$$f = u_1^2 + u_2^2 - u_3^2$$

以上例子说明，用可逆线性变换化二次型为标准形时，所用的线性变换不唯一，得到的标准形也不唯一．但是标准形中的非零平方项的个数是不变的，等于二次型的秩．这是因为新旧二次型的矩阵是合同的，而合同矩阵的秩相同．

一般地，n 个变量的实二次型也可以用配方法化为标准形，即如果二次型中没有平方项，先用可逆线性变换使它出现平方项，再集中含某一个平方项的变量的所有项，然后配方；对剩下的 $n-1$ 个变量的二次型继续这一做法，直至把二次型用可逆线性变换化为标准形．于是得到如下定理（详细证明要用到数学归纳法，此处略）．

定理 6.3　秩为 r 的任意 n 元实二次型 $f = \boldsymbol{x}^{\mathrm{T}}\boldsymbol{A}\boldsymbol{x}$ 都可以通过可逆线性变换 $\boldsymbol{x} = \boldsymbol{C}\boldsymbol{y}$ 化为标准形

$$f = d_1 y_1^2 + d_2 y_2^2 + \cdots + d_r y_r^2 \quad (d_i \neq 0,\ i = 1,\ 2,\ \cdots,\ r)$$

这个定理还可以用矩阵的语言叙述如下．

定理 6.4　秩为 r 的任一 n 阶实对称矩阵 $\boldsymbol{A}$ 都合同于对角矩阵，即存在 n 阶可逆矩阵 $\boldsymbol{C}$，使得

$$\boldsymbol{C}^{\mathrm{T}}\boldsymbol{A}\boldsymbol{C} = \boldsymbol{D} = \mathrm{diag}\{d_1, \cdots, d_r, 0, \cdots, 0\} \quad (d_i \neq 0,\ i = 1,\ 2,\ \cdots,\ r) \tag{6.9}$$

*三、初等变换法

由定理 6.4 知，实对称矩阵 $\boldsymbol{A}$ 合同于对角矩阵．现讨论用矩阵的初等变换求定理 6.4 中的逆矩阵 $\boldsymbol{C}$ 及对角矩阵 $\boldsymbol{D}$．

根据定理 3.7，可逆矩阵 $\boldsymbol{C}$ 可以表示为有限个初等矩阵 $\boldsymbol{P}_1, \boldsymbol{P}_2, \cdots, \boldsymbol{P}_m$ 的乘积，即

$$\boldsymbol{C} = \boldsymbol{P}_1\boldsymbol{P}_2\cdots\boldsymbol{P}_m = \boldsymbol{E}\boldsymbol{P}_1\boldsymbol{P}_2\cdots\boldsymbol{P}_m \tag{6.10}$$

把式(6.10)代入式(6.9)，得

$$\boldsymbol{P}_m^{\mathrm{T}}\cdots\boldsymbol{P}_2^{\mathrm{T}}\boldsymbol{P}_1^{\mathrm{T}}\boldsymbol{A}\boldsymbol{P}_1\boldsymbol{P}_2\cdots\boldsymbol{P}_m = \boldsymbol{D} \tag{6.11}$$

式(6.11)表明，对实对称矩阵 $\boldsymbol{A}$ 施行 m 次初等行变换及相同的 m 次初等列变换（见定理 3.6），$\boldsymbol{A}$ 就变为对角矩阵 $\boldsymbol{D}$．而式(6.10)表明对单位矩阵 $\boldsymbol{E}$ 施行上述的初等列变换，$\boldsymbol{E}$ 就变为可逆矩阵 $\boldsymbol{C}$．这种利用矩阵的初等变换求可逆矩阵 $\boldsymbol{C}$ 及对角矩阵 $\boldsymbol{D}$，使得 $\boldsymbol{A}$ 与 $\boldsymbol{D}$ 合同的方法称为**初等变换法**．

具体做法：对以 n 阶实对称矩阵 $\boldsymbol{A}$ 和 n 阶单位矩阵 $\boldsymbol{E}$ 作成的 $2n \times n$ 矩阵进行初等变换

$$\begin{pmatrix} A \\ \cdots \\ E \end{pmatrix} \xrightarrow[\text{对 } 2n\times n \text{ 矩阵施行相同的初等列变换}]{\text{对 } A \text{ 施行初等行变换}} \begin{pmatrix} D \\ \cdots \\ C \end{pmatrix}$$

则 $C^{T}AC=D$.

例 6.5 已知实对称矩阵

$$A=\begin{pmatrix} 1 & 1 & 1 \\ 1 & 2 & 3 \\ 1 & 3 & 5 \end{pmatrix}$$

用初等变换法求可逆矩阵 C 及对角矩阵 D，使得 A 与 D 合同.

解

$$\begin{pmatrix} A \\ \cdots \\ E \end{pmatrix}=\begin{pmatrix} 1 & 1 & 1 \\ 1 & 2 & 3 \\ 1 & 3 & 5 \\ \hdashline 1 & 0 & 0 \\ 0 & 1 & 0 \\ 0 & 0 & 1 \end{pmatrix} \xrightarrow[c_2+(-1)\times c_1]{r_2+(-1)\times r_1} \begin{pmatrix} 1 & 0 & 1 \\ 0 & 1 & 2 \\ 1 & 2 & 5 \\ \hdashline 1 & -1 & 0 \\ 0 & 1 & 0 \\ 0 & 0 & 1 \end{pmatrix} \xrightarrow[c_3+(-1)\times c_1]{r_3+(-1)\times r_1}$$

$$\begin{pmatrix} 1 & 0 & 0 \\ 0 & 1 & 2 \\ 0 & 2 & 4 \\ \hdashline 1 & -1 & -1 \\ 0 & 1 & 0 \\ 0 & 0 & 1 \end{pmatrix} \xrightarrow[c_3+(-2)\times c_2]{r_3+(-2)\times r_2} \begin{pmatrix} 1 & 0 & 0 \\ 0 & 1 & 0 \\ 0 & 0 & 0 \\ \hdashline 1 & -1 & 1 \\ 0 & 1 & -2 \\ 0 & 0 & 1 \end{pmatrix}$$

所求可逆矩阵 C 及对角矩阵 D 为

$$C=\begin{pmatrix} 1 & -1 & 1 \\ 0 & 1 & -2 \\ 0 & 0 & 1 \end{pmatrix},\quad D=\begin{pmatrix} 1 & 0 & 0 \\ 0 & 1 & 0 \\ 0 & 0 & 0 \end{pmatrix}$$

且 $C^{T}AC=D$.

例 6.6 用初等变换法把例 6.4 的二次型化为标准形，并写出所用的可逆线性变换.

解 二次型的矩阵为

$$A=\begin{pmatrix} 0 & 1 & 1 \\ 1 & 0 & -3 \\ 1 & -3 & 0 \end{pmatrix}$$

又有

$$\begin{pmatrix} A \\ \hdashline E \end{pmatrix} = \begin{pmatrix} 0 & 1 & 1 \\ 1 & 0 & -3 \\ 1 & -3 & 0 \\ \hdashline 1 & 0 & 0 \\ 0 & 1 & 0 \\ 0 & 0 & 1 \end{pmatrix} \xrightarrow[c_1 + c_2]{r_1 + r_2} \begin{pmatrix} 2 & 1 & -2 \\ 1 & 0 & -3 \\ -2 & -3 & 0 \\ \hdashline 1 & 0 & 0 \\ 1 & 1 & 0 \\ 0 & 0 & 1 \end{pmatrix}$$

$$\xrightarrow[c_2 + \left(-\frac{1}{2}\right) \times c_1]{r_2 + \left(-\frac{1}{2}\right) \times r_1} \begin{pmatrix} 2 & 0 & -2 \\ 0 & -\frac{1}{2} & -2 \\ -2 & -2 & 0 \\ \hdashline 1 & -\frac{1}{2} & 0 \\ 1 & \frac{1}{2} & 0 \\ 0 & 0 & 1 \end{pmatrix} \xrightarrow[c_3 + c_1]{r_3 + r_1}$$

$$\begin{pmatrix} 2 & 0 & 0 \\ 0 & -\frac{1}{2} & -2 \\ 0 & -2 & -2 \\ \hdashline 1 & -\frac{1}{2} & 1 \\ 1 & \frac{1}{2} & 1 \\ 0 & 0 & 1 \end{pmatrix} \xrightarrow[c_3 + (-4) \times c_2]{r_3 + (-4) \times r_2} \begin{pmatrix} 2 & 0 & 0 \\ 0 & -\frac{1}{2} & 0 \\ 0 & 0 & 6 \\ \hdashline 1 & -\frac{1}{2} & 3 \\ 1 & \frac{1}{2} & -1 \\ 0 & 0 & 1 \end{pmatrix}$$

故可逆线性变换

$$\begin{pmatrix} x_1 \\ x_2 \\ x_3 \end{pmatrix} = \begin{pmatrix} 1 & -\frac{1}{2} & 3 \\ 1 & \frac{1}{2} & -1 \\ 0 & 0 & 1 \end{pmatrix} \begin{pmatrix} y_1 \\ y_2 \\ y_3 \end{pmatrix}$$

化二次型为

$$f = 2y_1^2 - \frac{1}{2}y_2^2 + 6y_3^2$$

§6.3 正定二次型

一、惯性定理

由定理6.3，秩为r的n元实二次型$f=\boldsymbol{x}^{\mathrm{T}}\boldsymbol{A}\boldsymbol{x}$可经过适当的可逆线性变换$\boldsymbol{x}=\boldsymbol{C}\boldsymbol{y}$（包括重新排列变量的顺序）后，化为标准形

$$f=d_1y_1^2+\cdots+d_py_p^2-d_{p+1}y_{p+1}^2-\cdots-d_ry_r^2$$

其中$d_i>0$ $(i=1,2,\cdots,r)$. 假如再作实可逆线性变换

$$z_1=\sqrt{d_1}\,y_1,\cdots,z_r=\sqrt{d_r}\,y_r,z_{r+1}=y_{r+1},\cdots,z_n=y_n$$

就得到
$$f=z_1^2+\cdots+z_p^2-z_{p+1}^2-\cdots-z_r^2$$

称这一简单形式为**实二次型的规范形**.

定理6.5（惯性定理） 对于秩为r的n元实二次型$f=\boldsymbol{x}^{\mathrm{T}}\boldsymbol{A}\boldsymbol{x}$，不论用怎样的实可逆线性变换将其化为标准形，标准形中系数不等于零的平方项个数为r，且其中正项的个数p由所给二次型唯一确定. 进一步有，任意实二次型f都可以用实可逆线性变换化为规范形，且规范形是唯一的.

*证 前面的讨论已表明实二次型可以化为规范形. 下面来证明规范形的唯一性.

设秩为r的n元实二次型$f=\boldsymbol{x}^{\mathrm{T}}\boldsymbol{A}\boldsymbol{x}$经过实的可逆线性变换$\boldsymbol{x}=\boldsymbol{C}\boldsymbol{y}$和$\boldsymbol{x}=\widetilde{\boldsymbol{C}}\boldsymbol{z}$分别化为规范形

$$f=y_1^2+\cdots+y_p^2-y_{p+1}^2-\cdots-y_r^2$$
$$f=z_1^2+\cdots+z_q^2-z_{q+1}^2-\cdots-z_r^2$$

要证明规范形是唯一的，只要证明$p=q$即可. 用反证法. 设$p>q$，则有

$$y_1^2+\cdots+y_p^2-y_{p+1}^2-\cdots-y_r^2=z_1^2+\cdots+z_q^2-z_{q+1}^2-\cdots-z_r^2 \tag{6.12}$$

由$\boldsymbol{x}=\boldsymbol{C}\boldsymbol{y}$及$\boldsymbol{x}=\widetilde{\boldsymbol{C}}\boldsymbol{z}$得

$$\boldsymbol{z}=\widetilde{\boldsymbol{C}}^{-1}\boldsymbol{C}\boldsymbol{y}=\boldsymbol{G}\boldsymbol{y}$$

其中$\boldsymbol{G}=\widetilde{\boldsymbol{C}}^{-1}\boldsymbol{C}=(g_{ij})_{n\times n}$，即

$$\begin{cases} z_1=g_{11}y_1+g_{12}y_2+\cdots+g_{1n}y_n \\ \quad\vdots \\ z_q=g_{q1}y_1+g_{q2}y_2+\cdots+g_{qn}y_n \\ \quad\vdots \\ z_n=g_{n1}y_1+g_{n2}y_2+\cdots+g_{nn}y_n \end{cases} \tag{6.13}$$

考察齐次线性方程组

$$\begin{cases} g_{11}y_1+g_{12}y_2+\cdots+g_{1n}y_n=0 \\ \vdots \\ g_{q1}y_1+g_{q2}y_2+\cdots+g_{qn}y_n=0 \\ y_{p+1}=0 \\ \vdots \\ y_n=0 \end{cases}$$

这个方程组含 n 个未知量，而方程个数为

$$q+(n-p)=n-(p-q)<n$$

所以它有非零解．设

$$y_1=k_1,\cdots,\ y_p=k_p,\ y_{p+1}=0,\cdots,\ y_n=0$$

是它的一个非零解．代入式(6.12)左端得到的值为 $k_1^2+\cdots+k_p^2>0$，代入式(6.13)得到一组数 $z_i^{(0)}$ $(i=1,\ 2,\ \cdots,\ n)$，其中

$$z_1^{(0)}=z_2^{(0)}=\cdots=z_q^{(0)}=0$$

再代入式(6.12)的右端得到的值为 $-(z_{q+1}^{(0)})^2-\cdots-(z_r^{(0)})^2\leqslant 0$，这是一个矛盾．同理可证明 $q>p$ 也是不可能的，故 $p=q$．　　证毕

通常称 p 为二次型 f 的**正惯性指数**，$r-p$ 为**负惯性指数**．例如，例6.1的二次型 f 的正惯性指数是3，负惯性指数是0；例6.3的二次型 f 的正惯性指数是2，负惯性指数是0；例6.4的二次型 f 的正惯性指数是2，负惯性指数是1.

定理6.5可以用矩阵的语言叙述如下．

定理6.6　秩为 r 的 n 阶实对称矩阵 $\boldsymbol{A}$ 合同于形式为

$$\begin{pmatrix} \boldsymbol{E}_p & & \\ & -\boldsymbol{E}_{r-p} & \\ & & \boldsymbol{O} \end{pmatrix}$$

的对角矩阵，其中 p 由 $\boldsymbol{A}$ 唯一确定.

二、正、负定二次型及其判定

下面根据实二次型的取值进行分类.

定义6.3　设有 n 元实二次型 $f=\boldsymbol{x}^{\mathrm{T}}\boldsymbol{A}\boldsymbol{x}$，如果对任意 $\boldsymbol{x}\neq\boldsymbol{0}$ 都有：

(1) $f>0$，则称 f 为**正定二次型**，并称实对称矩阵 $\boldsymbol{A}$ 为**正定矩阵**；

(2) $f<0$，则称 f 为**负定二次型**，并称实对称矩阵 $\boldsymbol{A}$ 为**负定矩阵**；

(3) $f\geqslant 0$，则称 f 为**半正定二次型**，并称实对称矩阵 $\boldsymbol{A}$ 为**半正定矩阵**；

(4) $f\leqslant 0$，则称 f 为**半负定二次型**，并称实对称矩阵 $\boldsymbol{A}$ 为**半负定矩阵**；

(5) f 既不满足(3)，又不满足(4)，则称 f 为**不定二次型**，并称实对称矩阵 $\boldsymbol{A}$ 为**不定矩阵**.

例6.7　已知 $\boldsymbol{A}$ 和 $\boldsymbol{B}$ 都是 n 阶正定矩阵，证明 $\boldsymbol{A}+\boldsymbol{B}$ 也是正定矩阵.

证 因为 $\boldsymbol{A}^{\mathrm{T}}=\boldsymbol{A}$, $\boldsymbol{B}^{\mathrm{T}}=\boldsymbol{B}$,所以

$$(\boldsymbol{A}+\boldsymbol{B})^{\mathrm{T}}=\boldsymbol{A}^{\mathrm{T}}+\boldsymbol{B}^{\mathrm{T}}=\boldsymbol{A}+\boldsymbol{B}$$

即 $\boldsymbol{A}+\boldsymbol{B}$ 也是实对称矩阵. 又对任意 $\boldsymbol{x}\neq\boldsymbol{0}$,有 $\boldsymbol{x}^{\mathrm{T}}\boldsymbol{A}\boldsymbol{x}>0$, $\boldsymbol{x}^{\mathrm{T}}\boldsymbol{B}\boldsymbol{x}>0$,从而

$$\boldsymbol{x}^{\mathrm{T}}(\boldsymbol{A}+\boldsymbol{B})\boldsymbol{x}=\boldsymbol{x}^{\mathrm{T}}\boldsymbol{A}\boldsymbol{x}+\boldsymbol{x}^{\mathrm{T}}\boldsymbol{B}\boldsymbol{x}>0$$

即 $\boldsymbol{x}^{\mathrm{T}}(\boldsymbol{A}+\boldsymbol{B})\boldsymbol{x}$ 是正定二次型,故 $\boldsymbol{A}+\boldsymbol{B}$ 是正定矩阵.

基于正(负)定二次型与正(负)定矩阵在数学、物理以及工程技术中有着重要的应用,以下给出一些常用的判别条件.

定理 6.7 n元实二次型$f=\boldsymbol{x}^{\mathrm{T}}\boldsymbol{A}\boldsymbol{x}$ 为正定的充分必要条件是,它的标准形中 n 个系数全为正,即 f 的正惯性指数为n.

证 设二次型 $f=\boldsymbol{x}^{\mathrm{T}}\boldsymbol{A}\boldsymbol{x}$ 经可逆线性变换 $\boldsymbol{x}=\boldsymbol{C}\boldsymbol{y}$ 化为标准形

$$f=\sum_{i=1}^{n}d_iy_i^2$$

充分性. 已知 $d_i>0\ (i=1,2,\cdots,n)$,对于任意 $\boldsymbol{x}\neq\boldsymbol{0}$ 有$\boldsymbol{y}=\boldsymbol{C}^{-1}\boldsymbol{x}\neq\boldsymbol{0}$,故

$$f=\sum_{i=1}^{n}d_iy_i^2>0$$

必要性. 用反证法. 假设有某个 $d_s\leqslant 0$,当取 $\boldsymbol{y}=\boldsymbol{\varepsilon}_s$ 时,有 $\boldsymbol{x}_0=\boldsymbol{C}\boldsymbol{\varepsilon}_s\neq\boldsymbol{0}$,此时

$$f=\boldsymbol{x}_0^{\mathrm{T}}\boldsymbol{A}\boldsymbol{x}_0=\boldsymbol{\varepsilon}_s^{\mathrm{T}}\boldsymbol{C}^{\mathrm{T}}\boldsymbol{A}\boldsymbol{C}\boldsymbol{\varepsilon}_s=d_s\leqslant 0$$

这与已知 f 为正定二次型矛盾. 故 $d_i>0\ (i=1,2,\cdots,n)$. 证毕

推论 1 实对称矩阵 $\boldsymbol{A}$ 为正定矩阵的充分必要条件是 $\boldsymbol{A}$ 的特征值全为正.

推论 2 实对称矩阵$\boldsymbol{A}$为正定矩阵的充分必要条件是$\boldsymbol{A}$合同于单位矩阵$\boldsymbol{E}$.

推论 3 实对称矩阵 $\boldsymbol{A}$ 为正定矩阵的必要条件是 $\det\boldsymbol{A}>0$.

证 设 $\lambda_1,\lambda_2,\cdots,\lambda_n$ 是 $\boldsymbol{A}$ 的特征值,因为 $\boldsymbol{A}$ 是正定矩阵,由推论 1 知,$\lambda_i>0\ (i=1,2,\cdots,n)$,因此

$$\det\boldsymbol{A}=\lambda_1\lambda_2\cdots\lambda_n>0$$

定理 6.8(Sylvester) 实对称矩阵 $\boldsymbol{A}=(a_{ij})_{n\times n}$ 为正定矩阵的充分必要条件是,$\boldsymbol{A}$ 的各阶顺序主子式$\Delta_k(k=1,2,\cdots,n)$ 均大于零,即

$$\Delta_1=a_{11}>0,\ \Delta_2=\begin{vmatrix}a_{11} & a_{12}\\ a_{21} & a_{22}\end{vmatrix}>0,\ \cdots,\ \Delta_n=\det\boldsymbol{A}>0$$

* **证** 构造二次型

$$f=\boldsymbol{x}^{\mathrm{T}}\boldsymbol{A}\boldsymbol{x}=\sum_{i=1}^{n}\sum_{j=1}^{n}a_{ij}x_ix_j$$

必要性. 已知二次型 f 是正定的. 令

$$f_k(x_1,x_2,\cdots,x_k)=\sum_{i=1}^{k}\sum_{j=1}^{k}a_{ij}x_ix_j\quad(k=1,2,\cdots,n)$$

则对任意的$(x_1, x_2, \cdots, x_k)^{\mathrm{T}} \neq \mathbf{0}$,有

$$f_k(x_1, x_2, \cdots, x_k) = f(x_1, x_2, \cdots, x_k, 0, \cdots, 0) > 0$$

从而 $f_k(x_1, x_2, \cdots, x_k)$ 是 k 元正定二次型．由上面的推论 3 知

$$\Delta_k = \begin{vmatrix} a_{11} & \cdots & a_{1k} \\ \vdots & & \vdots \\ a_{k1} & \cdots & a_{kk} \end{vmatrix} > 0 \qquad (k=1, 2, \cdots, n)$$

充分性．已知 $\Delta_k > 0\ (k=1, 2, \cdots, n)$．对阶数 n 作数学归纳法．当 $n=1$ 时,$f = a_{11}x_1^2$,由 $\Delta_1 = a_{11} > 0$ 知 f 是正定的．假设论断对 $n-1$ 元二次型成立．以下来证 n 元二次型的情形.

注意到 $a_{11} > 0$,将 f 关于 x_1 配方,得

$$f = \frac{1}{a_{11}}(a_{11}x_1 + a_{12}x_2 + \cdots + a_{1n}x_n)^2 + \sum_{i=2}^{n}\sum_{j=2}^{n} b_{ij}x_ix_j$$

其中
$$b_{ij} = a_{ij} - \frac{a_{1i}a_{1j}}{a_{11}} \qquad (i, j = 2, 3, \cdots, n)$$

由 $a_{ij} = a_{ji}$ 知 $b_{ij} = b_{ji}$．如果能证明 $n-1$ 元实二次型 $\sum\limits_{i=2}^{n}\sum\limits_{j=2}^{n} b_{ij}x_ix_j$ 是正定的,则由定义知 f 也是正定的．根据行列式性质,得

$$\Delta_k = \begin{vmatrix} a_{11} & a_{12} & \cdots & a_{1k} \\ a_{21} & a_{22} & \cdots & a_{2k} \\ \vdots & \vdots & & \vdots \\ a_{k1} & a_{k2} & \cdots & a_{kk} \end{vmatrix} \xrightarrow[i=2,3,\cdots,k]{\mathrm{r}_i - \frac{a_{i1}}{a_{11}}\mathrm{r}_1} \begin{vmatrix} a_{11} & a_{12} & \cdots & a_{1k} \\ 0 & b_{22} & \cdots & b_{2k} \\ \vdots & \vdots & & \vdots \\ 0 & b_{k2} & \cdots & b_{kk} \end{vmatrix} = a_{11}\begin{vmatrix} b_{22} & \cdots & b_{2k} \\ \vdots & & \vdots \\ b_{k2} & \cdots & b_{kk} \end{vmatrix}$$

从而
$$\begin{vmatrix} b_{22} & \cdots & b_{2k} \\ \vdots & & \vdots \\ b_{k2} & \cdots & b_{kk} \end{vmatrix} > 0 \qquad (k=2, 3, \cdots, n)$$

由归纳假设知 $n-1$ 元二次型 $\sum\limits_{i=2}^{n}\sum\limits_{j=2}^{n} b_{ij}x_ix_j$ 是正定的．　　证毕

注意到,若 $f = \boldsymbol{x}^{\mathrm{T}}\boldsymbol{A}\boldsymbol{x}$ 是负定二次型,则 $-f = \boldsymbol{x}^{\mathrm{T}}(-\boldsymbol{A})\boldsymbol{x}$ 是正定二次型,于是有以下定理.

定理 6.9　n 元实二次型 $f = \boldsymbol{x}^{\mathrm{T}}\boldsymbol{A}\boldsymbol{x}$ 负定的充分必要条件是下列之一成立：

(1) f 的负惯性指数为 n；

(2) $\boldsymbol{A}$ 的特征值全为负；

(3) $\boldsymbol{A}$ 合同于 $-\boldsymbol{E}$；

(4) $\boldsymbol{A}$ 的各阶顺序主子式负正相间,即奇数阶顺序主子式为负,偶数阶顺序主子式为正.

例 6.8 判断下列二次型的正定性:

(1) $f=5x_1^2+x_2^2+5x_3^2+4x_1x_2-8x_1x_3-4x_2x_3$;

(2) $f=-5x_1^2-6x_2^2-4x_3^2+4x_1x_2+4x_1x_3$.

解 (1) 二次型 f 的矩阵为

$$\boldsymbol{A}=\begin{pmatrix}5 & 2 & -4\\ 2 & 1 & -2\\ -4 & -2 & 5\end{pmatrix}$$

因为 $\Delta_1=5>0$, $\Delta_2=\begin{vmatrix}5 & 2\\ 2 & 1\end{vmatrix}=1>0$, $\Delta_3=\det\boldsymbol{A}=1>0$

所以 f 是正定的.

(2) 二次型 f 的矩阵为

$$\boldsymbol{A}=\begin{pmatrix}-5 & 2 & 2\\ 2 & -6 & 0\\ 2 & 0 & -4\end{pmatrix}$$

因为 $\Delta_1=-5<0$, $\Delta_2=\begin{vmatrix}-5 & 2\\ 2 & -6\end{vmatrix}=26>0$, $\Delta_3=\det\boldsymbol{A}=-80<0$

所以 f 是负定的.

当二次曲线或二次曲面方程中的二次型部分是正定或负定二次型时,相应的二次曲线或二次曲面是椭圆或椭球面(读者可以考虑其原因).

例 6.9 判定 $5x^2-6xy+5y^2+4x+y-10=0$ 为何种二次曲线?

解 二次型部分

$$f=5x^2-6xy+6y^2$$

该二次型的矩阵为 $\boldsymbol{A}=\begin{pmatrix}5 & -3\\ -3 & 5\end{pmatrix}$. 因为

$$\Delta_1=5>0,\quad \Delta_2=\det\boldsymbol{A}=16>0$$

故 f 为正定二次型,从而该二次曲线为椭圆.

三、多元函数极值的判定

在实际问题中,往往会遇到求多元函数的最大值、最小值问题. 这一问题可利用二次型的理论来解决.

设 n 元实函数 $f(x_1,x_2,\cdots,x_n)$ 在点 $M_0(a_1,a_2,\cdots,a_n)$ 的邻域内有连续的二阶偏导数,且设 M_0 为驻点,即满足

$$\left.\frac{\partial f(x_1,x_2,\cdots,x_n)}{\partial x_j}\right|_{M_0}=0 \qquad (j=1,2,\cdots,n) \tag{6.14}$$

由高等数学知,函数的极值点必是驻点,但驻点不一定是极值点. 现要判定 M_0 究竟是否为极值点?对 $n=2$ 的情形,高等数学教材中已给出了一个充分条件;但对 $n>2$ 的情形,一般高等数学教材中不作介绍.

设 $\Delta x_i=x_i-a_i(i=1,2,\cdots,n)$,利用多元函数的泰勒公式(高等数学中仅讨论 $n=2$ 的情形)有

$$\begin{aligned}
&f(x_1,x_2,\cdots,x_n)-f(a_1,a_2,\cdots,a_n)=\Delta x_1\frac{\partial f(a_1,a_2,\cdots,a_n)}{\partial x_1}+\\
&\cdots+\Delta x_n\frac{\partial f(a_1,a_2,\cdots,a_n)}{\partial x_n}+\frac{1}{2!}\Big[(\Delta x_1)^2\frac{\partial^2 f(a_1,a_2,\cdots,a_n)}{\partial x_1^2}+\\
&2(\Delta x_1)(\Delta x_2)\frac{\partial^2 f(a_1,a_2,\cdots,a_n)}{\partial x_1\partial x_2}+\cdots+\\
&2(\Delta x_1)(\Delta x_n)\frac{\partial^2 f(a_1,a_2,\cdots,a_n)}{\partial x_1\partial x_n}+(\Delta x_2)^2\frac{\partial^2 f(a_1,a_2,\cdots,a_n)}{\partial x_2^2}+\\
&2(\Delta x_2)(\Delta x_3)\frac{\partial^2 f(a_1,a_2,\cdots,a_n)}{\partial x_2\partial x_3}+\cdots+\\
&(\Delta x_n)^2\frac{\partial^2 f(a_1,a_2,\cdots,a_n)}{\partial x_n^2}\Big]+O(\rho^3)
\end{aligned} \tag{6.15}$$

其中 $\rho=\sqrt{(\Delta x_1)^2+(\Delta x_2)^2+\cdots+(\Delta x_n)^2}$. 令

$$\Delta\boldsymbol{x}=(\Delta x_1,\Delta x_2,\cdots,\Delta x_n)^{\mathrm{T}},\qquad \boldsymbol{A}=(a_{ij})_{m\times n}$$

其中 $a_{ij}=\dfrac{\partial^2 f(a_1,a_2,\cdots,a_n)}{\partial x_i\partial x_j}$. 则根据 $f(x_1,x_2,\cdots,x_n)$ 有二阶连续偏导数知 $a_{ij}=a_{ji}$,即 $\boldsymbol{A}$ 是实对称矩阵. 利用式(6.14)可将式(6.15)写成

$$f(x_1,x_2,\cdots,x_n)-f(a_1,a_2,\cdots,a_n)=\frac{1}{2}(\Delta\boldsymbol{x})^{\mathrm{T}}\boldsymbol{A}(\Delta\boldsymbol{x})+O(\rho^3) \tag{6.16}$$

在点 M_0 附近 ρ 很小,因此由式(6.16)可知,对任意 $\Delta\boldsymbol{x}\neq\boldsymbol{0}$,若 $(\Delta\boldsymbol{x})^{\mathrm{T}}\boldsymbol{A}(\Delta\boldsymbol{x})>0$,即 $\boldsymbol{A}$ 正定,则

$$f(x_1,x_2,\cdots,x_n)>f(a_1,a_2,\cdots,a_n)$$

即 M_0 是极小值点;若 $\boldsymbol{A}$ 负定,则

$$f(x_1,x_2,\cdots,x_n)<f(a_1,a_2,\cdots,a_n)$$

即 M_0 是极大值点;若 $\boldsymbol{A}$ 是不定矩阵,则在 M_0 点附近 $(\Delta\boldsymbol{x})^{\mathrm{T}}\boldsymbol{A}(\Delta\boldsymbol{x})$ 的值可正可负,所以 M_0 点不是极值点;当 $\boldsymbol{A}$ 是半正定或半负定矩阵时,在 M_0 点附近 $(\Delta\boldsymbol{x})^{\mathrm{T}}\boldsymbol{A}(\Delta\boldsymbol{x})$ 的符号会受到 $O(\rho^3)$ 项的影响,需采用其它方法来判定 M_0 是否为极值点.

定理 6.10 设 n 元实函数 $f(x_1,x_2,\cdots,x_n)$ 在点 $M_0(a_1,a_2,\cdots,a_n)$ 的邻域内有二阶连续偏导数，若

$$\left.\frac{\partial f(x_1,x_2,\cdots,x_n)}{\partial x_j}\right|_{M_0}=0 \qquad (j=1,2,\cdots,n)$$

并且

$$\boldsymbol{A}=\begin{pmatrix} \frac{\partial^2 f(a_1,a_2,\cdots,a_n)}{\partial x_1^2} & \frac{\partial^2 f(a_1,a_2,\cdots,a_n)}{\partial x_1\partial x_2} & \cdots & \frac{\partial^2 f(a_1,a_2,\cdots,a_n)}{\partial x_1\partial x_n} \\ \frac{\partial^2 f(a_1,a_2,\cdots,a_n)}{\partial x_1\partial x_2} & \frac{\partial^2 f(a_1,a_2,\cdots,a_n)}{\partial x_2^2} & \cdots & \frac{\partial^2 f(a_1,a_2,\cdots,a_n)}{\partial x_2\partial x_n} \\ \vdots & \vdots & & \vdots \\ \frac{\partial^2 f(a_1,a_2,\cdots,a_n)}{\partial x_1\partial x_n} & \frac{\partial^2 f(a_1,a_2,\cdots,a_n)}{\partial x_2\partial x_n} & \cdots & \frac{\partial^2 f(a_1,a_2,\cdots,a_n)}{\partial x_n^2} \end{pmatrix},$$

则 (1) $\boldsymbol{A}$ 正定时，$f(a_1,a_2,\cdots,a_n)$ 是极小值；

(2) $\boldsymbol{A}$ 负定时，$f(a_1,a_2,\cdots,a_n)$ 是极大值；

(3) $\boldsymbol{A}$ 不定时，M_0 不是极值点；

(4) $\boldsymbol{A}$ 为半正定或半负定矩阵时，M_0 是 $f(x_1, x_2, \cdots, x_n)$ 的“可疑”极值点，尚需利用其它方法来判定．

特别地，对于二元实函数 $f(x,y)$，有

$$\boldsymbol{A}=\begin{pmatrix} \frac{\partial^2 f(a_1,a_2)}{\partial x_1^2} & \frac{\partial^2 f(a_1,a_2)}{\partial x_1\partial x_2} \\ \frac{\partial^2 f(a_1,a_2)}{\partial x_1\partial x_2} & \frac{\partial^2 f(a_1,a_2)}{\partial x_2^2} \end{pmatrix}$$

若利用顺序主子式判定 $\boldsymbol{A}$ 正定或负定，再根据定理 6.10 判定二元函数的极值，则有：

(1) 当 $\frac{\partial^2 f(a_1,a_2)}{\partial x^2}>0$，且

$$\frac{\partial^2 f(a_1,a_2)}{\partial x^2}\frac{\partial^2 f(a_1,a_2)}{\partial y^2}-\left(\frac{\partial^2 f(a_1,a_2)}{\partial x\partial y}\right)^2>0$$

时，$\boldsymbol{A}$ 正定，从而 (a_1,a_2) 是 $f(x,y)$ 的极小值点；

(2) 当 $\frac{\partial^2 f(a_1,a_2)}{\partial x^2}<0$，且

$$\frac{\partial^2 f(a_1,a_2)}{\partial x^2}\frac{\partial^2 f(a_1,a_2)}{\partial y^2}-\left(\frac{\partial^2 f(a_1,a_2)}{\partial x\partial y}\right)^2>0$$

时，$\boldsymbol{A}$ 负定，从而 (a_1,a_2) 是 $f(x,y)$ 的极大值点．

可见，该判定条件与高等数学中所给条件是一致的．

例 6.10 求三元函数

$$f(x,y,z)=x^2+y^2+z^2+2x+4y-6z$$

的极值.

解 因为

$$\frac{\partial f}{\partial x}=2x+2,\qquad \frac{\partial f}{\partial y}=2y+4,\qquad \frac{\partial f}{\partial z}=2z-6$$

所以 f 的驻点是$(-1,-2,3)$. 又可求得

$$\frac{\partial^2 f}{\partial x^2}=2,\qquad \frac{\partial^2 f}{\partial x\partial y}=0,\qquad \frac{\partial^2 f}{\partial x\partial z}=0$$

$$\frac{\partial^2 f}{\partial y^2}=2,\qquad \frac{\partial^2 f}{\partial y\partial z}=0,\qquad \frac{\partial^2 f}{\partial z^2}=2$$

于是

$$\boldsymbol{A}=\begin{pmatrix}2&0&0\\0&2&0\\0&0&2\end{pmatrix}$$

由于 $\boldsymbol{A}$ 是正定矩阵,故$(-1,-2,3)$是极小值点,且极小值为 $f(-1,-2,3)=-14$.

习 题 六

1. 写出下列二次型的矩阵形式,并求二次型的秩:

(1) $f=x_1^2+2x_2^2+x_1x_2-2x_2x_3$;

(2) $f=x_1^2+2x_2^2+5x_3^2+2x_1x_2+2x_1x_3+6x_2x_3$;

(3) $f=x_1x_2-2x_2x_3+3x_3x_4$.

2. 用正交变换化下列二次型为标准形,并写出所用的正交变换:

(1) $f=2x_1^2+3x_2^2+3x_3^2+4x_2x_3$;

(2) $f=2x_1^2+x_2^2-4x_1x_2-4x_2x_3$;

(3) $f=2x_1x_2-2x_3x_4$.

3. 用配方法化下列二次型为标准形,并写出所用的可逆线性变换:

(1) $f=x_1^2+2x_2^2+4x_3^2+2x_1x_2+2x_1x_3+6x_2x_3$;

(2) $f=x_1x_2-2x_1x_3+3x_2x_3$.

*4. 用初等变换法化下列二次型为标准形,并写出所用的可逆线性变换:

(1) $f=x_1^2+2x_2^2+4x_3^2+2x_1x_2+4x_2x_3$;

(2) $f=-x_2^2+4x_3^2+2x_1x_2+4x_1x_3+6x_2x_3$.

*5. 用初等变换求可逆矩阵 $\boldsymbol{C}$,使下列实对称矩阵 $\boldsymbol{A}$ 与对角矩阵合同:

(1) $\boldsymbol{A}=\begin{pmatrix}2&2&4\\2&-1&-2\\4&-2&-1\end{pmatrix}$; (2) $\boldsymbol{A}=\begin{pmatrix}0&1&1\\1&0&1\\1&1&0\end{pmatrix}$

6. 已知二次型

$$f(x_1,x_2,x_3)=x_1^2+x_2^2+x_3^2+2ax_1x_2+2bx_2x_3+2x_1x_3$$

经正交变换化为标准形 $f=y_2^2+2y_3^2$，试求参数 a,b 及所用的正交变换.

7. 判断下列二次型的正定性：

(1) $f=5x_1^2+x_2^2+5x_3^2+4x_1x_2-8x_1x_3-4x_2x_3$；

(2) $f=-5x_1^2-6x_2^2-4x_3^2+4x_1x_2+4x_1x_3$.

8. 当 t 取什么值时，下列二次型是正定的：

(1) $f=x_1^2+4x_2^2+2x_3^2+2tx_1x_2+2x_1x_3$；

(2) $f=x_1^2+2x_2^2+5x_3^2+2x_1x_2-2x_1x_3+4tx_2x_3$.

9. 设 $\boldsymbol{A}$ 为正定矩阵，证明 $\boldsymbol{A}^{-1},\boldsymbol{A}^*$ 也是正定矩阵.

10. 证明：如果 n 阶实对称矩阵 $\boldsymbol{A}=(a_{ij})_{n\times n}$ 是正定的，则 $a_{ii}>0\ (i=1,2,\cdots,n)$.

11. 设 $\boldsymbol{A}$ 是 n 阶正定矩阵，$\boldsymbol{E}$ 是 n 阶单位矩阵，证明

$$\det(\boldsymbol{A}+\boldsymbol{E})>1$$

12. 设 $\boldsymbol{A}$ 是 $m\times n$ 实矩阵，且 $\mathrm{rank}\boldsymbol{A}=n$，证明 $\boldsymbol{A}^{\mathrm{T}}\boldsymbol{A}$ 是正定矩阵.

习题答案与提示

习 题 一

1.(1) 14； (2) -1.

2.(1) 2,偶排列； (2) 19,奇排列； (3) $n(n-1)$,偶排列($n\geqslant 2$)；

(4) n^2,排列的奇偶性与 n 的奇偶性相同.

3.$i=5$, $j=2$.

4.(1) 0； (2)297； (3) 0； (4) 2； (5) $(a-a_1)(a-a_2)(a-a_3)$.

5.(1) $(-1)^{n-1}n$； (2)$(-1)^{\frac{(n-1)(n-2)}{2}}n!$； (3) $x^n+(-1)^{n+1}y^n$；

(4) $b_1b_2\cdots b_n\left(1+\sum\limits_{i=1}^{n}\dfrac{a_i}{b_i}\right)$； (5) $n+1$.

6.(1) 构造5阶范德蒙行列式并利用相应的计算公式得

$$f(x)=\begin{vmatrix}1&1&1&1&1\\a&b&c&d&x\\a^2&b^2&c^2&d^2&x^2\\a^3&b^3&c^3&d^3&x^3\\a^4&b^4&c^4&d^4&x^4\end{vmatrix}=(b-a)(c-a)(d-a)(x-a)\times$$

$$(c-b)(d-b)(x-b)(d-c)(x-c)(x-d)=$$

$$(b-a)(c-a)(d-a)(c-b)(d-b)(d-c)\times$$

$$[x^4-(a+b+c+d)x^3+\cdots] \qquad (*)$$

将5阶范德蒙行列式按第5列展开得

$$f(x)=A_{15}+xA_{25}+x^2A_{35}+x^3A_{45}+x^4A_{55}$$

注意到 x^3 的系数 $A_{45}=(-1)^{4+5}D=-D$,又由式(*)可直接得到 x^3 的系数,故

$$D=(b-a)(c-d)(d-a)(c-b)(d-b)(d-c)(a+b+c+d)$$

(2) $(-1)^{\frac{n(n+1)}{2}}\prod\limits_{n+1\geqslant i>j\geqslant 1}(j-i)$ 或 $\prod\limits_{n+1\geqslant i>j\geqslant 1}(i-j)$.

7.(1) 提示:利用行列式性质4拆项化简证明；

(2) 提示:按第1列展开可得递推关系式 $D_n=xD_{n-1}+a_n$；

(3) 提示:可得递推关系式 $D_{2n}=(ad-bc)D_{2(n-1)}$.

8.(1) $D=20,D^{(1)}=20,D^{(2)}=40,D^{(3)}=60,D^{(4)}=-20$,故

$$x_1=1,\quad x_2=2,\quad x_3=3,\quad x_4=-1;$$

(2) $D=209,D^{(1)}=209,D^{(2)}=209,D^{(3)}=-209,D^{(4)}=209$,故

$$x_1=1,\quad x_2=1,\quad x_3=-1,\quad x_4=1.$$

9. $D=(\lambda+2)(\lambda-3)$，故当 $\lambda=-2$ 或 3 时，齐次线性方程组有非零解.

习 题 二

1. (1) $\begin{pmatrix}13 & 0\\ -5 & 2\\ 5 & -6\end{pmatrix}$；(2) 0；(3) $\begin{pmatrix}3 & 6 & 9\\ 2 & 4 & 6\\ 1 & 2 & 3\end{pmatrix}$；(4) $\begin{pmatrix}7 & 11 & 5 & 1\\ 5 & 4 & 1 & 0\end{pmatrix}$；

(5) -2；(6) $\begin{pmatrix}1 & 0 & 0 & 0\\ 2 & 1 & 0 & 0\\ 5 & 2 & -4 & 0\\ 2 & -4 & 3 & -9\end{pmatrix}$.

2. $3AB-2A=\begin{pmatrix}-2 & 1 & 10\\ -2 & -5 & 8\\ 4 & 17 & 10\end{pmatrix}$，$A^TB=\begin{pmatrix}0 & 1 & 4\\ 0 & -1 & 2\\ 2 & 5 & 4\end{pmatrix}$.

3. $\begin{cases}x_1= & -6z_1+z_2+3z_3\\ x_2= & 12z_1-4z_2+9z_3\\ x_3= & -10z_1-z_2+16z_3\end{cases}$.

4. (1) 不一定成立. 如取 $A=\begin{pmatrix}0 & 1\\ 0 & 0\end{pmatrix}$，则 $A\neq O$，但 $A^2=O$；

(2) 不一定成立. 如取 $A=\begin{pmatrix}1 & 0\\ 0 & 0\end{pmatrix}$，则 $A\neq O, A\neq E$，但 $A^2=A$；

(3) 不一定成立. 如取 $A=\begin{pmatrix}1 & 0\\ 1 & 0\end{pmatrix}\neq O, X=\begin{pmatrix}0 & 0\\ 1 & 0\end{pmatrix}, Y=\begin{pmatrix}0 & 0\\ 0 & 1\end{pmatrix}$，则 $X\neq Y$，但 $AX=O=AY$.

5. $A^k=\begin{pmatrix}\lambda^k & 0 & 0\\ k\lambda^{k-1} & \lambda^k & 0\\ \dfrac{k(k-1)}{2}\lambda^{k-2} & k\lambda^{k-1} & \lambda^k\end{pmatrix}$.

6. (1) 由于 $A^T=-A, B^T=B$，所以

$$(A^2)^T=(A^T)^2=(-A)^2=A^2$$

即 A^2 是对称矩阵；

(2) $(AB-BA)^T=(AB)^T-(BA)^T=B^TA^T-A^TB^T=B(-A)-(-A)B=AB-BA$

故 $AB-BA$ 是对称矩阵；

(3) 若 AB 是反对称矩阵，即 $(AB)^T=-(AB)$，则有

$$AB=-(AB)^T=-(B^TA^T)=-B(-A)=BA$$

反之，若 $AB=BA$，则

$$(AB)^T=B^TA^T=B(-A)=-(BA)=-(AB)$$

即 $\boldsymbol{AB}$ 是反对称矩阵.

7. (1) $\begin{pmatrix}5 & -2\\ -2 & 1\end{pmatrix}$；(2) $\begin{pmatrix}\cos\theta & \sin\theta\\ -\sin\theta & \cos\theta\end{pmatrix}$；(3) $\frac{1}{3}\begin{pmatrix}-2 & 4 & 5\\ 1 & 1 & -1\\ 1 & -2 & -1\end{pmatrix}$；

(4) $\begin{pmatrix}1 & 0 & 0 & 0\\ -\frac{1}{2} & \frac{1}{2} & 0 & 0\\ -\frac{4}{3} & \frac{2}{3} & \frac{1}{3} & 0\\ 2 & -\frac{5}{4} & -\frac{1}{2} & \frac{1}{4}\end{pmatrix}$；(5) $\begin{pmatrix}1 & -2 & 0 & 0\\ -2 & 5 & 0 & 0\\ 0 & 0 & -4 & -3\\ 0 & 0 & 3 & 2\end{pmatrix}$.

8. (1) $\begin{pmatrix}2 & -23\\ 0 & 8\end{pmatrix}$；(2) $\begin{pmatrix}-3 & 2 & 0\\ -4 & 5 & -2\\ -6 & 3 & -1\end{pmatrix}$；(3) $\begin{pmatrix}24 & 13\\ -34 & -18\end{pmatrix}$；(4) $\begin{pmatrix}4 & 4\\ 5 & 7\end{pmatrix}$.

9. $\begin{cases}y_1 = -7x_1 - 4x_2 + 9x_3\\ y_2 = 6x_1 + 3x_2 - 7x_3.\\ y_3 = 3x_1 + 2x_2 - 4x_3\end{cases}$

10. $\boldsymbol{A}^{-1} = \frac{1}{\det\boldsymbol{A}}\boldsymbol{A}^* = \frac{1}{-8}\begin{pmatrix}-1 & 1 & 3\\ -3 & -5 & -7\\ -1 & -7 & -5\end{pmatrix}$；$\boldsymbol{x} = \boldsymbol{A}^{-1}\boldsymbol{b} = \begin{pmatrix}1\\ 2\\ 3\end{pmatrix}$.

11. $\boldsymbol{X} = \boldsymbol{B}(\boldsymbol{A}-\boldsymbol{E})^{-1} = \begin{pmatrix}-2 & 3 & 5\\ -5 & 4 & 5\end{pmatrix}$.

12. 提示：直接验证 $(\boldsymbol{E}-\boldsymbol{A})(\boldsymbol{E}+\boldsymbol{A}+\boldsymbol{A}^2+\cdots+\boldsymbol{A}^{k-1}) = \boldsymbol{E}$.

13. $\boldsymbol{A}^{-1} = \frac{1}{2}(\boldsymbol{A}-\boldsymbol{E})$, $(\boldsymbol{A}+2\boldsymbol{E})^{-1} = \frac{1}{4}(3\boldsymbol{E}-\boldsymbol{A})$.

14. $\boldsymbol{A}^{100} = \frac{1}{3}\begin{pmatrix}2^{102}-1 & 2^{102}-4\\ 1-2^{100} & 4-2^{100}\end{pmatrix}$.

16. (1) 由 $\boldsymbol{A}$ 可逆知 $\boldsymbol{A}^* = (\det\boldsymbol{A})\boldsymbol{A}^{-1}$，于是

$$\det\boldsymbol{A}^* = \det((\det\boldsymbol{A})\boldsymbol{A}^{-1}) = (\det\boldsymbol{A})^n\det\boldsymbol{A}^{-1} = (\det\boldsymbol{A})^n\frac{1}{\det\boldsymbol{A}} = (\det\boldsymbol{A})^{n-1}$$

(2) $(\boldsymbol{A}^*)^{-1} = ((\det\boldsymbol{A})\boldsymbol{A}^{-1})^{-1} = \frac{1}{\det\boldsymbol{A}}(\boldsymbol{A}^{-1})^{-1} = \frac{1}{\det\boldsymbol{A}}\boldsymbol{A}$.

17. (1) 由于 $\boldsymbol{A},\boldsymbol{B}$ 均可逆，所以 $\boldsymbol{A}^* = (\det\boldsymbol{A})\boldsymbol{A}^{-1}$，$\boldsymbol{B}^* = (\det\boldsymbol{B})\boldsymbol{B}^{-1}$，从而

$$(\boldsymbol{A}^*)^* = (\det\boldsymbol{A}^*)(\boldsymbol{A}^*)^{-1} = [\det((\det\boldsymbol{A})\boldsymbol{A}^{-1})]((\det\boldsymbol{A})\boldsymbol{A}^{-1})^{-1} =$$

$$[(\det\boldsymbol{A})^n\det\boldsymbol{A}^{-1}]\frac{1}{\det\boldsymbol{A}}(\boldsymbol{A}^{-1})^{-1} = (\det\boldsymbol{A})^{n-2}\boldsymbol{A}$$

(2) $(\boldsymbol{AB})^* = (\det(\boldsymbol{AB}))(\boldsymbol{AB})^{-1} = (\det\boldsymbol{A}\det\boldsymbol{B})\boldsymbol{B}^{-1}\boldsymbol{A}^{-1} = \boldsymbol{B}^*\boldsymbol{A}^*$.

18. $\det \boldsymbol{A}^8 = 10^{16}$, $\boldsymbol{A}^4 = \begin{pmatrix} 5^4 & 0 & 0 & 0 \\ 0 & 5^4 & 0 & 0 \\ 0 & 0 & 2^4 & 0 \\ 0 & 0 & 2^6 & 2^4 \end{pmatrix}$, $\boldsymbol{A}^{-1} = \begin{pmatrix} \frac{3}{25} & \frac{4}{25} & 0 & 0 \\ \frac{4}{25} & -\frac{3}{25} & 0 & 0 \\ 0 & 0 & \frac{1}{2} & 0 \\ 0 & 0 & -\frac{1}{2} & \frac{1}{2} \end{pmatrix}$.

19. $\begin{pmatrix} \boldsymbol{O} & \boldsymbol{A} \\ \boldsymbol{B} & \boldsymbol{C} \end{pmatrix}^{-1} = \begin{pmatrix} -\boldsymbol{B}^{-1}\boldsymbol{C}\boldsymbol{A}^{-1} & \boldsymbol{B}^{-1} \\ \boldsymbol{A}^{-1} & \boldsymbol{O} \end{pmatrix}$.

习 题 三

1. (1) $\operatorname{rank}\boldsymbol{A} = 2$; (2) $\operatorname{rank}\boldsymbol{B} = 3$; (3) 当 $a \neq 1$ 且 $b \neq 2$ 时,$\operatorname{rank}\boldsymbol{C} = 4$;当 $a = 1$ 且 $b = 2$ 时,$\operatorname{rank}\boldsymbol{C} = 2$;当 $a = 1, b \neq 2$ 或 $a \neq 1, b = 2$ 时,$\operatorname{rank}\boldsymbol{C} = 3$;(4) 当 $a \neq 1$ 且 $a \neq \frac{1}{1-n}$ 时,$\operatorname{rank}\boldsymbol{D} = n$;当 $a = 1$ 时,$\operatorname{rank}\boldsymbol{D} = 1$;当 $a = \frac{1}{1-n}$ 时,$\operatorname{rank}\boldsymbol{D} = n-1$.

2. 可能有等于 0 的 $r-1$ 阶子式,如 $\boldsymbol{A} = \begin{pmatrix} 1 & 0 \\ 0 & 1 \end{pmatrix}$ 的秩为 2,它有等于 0 的 1 阶子式;可能有等于 0 的 r 阶子式,如 $\boldsymbol{B} = \begin{pmatrix} 1 & 0 \\ 0 & 0 \end{pmatrix}$ 的秩为 1,它有等于 0 的 1 阶子式.

3. $\boldsymbol{A} = \begin{pmatrix} 1 & 0 & 1 & 0 & 0 \\ 1 & -1 & 0 & 0 & 0 \\ 0 & 0 & 1 & 0 & 0 \\ 0 & 0 & 0 & 1 & 0 \\ 0 & 0 & 0 & 0 & 0 \end{pmatrix}$,则 $\det\boldsymbol{A} = 0$,且 $\operatorname{rank}\boldsymbol{A} = 4$.

4. (1) 有唯一解 $x_1 = -8, x_2 = 3, x_3 = 6, x_4 = 0$;

(2) 有无穷多解,通解为

$$x_1 = 2k_1 - k_2,\quad x_2 = k_1,\quad x_3 = k_2,\quad x_4 = 1 \quad (k_1, k_2 \text{ 为任意常数});$$

(3) 无解;

(4) 有无穷多解,通解为

$$x_1 = 7 - 2k,\quad x_2 = -1 + k,\quad x_3 = k \quad (k \text{ 为任意常数}).$$

5. 当 $\lambda = 1$ 时,有解 $x_1 = 1 + k, x_2 = k, x_3 = k$ (k 为任意常数);

当 $\lambda = -2$ 时,有解 $x_1 = 2 + k, x_2 = 2 + k, x_3 = k$ (k 为任意常数).

6. 当 $\lambda \neq 1$ 且 $\lambda \neq 10$ 时有唯一解;$\lambda = 10$ 时无解;$\lambda = 1$ 时有无穷多解,通解为

$$x_1 = 1 - 2k_1 + 2k_2,\quad x_2 = k_1,\quad x_3 = k_2 \quad (k_1, k_2 \text{ 为任意常数})$$

7. (1) $A^{-1}=\frac{1}{3}\begin{pmatrix}0&1&1\\0&1&-2\\-3&2&-1\end{pmatrix}$；(2) $B^{-1}=\begin{pmatrix}1&1&-2&-4\\0&1&0&-1\\-1&-1&3&6\\2&1&-6&-10\end{pmatrix}$.

8. (1) 因为 $B=E(i,j)A$，所以

$$\det B=\det E(i,j)\det A=-\det A\neq 0$$

即 B 可逆．且

(2) $AB^{-1}=A(E(i,j)A)^{-1}=AA^{-1}E(i,j))^{-1}=E(i,j)$.

9. 通解为

$x_1=a_1+a_2+a_3+a_4+k,\quad x_2=a_2+a_3+a_4+k,$

$x_3=a_3+a_4+k,\quad x_4=a_4+k,\quad x_5=k$ （k 为任意常数）.

10. 利用

$$\begin{pmatrix}E&O\\-(C-B)A^{-1}&E\end{pmatrix}\begin{pmatrix}A&A\\C-B&C\end{pmatrix}=\begin{pmatrix}E&-E\\O&E\end{pmatrix}=\begin{pmatrix}A&O\\O&B\end{pmatrix}\qquad(*)$$

两边取行列式得 $\det M=\det A\det B\neq 0$，可见 M 可逆．又由式$(*)$得

$$M^{-1}=\begin{pmatrix}E&-E\\O&E\end{pmatrix}\begin{pmatrix}A&O\\O&B\end{pmatrix}^{-1}\begin{pmatrix}E&O\\-(C-B)A^{-1}&E\end{pmatrix}=\begin{pmatrix}B^{-1}CA^{-1}&-B^{-1}\\-B^{-1}(C-B)A^{-1}&B^{-1}\end{pmatrix}$$

习　题　四

1. $\boldsymbol{\alpha}=\left(-\frac{7}{6},-\frac{2}{3},-\frac{1}{3}\right)$.　2. $k=-1$ 或 $k=-2$.

3. $\boldsymbol{\alpha}=\boldsymbol{\alpha}_1+2\boldsymbol{\alpha}_2+\boldsymbol{\alpha}_3$.

4. (1) 线性相关；(2) 线性无关；(3) 线性无关；

(4) $a=2$ 时线性相关；$a\neq 2$ 时线性无关．

5. (1) 由于 $\boldsymbol{\beta}_1-\boldsymbol{\beta}_2+\boldsymbol{\beta}_3-\boldsymbol{\beta}_4+\cdots+\boldsymbol{\beta}_{m-1}-\boldsymbol{\beta}_m=\mathbf{0}$，所以 $\boldsymbol{\beta}_1,\boldsymbol{\beta}_2,\cdots,\boldsymbol{\beta}_m$ 线性相关.

(2) 设 $k_1\boldsymbol{\beta}_1+k_2\boldsymbol{\beta}_2+\cdots+k_m\boldsymbol{\beta}_m=\mathbf{0}$，则有

$$(k_1+k_m)\boldsymbol{\alpha}_1+(k_1+k_2)\boldsymbol{\alpha}_2+\cdots+(k_{m-1}+k_m)\boldsymbol{\alpha}_m=\mathbf{0}$$

由 $\boldsymbol{\alpha}_1,\boldsymbol{\alpha}_2,\cdots,\boldsymbol{\alpha}_m$ 线性无关知

$$\begin{cases}k_1\qquad\qquad+k_m=0\\k_1+k_2\qquad\qquad=0\\\qquad\cdots\\\qquad\qquad k_{m-1}+k_m=0\end{cases}$$

其系数行列式 $D=1+(-1)^{m+1}=2$，故只有 $k_1=\cdots=k_m=0$，即 $\boldsymbol{\beta}_1,\boldsymbol{\beta}_2,\cdots,\boldsymbol{\beta}_m$ 线性无关.

6. 由所给关系式得$(\boldsymbol{\beta}_1,\boldsymbol{\beta}_2,\boldsymbol{\beta}_3,\boldsymbol{\beta}_4)=(\boldsymbol{\alpha}_1,\boldsymbol{\alpha}_2,\boldsymbol{\alpha}_3,\boldsymbol{\alpha}_4)A$，其中

$$A=\begin{pmatrix}1&0&1&1\\1&1&0&1\\1&1&1&0\\0&1&1&1\end{pmatrix}$$

由于 $\det\boldsymbol{A}=3$，所以 $\boldsymbol{A}$ 可逆，于是

$$(\boldsymbol{\alpha}_1,\boldsymbol{\alpha}_2,\boldsymbol{\alpha}_3,\boldsymbol{\alpha}_4)=(\boldsymbol{\beta}_1,\boldsymbol{\beta}_2,\boldsymbol{\beta}_3,\boldsymbol{\beta}_4)\boldsymbol{A}^{-1}$$

这表明向量组(Ⅰ)与(Ⅱ)等价，从而它们有相同的线性相关性，也即向量组(Ⅰ)与(Ⅱ)同时线性相关与线性无关.

7. (1) 秩为3且 $\boldsymbol{\alpha}_1,\boldsymbol{\alpha}_2,\boldsymbol{\alpha}_4$ 为极大无关组；

(2) $k=1$ 时，秩为2且 $\boldsymbol{\beta}_1,\boldsymbol{\beta}_3$ 为极大无关组；$k\neq 1$ 时，秩为3且 $\boldsymbol{\beta}_1,\boldsymbol{\beta}_2,\boldsymbol{\beta}_3$ 是极大无关组.

8. 向量组 $\boldsymbol{\alpha}_1,\boldsymbol{\alpha}_2,\boldsymbol{\alpha}_3$ 的秩为2，且 $\boldsymbol{\alpha}_1,\boldsymbol{\alpha}_2$ 是一个极大无关组. 于是向量组 $\boldsymbol{\beta}_1,\boldsymbol{\beta}_2,\boldsymbol{\beta}_3$ 的秩为2；又 $\boldsymbol{\beta}_3$ 可由 $\boldsymbol{\alpha}_1,\boldsymbol{\alpha}_2,\boldsymbol{\alpha}_3$ 线性表示，从而可由 $\boldsymbol{\alpha}_1,\boldsymbol{\alpha}_2$ 线性表示，于是 $\boldsymbol{\alpha}_1,\boldsymbol{\alpha}_2,\boldsymbol{\beta}_3$ 线性相关. 令

$$\boldsymbol{B}=\begin{bmatrix}\boldsymbol{\beta}_1\\\boldsymbol{\beta}_2\\\boldsymbol{\beta}_3\end{bmatrix}=\begin{bmatrix}1&1&0\\1&1&1\\2&a&b\end{bmatrix},\qquad \boldsymbol{C}=\begin{bmatrix}\boldsymbol{\alpha}_1\\\boldsymbol{\alpha}_2\\\boldsymbol{\beta}_3\end{bmatrix}=\begin{bmatrix}0&1&1\\1&2&1\\2&a&b\end{bmatrix}$$

由 $0=\det\boldsymbol{B}=2-a$，$0=\det\boldsymbol{C}=a-b-2$ 联立解得 $a=3$，$b=0$. 故 $\boldsymbol{\beta}_3=(2,2,0)$.

9. 只要证明向量组(Ⅰ)可由向量组(Ⅱ)线性表示即可. 设向量组(Ⅱ)的秩为 r，且 $\boldsymbol{\beta}_{i_1},\boldsymbol{\beta}_{i_2},\cdots,\boldsymbol{\beta}_{i_r}$ 是一个极大无关组. 由题设知向量组(Ⅰ)的秩也为 r，设 $\boldsymbol{\alpha}_{j_1},\boldsymbol{\alpha}_{j_2},\cdots,\boldsymbol{\alpha}_{j_r}$ 是一个极大无关组. 构造向量组(Ⅲ)：$\boldsymbol{\alpha}_{j_1},\boldsymbol{\alpha}_{j_2},\cdots,\boldsymbol{\alpha}_{j_r},\boldsymbol{\beta}_{i_1},\boldsymbol{\beta}_{i_2},\cdots,\boldsymbol{\beta}_{i_r}$. 由向量组(Ⅱ)可由(Ⅰ)线性表示知 $\boldsymbol{\beta}_{i_1},\boldsymbol{\beta}_{i_2},\cdots,\boldsymbol{\beta}_{i_r}$ 可由向量组(Ⅰ)线性表示，从而可由 $\boldsymbol{\alpha}_{j_1},\boldsymbol{\alpha}_{j_2},\cdots,\boldsymbol{\alpha}_{j_r}$ 线性表示，故向量组(Ⅲ)的秩为 r. 由 $\boldsymbol{\alpha}_{j_1},\boldsymbol{\alpha}_{j_2},\cdots,\boldsymbol{\alpha}_{j_r}$ 和 $\boldsymbol{\beta}_{i_1},\boldsymbol{\beta}_{i_2},\cdots,\boldsymbol{\beta}_{i_r}$ 线性无关知，它也都是向量组(Ⅲ)的极大无关组，于是 $\boldsymbol{\alpha}_{j_1},\boldsymbol{\alpha}_{j_2},\cdots,\boldsymbol{\alpha}_{j_r}$ 可由 $\boldsymbol{\beta}_{i_1},\boldsymbol{\beta}_{i_2},\cdots,\boldsymbol{\beta}_{i_r}$ 线性表示，故向量组(Ⅰ)可由向量组(Ⅱ)线性表示.

10. (1) 是 $n-1$ 维向量空间，一个基为

$$\boldsymbol{\alpha}_1=\boldsymbol{\varepsilon}_1+\boldsymbol{\varepsilon}_n,\quad \boldsymbol{\alpha}_2=\boldsymbol{\varepsilon}_2,\quad \cdots,\quad \boldsymbol{\alpha}_{n-1}=\boldsymbol{\varepsilon}_{n-1}$$

(2) 不是向量空间.

11. 设向量组 $\boldsymbol{\alpha}_1,\boldsymbol{\alpha}_2,\cdots,\boldsymbol{\alpha}_m$ 的秩为 r，且 $\boldsymbol{\alpha}_{i_1},\boldsymbol{\alpha}_{i_2},\cdots,\boldsymbol{\alpha}_{i_r}$ 是一个极大无关组. 对任意 $\boldsymbol{\alpha}\in L(\boldsymbol{\alpha}_1,\boldsymbol{\alpha}_2,\cdots,\boldsymbol{\alpha}_m)$，即 $\boldsymbol{\alpha}$ 可由 $\boldsymbol{\alpha}_1,\boldsymbol{\alpha}_2,\cdots,\boldsymbol{\alpha}_m$ 线性表示，从而可由 $\boldsymbol{\alpha}_{i_1},\boldsymbol{\alpha}_{i_2},\cdots,\boldsymbol{\alpha}_{i_r}$ 线性表示，故 $\boldsymbol{\alpha}_{i_1},\boldsymbol{\alpha}_{i_2},\cdots,\boldsymbol{\alpha}_{i_r}$ 是 $L(\boldsymbol{\alpha}_1,\boldsymbol{\alpha}_2,\cdots,\boldsymbol{\alpha}_m)$ 的基.

12. $\boldsymbol{\beta}_1=(1,1,0,0)^{\mathrm{T}}$，$\boldsymbol{\beta}_2=\left(\frac{1}{2},-\frac{1}{2},1,0\right)^{\mathrm{T}}$，$\boldsymbol{\beta}_3=\left(-\frac{1}{3},\frac{1}{3},\frac{1}{3},1\right)^{\mathrm{T}}$.

13. 提示：证明向量组 $\boldsymbol{\alpha}_1,\boldsymbol{\alpha}_2$ 和向量组 $\boldsymbol{\beta}_1,\boldsymbol{\beta}_2$ 等价.

14. (1) 过渡矩阵 $\boldsymbol{C}=\begin{bmatrix}1&-4&-2&1\\-2&10&5&-2\\0&0&4&-1\\0&0&-10&3\end{bmatrix}$；

(2) $\boldsymbol{\beta}$ 在基(Ⅰ)下的坐标为 $(-7,19,4,-10)^{\mathrm{T}}$.

15. (1) 过渡矩阵 $\boldsymbol{C}=\begin{bmatrix}4&-2&1&0\\8&-4&2&1\\1&0&0&2\\-2&1&0&0\end{bmatrix}$；

(2) 设向量 $\boldsymbol{\alpha} \in V$ 在两个基下的坐标均为 $(x_1, x_2, x_3, x_4)^{\mathrm{T}}$，则由坐标变换公式有

$$\begin{pmatrix} x_1 \\ x_2 \\ x_3 \\ x_4 \end{pmatrix} = \boldsymbol{C} \begin{pmatrix} x_1 \\ x_2 \\ x_3 \\ x_4 \end{pmatrix} \quad \text{即} \quad (\boldsymbol{C} - \boldsymbol{E}) \begin{pmatrix} x_1 \\ x_2 \\ x_3 \\ x_4 \end{pmatrix} = \begin{pmatrix} 0 \\ 0 \\ 0 \\ 0 \end{pmatrix}$$

可求得 $\mathrm{rank}(\boldsymbol{C} - \boldsymbol{E}) = 2$，于是上述齐次方程组有非零解．故存在非零向量 $\boldsymbol{\alpha}$，它在两个基下的坐标相同．

16. (1) $\boldsymbol{\xi} = (4, -9, 4, 3)^{\mathrm{T}}$；

(2) $\boldsymbol{\xi}_1 = (1, -2, 1, 0, 0)^{\mathrm{T}}, \boldsymbol{\xi}_2 = (1, -2, 0, 1, 0)^{\mathrm{T}}; \boldsymbol{\xi}_3 = (5, -6, 0, 0, 1)^{\mathrm{T}}$；

(3) 只有零解，无基础解系．

17. $c \neq 1$ 时，$\boldsymbol{x} = \begin{pmatrix} 0 \\ k \\ 0 \\ 0 \end{pmatrix} + l \begin{pmatrix} -1 \\ 3 \\ -3 \\ 1 \end{pmatrix}$ （l 为任意常数）

$c = 1$ 时，$\boldsymbol{x} = \begin{pmatrix} 0 \\ k \\ 0 \\ 0 \end{pmatrix} + l_1 \begin{pmatrix} 1 \\ -2 \\ 1 \\ 0 \end{pmatrix} + l_2 \begin{pmatrix} 2 \\ -3 \\ 0 \\ 1 \end{pmatrix}$ （l_1, l_2 为任意常数）

18. $b \neq 2$ 时，$\boldsymbol{\beta}$ 不能由 $\boldsymbol{\alpha}_1, \boldsymbol{\alpha}_2, \boldsymbol{\alpha}_3$ 线性表示；

$b = 2$ 时，$\boldsymbol{\beta}$ 可以由 $\boldsymbol{\alpha}_1, \boldsymbol{\alpha}_2, \boldsymbol{\alpha}_3$ 线性表示；

$b = 2$ 且 $a \neq 1$ 时，$\boldsymbol{\beta}$ 可由 $\boldsymbol{\alpha}_1, \boldsymbol{\alpha}_2, \boldsymbol{\alpha}_3$ 唯一线性表示．

19. $\boldsymbol{\eta}_1$ 是非齐次线性方程组的特解，$\boldsymbol{\xi} = 2\boldsymbol{\eta}_1 - (\boldsymbol{\eta}_2 + \boldsymbol{\eta}_3) = (3, 4, 5, 6)^{\mathrm{T}}$ 是对应齐次线性方程组的解．由题设条件知齐次线性方程组的基础解系含 $4 - 3 = 1$ 个解向量，从而 $\boldsymbol{\xi}$ 是基础解系．故非齐次线性方程组的通解为

$$\boldsymbol{x} = \boldsymbol{\eta}_1 + k\boldsymbol{\xi} = (2, 3, 4, 5)^{\mathrm{T}} + k(3, 4, 5, 6)^{\mathrm{T}} \quad (k \text{ 为任意常数})$$

20. 由 $\boldsymbol{A}\boldsymbol{\eta}_i = \boldsymbol{b}$ 得 $\boldsymbol{A}(\boldsymbol{\eta}_i - \boldsymbol{\eta}_0) = \boldsymbol{0} (i = 1, 2 \cdots, n - r)$，于是 $\boldsymbol{\eta}_1 - \boldsymbol{\eta}_0, \boldsymbol{\eta}_2 - \boldsymbol{\eta}_0, \cdots, \boldsymbol{\eta}_{n-r} - \boldsymbol{\eta}_0$ 是 $\boldsymbol{Ax} = \boldsymbol{0}$ 的解向量．可证得 $\boldsymbol{\eta}_1 - \boldsymbol{\eta}_0, \boldsymbol{\eta}_2 - \boldsymbol{\eta}_0, \cdots, \boldsymbol{\eta}_{n-r} - \boldsymbol{\eta}_0$ 线性无关；又 $\boldsymbol{Ax} = \boldsymbol{0}$ 的基础解系含 $n - r$ 个解向量，从而它们是 $\boldsymbol{Ax} = \boldsymbol{0}$ 的基础解系．

21. 由 $\boldsymbol{\eta}_1 \neq \boldsymbol{\eta}_2$ 知 $\boldsymbol{\eta}_1 - \boldsymbol{\eta}_2 \neq \boldsymbol{0}$．又由 $\mathrm{rank}\boldsymbol{A} = n - 1$ 知，$\boldsymbol{Ax} = \boldsymbol{0}$ 的基础解系含 $n - (n - 1) = 1$ 个解向量，从而 $\boldsymbol{\eta}_1 - \boldsymbol{\eta}_2$ 是 $\boldsymbol{Ax} = \boldsymbol{0}$ 的基础解系．故 $\boldsymbol{\xi}$ 可由 $\boldsymbol{\eta}_1 - \boldsymbol{\eta}_2$ 线性表示，即 $\xi, \boldsymbol{\eta}_1, \boldsymbol{\eta}_2$ 线性相关．

习　题　五

1. (1) 特征值 $\lambda_1 = 2, \lambda_2 = 3$；特征向量分别为 $\boldsymbol{p}_1 = (-1, 1)^{\mathrm{T}}, \boldsymbol{p}_2 = (-1, -2)^{\mathrm{T}}$；$\boldsymbol{p}_1, \boldsymbol{p}_2$ 不正交．

(2) 特征值 $\lambda_1 = -1, \lambda_2 = 9, \lambda_3 = 0$；特征向量分别为

$$p_1=\begin{pmatrix}-1\\1\\0\end{pmatrix},p_2=\begin{pmatrix}1\\1\\2\end{pmatrix},p_3=\begin{pmatrix}-1\\-1\\1\end{pmatrix}$$；它们两两正交．

2. 设 $\boldsymbol{Ax}=\lambda\boldsymbol{x},\boldsymbol{x}\neq\boldsymbol{0}$，则有 $2\lambda\boldsymbol{x}=2\boldsymbol{Ax}=\boldsymbol{A}^2\boldsymbol{x}=\lambda^2\boldsymbol{x}$，即 $(\lambda^2-2\lambda)\boldsymbol{x}=\boldsymbol{0}$. 由 $\boldsymbol{x}\neq\boldsymbol{0}$ 得 $\lambda^2-2\lambda=0$，解得 $\lambda=0,\lambda=2$，即 $\boldsymbol{A}$ 的特征值只能是 0 和 2.

3. 因为 $\boldsymbol{A}\sim\boldsymbol{B},\boldsymbol{C}\sim\boldsymbol{D}$，所以存在可逆矩阵 $\boldsymbol{P}_1$ 和 $\boldsymbol{P}_2$，使得 $\boldsymbol{P}_1^{-1}\boldsymbol{AP}_1=\boldsymbol{B},\boldsymbol{P}_2^{-1}\boldsymbol{CP}_2=\boldsymbol{D}$，从而

$$\begin{pmatrix}\boldsymbol{P}_1^{-1}&\boldsymbol{O}\\\boldsymbol{O}&\boldsymbol{P}_2^{-1}\end{pmatrix}\begin{pmatrix}\boldsymbol{A}&\boldsymbol{O}\\\boldsymbol{O}&\boldsymbol{C}\end{pmatrix}\begin{pmatrix}\boldsymbol{P}_1&\boldsymbol{O}\\\boldsymbol{O}&\boldsymbol{P}_2\end{pmatrix}=\begin{pmatrix}\boldsymbol{P}_1^{-1}\boldsymbol{AP}_1&\boldsymbol{O}\\\boldsymbol{O}&\boldsymbol{P}_2^{-1}\boldsymbol{CP}_2\end{pmatrix}=\begin{pmatrix}\boldsymbol{B}&\boldsymbol{O}\\\boldsymbol{O}&\boldsymbol{D}\end{pmatrix}$$

故 $\begin{pmatrix}\boldsymbol{A}&\\&\boldsymbol{C}\end{pmatrix}\sim\begin{pmatrix}\boldsymbol{B}&\\&\boldsymbol{D}\end{pmatrix}$.

4. 由 $\boldsymbol{A}^{-1}(\boldsymbol{AB})\boldsymbol{A}=\boldsymbol{BA}$ 知 $\boldsymbol{AB}$ 与 $\boldsymbol{BA}$ 相似.

5. $\boldsymbol{A}=\dfrac{1}{3}\begin{pmatrix}-1&0&2\\0&1&2\\2&2&0\end{pmatrix}$.

6. (1) 由 $\lambda_1\lambda_2\cdots\lambda_n=\det\boldsymbol{A}\neq0$ 得 $\lambda_i\neq0(i=1,2,\cdots,n)$. 又由 $\boldsymbol{Ax}_i=\lambda_i\boldsymbol{x}_i$ 得 $\boldsymbol{A}^{-1}\boldsymbol{x}_i=\dfrac{1}{\lambda_i}\boldsymbol{x}_i$，故 $\dfrac{1}{\lambda_i}(i=1,2,\cdots,n)$ 是 $\boldsymbol{A}^{-1}$ 的特征值.

(2) 由于 $\boldsymbol{A}^*=(\det\boldsymbol{A})\boldsymbol{A}^{-1}$，所以 $\boldsymbol{A}^*\boldsymbol{x}_i=(\det\boldsymbol{A})\boldsymbol{A}^{-1}\boldsymbol{x}_i=\dfrac{\det\boldsymbol{A}}{\lambda_i}\boldsymbol{x}_i$，故 $\dfrac{\det\boldsymbol{A}}{\lambda_i}$ $(i=1,2,\cdots,n)$ 是 $\boldsymbol{A}^*$ 的特征值.

7. (1) $\boldsymbol{P}=\begin{pmatrix}0&-1&-4\\1&0&1\\0&1&1\end{pmatrix},\boldsymbol{P}^{-1}\boldsymbol{AP}=\boldsymbol{\Lambda}=\begin{pmatrix}2&&\\&2&\\&&-1\end{pmatrix}$；

(2) 不能与对角矩阵相似；

(3) $\boldsymbol{P}=\begin{pmatrix}-1&0&1\\0&1&0\\1&0&1\end{pmatrix},\boldsymbol{P}^{-1}\boldsymbol{AP}=\boldsymbol{\Lambda}=\begin{pmatrix}0&&\\&1&\\&&2\end{pmatrix}$.

8. $\boldsymbol{A}^{100}=\dfrac{1}{3}\begin{pmatrix}4-2^{100}&-1+2^{100}&-1+2^{100}\\0&3\cdot2^{100}&0\\4-2^{102}&-1+2^{100}&-1+2^{102}\end{pmatrix}$.

9. (1) 由 $\boldsymbol{A}$ 与 $\boldsymbol{B}$ 相似知 $\det(\boldsymbol{A}-\lambda\boldsymbol{E})=\det(\boldsymbol{B}-\lambda\boldsymbol{E})$，展开得

$$(1-\lambda)^3+2ab-(1+b^2+a^2)(1-\lambda)=-\lambda(1-\lambda)(2-\lambda)$$

比较两边同次幂的系数得 $\begin{cases}a^2+b^2-2=-2\\(a-b)^2=0\end{cases}$，解得 $a=b=0$；

(2) $\boldsymbol{P}=\begin{pmatrix}-1&0&1\\0&1&0\\1&0&1\end{pmatrix}$.

10. $\det(\boldsymbol{A}-\boldsymbol{E})=0,\det(\boldsymbol{A}+2\boldsymbol{E})=0,\det(\boldsymbol{A}^2+2\boldsymbol{A}-3\boldsymbol{E})=0$.

11. 反证. 设 $\boldsymbol{p}_1+\boldsymbol{p}_2$ 是 $\boldsymbol{A}$ 的对应特征值 λ_0 的特征向量,则有

$$\lambda_0(\boldsymbol{p}_1+\boldsymbol{p}_2)=\boldsymbol{A}(\boldsymbol{p}_1+\boldsymbol{p}_2)=\boldsymbol{A}\boldsymbol{p}_1+\boldsymbol{A}\boldsymbol{p}_2=\lambda_1\boldsymbol{p}_1+\lambda_2\boldsymbol{p}_2$$

即

$$(\lambda_0-\lambda_1)\boldsymbol{p}_1+(\lambda_0-\lambda_2)\boldsymbol{p}_2=\boldsymbol{0}$$

由于 $\boldsymbol{p}_1,\boldsymbol{p}_2$ 是 $\boldsymbol{A}$ 的对应不同特征值 λ_1,λ_2 的特征向量,所以它们线性无关,由上式得 $\lambda_0-\lambda_1=0,\lambda_0-\lambda_2=0$,从而 $\lambda_0=\lambda_1=\lambda_2$. 这与题设条件矛盾,故 $\boldsymbol{p}_1+\boldsymbol{p}_2$ 不是 $\boldsymbol{A}$ 的特征向量.

12. (1) 因为 $\boldsymbol{A}$ 是正交矩阵,所以 $\boldsymbol{A}\boldsymbol{A}^{\mathrm{T}}=\boldsymbol{E}$,取行列式得 $\det\boldsymbol{A}\det\boldsymbol{A}^{\mathrm{T}}=\det\boldsymbol{E}=1$,即 $(\det\boldsymbol{A})^2=1$,故 $\det\boldsymbol{A}=\pm1$;

(2) 由于

$$(\boldsymbol{A}^{\mathrm{T}})^{\mathrm{T}}\boldsymbol{A}^{\mathrm{T}}=\boldsymbol{A}\boldsymbol{A}^{\mathrm{T}}=\boldsymbol{E}$$

$$(\boldsymbol{A}^{-1})^{\mathrm{T}}\boldsymbol{A}^{-1}=(\boldsymbol{A}^{\mathrm{T}})^{-1}\boldsymbol{A}^{-1}=(\boldsymbol{A}\boldsymbol{A}^{\mathrm{T}})^{-1}=\boldsymbol{E}^{-1}=\boldsymbol{E}$$

$$(\boldsymbol{A}^*)^{\mathrm{T}}\boldsymbol{A}^*=((\det\boldsymbol{A})\boldsymbol{A}^{-1})^{\mathrm{T}}((\det\boldsymbol{A})\boldsymbol{A}^{-1})=(\det\boldsymbol{A})^2(\boldsymbol{A}^{-1})^{\mathrm{T}}\boldsymbol{A}^{-1}=\boldsymbol{E}$$

所以 $\boldsymbol{A}^{\mathrm{T}},\boldsymbol{A}^{-1},\boldsymbol{A}^*$ 都是正交矩阵.

13. 因为 $\boldsymbol{A},\boldsymbol{B}$ 均是正交矩阵,所以 $\boldsymbol{A}^{\mathrm{T}}\boldsymbol{A}=\boldsymbol{E},\boldsymbol{B}^{\mathrm{T}}\boldsymbol{B}=\boldsymbol{E}$,而

$$(\boldsymbol{A}\boldsymbol{B})^{\mathrm{T}}(\boldsymbol{A}\boldsymbol{B})=\boldsymbol{B}^{\mathrm{T}}\boldsymbol{A}^{\mathrm{T}}\boldsymbol{A}\boldsymbol{B}=\boldsymbol{B}^{\mathrm{T}}\boldsymbol{E}\boldsymbol{B}=\boldsymbol{E}$$

故 $\boldsymbol{A}\boldsymbol{B}$ 也是正交矩阵.

14. 因为

$$\det(\boldsymbol{A}+\boldsymbol{B})=\det(\boldsymbol{A}\boldsymbol{A}^{\mathrm{T}})\det(\boldsymbol{A}+\boldsymbol{B})\det(\boldsymbol{B}^{\mathrm{T}}\boldsymbol{B})=\det\boldsymbol{A}\det(\boldsymbol{A}^{\mathrm{T}}(\boldsymbol{A}+\boldsymbol{B})\boldsymbol{B}^{\mathrm{T}})\det\boldsymbol{B}=$$
$$-(\det\boldsymbol{A})^2\det(\boldsymbol{A}^{\mathrm{T}}+\boldsymbol{B}^{\mathrm{T}})=-\det(\boldsymbol{A}+\boldsymbol{B})$$

所以 $\det(\boldsymbol{A}+\boldsymbol{B})=0$.

15. (1) $\boldsymbol{Q}=\dfrac{1}{3}\begin{pmatrix}1&-2&2\\2&-1&-2\\2&2&1\end{pmatrix}$, $\boldsymbol{Q}^{-1}\boldsymbol{A}\boldsymbol{Q}=\begin{pmatrix}-2&&\\&1&\\&&4\end{pmatrix}$;

(2) $\boldsymbol{Q}=\begin{pmatrix}-\dfrac{2}{\sqrt5}&\dfrac{2}{3\sqrt5}&-\dfrac{1}{3}\\\dfrac{1}{\sqrt5}&\dfrac{4}{3\sqrt5}&-\dfrac{2}{3}\\0&\dfrac{5}{3\sqrt5}&\dfrac{2}{3}\end{pmatrix}$, $\boldsymbol{Q}^{-1}\boldsymbol{A}\boldsymbol{Q}=\begin{pmatrix}1&&\\&1&\\&&10\end{pmatrix}$

16. $\boldsymbol{A}=\begin{pmatrix}4&1&1\\1&4&1\\1&1&4\end{pmatrix}$;　　17. $k=-2$ 或 $k=1$.

18. 设 $\boldsymbol{A}\boldsymbol{x}=\lambda\boldsymbol{x},\boldsymbol{x}\neq\boldsymbol{0}$,则 $\boldsymbol{x}^{\mathrm{T}}\boldsymbol{A}^{\mathrm{T}}=\lambda\boldsymbol{x}^{\mathrm{T}}$,由此得 $\boldsymbol{x}^{\mathrm{T}}\boldsymbol{A}^{\mathrm{T}}\boldsymbol{A}\boldsymbol{x}=\lambda\boldsymbol{x}^{\mathrm{T}}\boldsymbol{A}\boldsymbol{x}$,即 $\boldsymbol{x}^{\mathrm{T}}\boldsymbol{x}=\lambda^2\boldsymbol{x}^{\mathrm{T}}\boldsymbol{x}$,也即 $(\lambda^2-1)\boldsymbol{x}^{\mathrm{T}}\boldsymbol{x}=0$,因为 $\boldsymbol{x}\neq\boldsymbol{0}$,所以 $\lambda^2-1=0$, 即 $|\lambda|=1$.

19. 因为 $\boldsymbol{P}^{-1}\boldsymbol{A}\boldsymbol{P}=\mathrm{diag}\{1,2,\cdots,n\}=\boldsymbol{\Lambda}$,所以

$$\det(\boldsymbol{A}-(n+1)\boldsymbol{E})=\det(\boldsymbol{P}\boldsymbol{\Lambda}\boldsymbol{P}^{-1}-(n+1)\boldsymbol{E})=\det(\boldsymbol{\Lambda}-(n+1)\boldsymbol{E})=(-1)^n n!$$

习 题 六

1. (1) $f=(x_1,x_2,x_3)\begin{pmatrix}1 & \frac{1}{2} & 0\\ \frac{1}{2} & 1 & -1\\ 0 & -1 & 0\end{pmatrix}\begin{pmatrix}x_1\\x_2\\x_3\end{pmatrix}$，秩是 3；

(2) $f=(x_1,x_2,x_3)\begin{pmatrix}1 & 1 & 1\\ 1 & 2 & 3\\ 1 & 3 & 5\end{pmatrix}\begin{pmatrix}x_1\\x_2\\x_3\end{pmatrix}$，秩是 2；

(3) $f=(x_1,x_2,x_3,x_4)\begin{pmatrix}0 & \frac{1}{2} & 0 & 0\\ \frac{1}{2} & 0 & -1 & 0\\ 0 & -1 & 0 & \frac{3}{2}\\ 0 & 0 & \frac{3}{2} & 0\end{pmatrix}\begin{pmatrix}x_1\\x_2\\x_3\\x_4\end{pmatrix}$，秩是 4.

2. (1) $f=2y_1^2+5y_2^2+y_3^2$，$\begin{pmatrix}x_1\\x_2\\x_3\end{pmatrix}=\begin{pmatrix}1 & 0 & 0\\ 0 & \frac{1}{\sqrt{2}} & \frac{1}{\sqrt{2}}\\ 0 & \frac{1}{\sqrt{2}} & -\frac{1}{\sqrt{2}}\end{pmatrix}\begin{pmatrix}y_1\\y_2\\y_3\end{pmatrix}$；

(2) $f=y_1^2-2y_2^2+4y_3^2$，$\begin{pmatrix}x_1\\x_2\\x_3\end{pmatrix}=\begin{pmatrix}-\frac{2}{3} & \frac{1}{3} & \frac{2}{3}\\ -\frac{1}{3} & \frac{2}{3} & -\frac{2}{3}\\ \frac{2}{3} & \frac{2}{3} & \frac{1}{3}\end{pmatrix}\begin{pmatrix}y_1\\y_2\\y_3\end{pmatrix}$；

(3) $f=-y_1^2-y_2^2+y_3^2+y_4^2$，$\begin{pmatrix}x_1\\x_2\\x_3\\x_4\end{pmatrix}=\begin{pmatrix}-\frac{1}{\sqrt{2}} & 0 & \frac{1}{\sqrt{2}} & 0\\ \frac{1}{\sqrt{2}} & 0 & \frac{1}{\sqrt{2}} & 0\\ 0 & \frac{1}{\sqrt{2}} & 0 & -\frac{1}{\sqrt{2}}\\ 0 & \frac{1}{\sqrt{2}} & 0 & \frac{1}{\sqrt{2}}\end{pmatrix}\begin{pmatrix}y_1\\y_2\\y_3\\y_4\end{pmatrix}$.

3. (1) $f=y_1^2+y_2^2-y_3^2$，$\begin{pmatrix}x_1\\x_2\\x_3\end{pmatrix}=\begin{pmatrix}1 & -1 & 1\\ 0 & 1 & -2\\ 0 & 0 & 1\end{pmatrix}\begin{pmatrix}y_1\\y_2\\y_3\end{pmatrix}$；

(2) $f = y_1^2 - y_2^2 + 6y_3^2$, $\begin{pmatrix} x_1 \\ x_2 \\ x_3 \end{pmatrix} = \begin{pmatrix} 1 & 1 & -3 \\ 1 & -1 & 2 \\ 0 & 0 & 1 \end{pmatrix} \begin{pmatrix} y_1 \\ y_2 \\ y_3 \end{pmatrix}$.

4. (1) $f = y_1^2 + y_2^2$, $\begin{pmatrix} x_1 \\ x_2 \\ x_3 \end{pmatrix} = \begin{pmatrix} 1 & -1 & 2 \\ 0 & 1 & -2 \\ 0 & 0 & 1 \end{pmatrix} \begin{pmatrix} y_1 \\ y_2 \\ y_3 \end{pmatrix}$;

(2) $f = y_1^2 - y_2^2 - 12y_3^2$, $\begin{pmatrix} x_1 \\ x_2 \\ x_3 \end{pmatrix} = \begin{pmatrix} 1 & 0 & -5 \\ 1 & 1 & -2 \\ 0 & 0 & 1 \end{pmatrix} \begin{pmatrix} y_1 \\ y_2 \\ y_3 \end{pmatrix}$.

5. (1) $\boldsymbol{C} = \begin{pmatrix} 1 & -1 & 0 \\ 0 & 1 & -2 \\ 0 & 0 & 1 \end{pmatrix}$, $\boldsymbol{C}^{\mathrm{T}}\boldsymbol{AC} = \begin{pmatrix} 2 & & \\ & -3 & \\ & & 3 \end{pmatrix}$;

(2) $\boldsymbol{C} = \begin{pmatrix} 1 & -\frac{1}{2} & -1 \\ 1 & \frac{1}{2} & -1 \\ 0 & 0 & 1 \end{pmatrix}$, $\boldsymbol{C}^{\mathrm{T}}\boldsymbol{AC} = \begin{pmatrix} 2 & & \\ & -\frac{1}{2} & \\ & & -2 \end{pmatrix}$.

6. $a = b = 0$, $\begin{pmatrix} x_1 \\ x_2 \\ x_3 \end{pmatrix} = \begin{pmatrix} -\frac{1}{\sqrt{2}} & 0 & \frac{1}{\sqrt{2}} \\ 0 & 1 & 0 \\ \frac{1}{\sqrt{2}} & 0 & \frac{1}{\sqrt{2}} \end{pmatrix} \begin{pmatrix} y_1 \\ y_2 \\ y_3 \end{pmatrix}$.

7. (1) 正定； (2) 负定.

8. (1) $-\sqrt{2} < t < \sqrt{2}$；(2) $-\frac{3}{2} < t < \frac{1}{2}$.

9. 提示：利用 $\boldsymbol{A}^{-1}$ 和 $\boldsymbol{A}^*$ 与 $\boldsymbol{A}$ 的特征值的关系证明.

10. $a_{ii} = \boldsymbol{\varepsilon}_i^{\mathrm{T}}\boldsymbol{A}\boldsymbol{\varepsilon}_i > 0 \quad (i = 1, 2, \cdots, n)$.

11. 设 $\lambda_1, \lambda_2, \cdots, \lambda_n$ 是 $\boldsymbol{A}$ 的特征值，由 $\boldsymbol{A}$ 正定知，$\lambda_i > 0 (i = 1, 2, \cdots, n)$，故

$$\det(\boldsymbol{A} + \boldsymbol{E}) = (\lambda_1 + 1)(\lambda_2 + 1)\cdots(\lambda_n + 1) > 1$$

12. 提示：利用正定二次型的定义证明.

参考文献

［1］ 同济大学数学教研室．工程数学:线性代数．2版．北京:高等教育出版社,1991

［2］ 北京大学数学系．高等代数．2版．北京:高等教育出版社,1988

［3］ 王萼芳．高等代数教程(上、下)．北京:清华大学出版社,1997

［4］ 熊全淹,叶明训．线性代数．3版．北京:高等教育出版社,1987

［5］ 李永乐．线性代数．北京:清华大学出版社,1997

［6］ 俞南雁,蔡冠华．线性代数教程．南京:东南大学出版社,1988

［7］ 徐仲,刘克轩,张凯院．线性代数典型题分析解集．2版．西安:西北工业大学出版社,2000

［8］ 程云鹏,张凯院,徐仲．矩阵论．2版．西安:西北工业大学出版社,1999